D1735425

H. Hein, W. Kunze

Umweltanalytik

mit Spektrometrie und Chromatographie

© VCH Verlagsgesellschaft mbH, D-69451 Weinheim (Bundesrepublik Deutschland), 1994

Vertrieb:

VCH, Postfach 10 1161, D-69451 Weinheim (Bundesrepublik Deutschland)

Schweiz: VCH, Postfach, CH-4020 Basel (Schweiz)

United Kingdom und Irland: VCH (UK) Ltd., 8 Wellington Court, Cambridge CB1 1HZ (England)

USA und Canada: VCH, 220 East 23rd Street, New York, NY 10010–4606 (USA)

Japan: VCH, Eikow Building, 10-9 Hongo 1-chome, Bunkyo-ku, Tokyo 113 (Japan)

ISBN 3-527-28572-5

Hubert Hein, Wolfgang Kunze

Umweltanalytik
mit Spektrometrie
und Chromatographie

Von der Laborgestaltung
bis zur Dateninterpretation

Weinheim · New York
Basel · Cambridge · Tokyo

Hubert Hein
Perkin-Elmer Verkauf
Paul-Ehrlich-Str. 17
D-63225 Langen

Wolfgang Kunze
Bodenseewerk Perkin-Elmer GmbH
Postfach 101761
D-88662 Überlingen

Lektorat: Dr. Steffen Pauly
Herstellerische Betreuung: Elke Littmann

Die Deutsche Bibliothek – CIP-Einheitsaufnahme:
Hein, Hubert:
Umweltanalytik mit Spektrometrie und Chromatographie : von
der Laborgestaltung bis zur Dateninterpretation / Hubert Hein ;
Wolfgang Kunze. - Weinheim ; New York ; Basel ; Cambridge ;
Tokyo : VCH, 1994
ISBN 3-527-28572-5
NE: Kunze, Wolfgang:

Geleitwort

Ergebnisse umweltanalytischer Untersuchungen bilden nicht nur die Entscheidungsgrundlage für Behörden sondern stehen häufig auch im Interesse der Öffentlichkeit. Sie bilden insgesamt die Grundlagen für verwaltungstechnische und juristische, technologisch-wissenschaftliche und auch politische Entscheidungen. Umso wichtiger muß es sein, daß die mit umweltrelevanten Untersuchungen beauftragten Einrichtungen – vom Ingenieurbüro bis zur Landesbehörde – auch zuverlässige, d.h. der Problemstellung adäquate, interpretierbare Analysenergebnisse liefern.

Es kommt dabei nicht nur auf die Richtigkeit der Analysenwerte für einen oder mehrere Stoffe in einer Probe an, sondern auf eine konzeptionelle, problemorientierte Untersuchungs- und Analysenstrategie insgesamt. Diese Untersuchungsstrategie geht von den Umweltgesetzen aus, berücksichtigt die besonderen Gegebenheiten eines Untersuchungsobjektes (-feldes) und plant aufgrund einer möglichst konkreten Fragestellung eine gezielte Probenahme.

Die größten Fehlerquellen sind bekanntlich bei der Probenahme, durch fehlende oder falsche Konservierungsmaßnahmen und auch bei den meist notwendigen Schritten einer Probenvorbereitung (-aufarbeitung) vor der eigentlichen Anwendung einer physikalischen Meß(Analysen)methode zu erwarten. Es gilt daher, diese Schritte besonders sorgfältig zu überlegen, zu planen und durchzuführen. Die Probenvorbereitung beginnt bereits mit physikalischen Arbeitsschritten wie Zerkleinern, Sieben, Filtrieren und Trocknen, mit den Aufschlußverfahren für Festproben; Verteilungsverfahren zur Abtrennung die Bestimmung störender Stoffe wie Adsorption, Extraktion oder Purge- und Trap-Verfahren schließen sich meist daran an.

Der Aufbau eines umweltanalytischen Labors, die Laborgestaltung aber auch das Labormanagement müssen auf solche Anforderungen abgestimmt werden. Die Aufgaben des analytischen Chemikers haben sich damit immer mehr von der eigentlichen Methodik (seinem Handwerkszeug) weg zu den Aufgaben des Managements aber auch der interdisziplinären Zusammenarbeit sowie zu den Anforderungen einer ganzheitlichen Betrachtung seines Arbeitsfeldes verlagert.

Von den zahlreichen physikalisch-chemischen Analysenmethoden, die dem Analytiker heute als leistungsfähige instrumentelle, d.h. weitgehend automatisierbare, mit entsprechender Software sowohl zur Steuerung der Geräte als auch zur Auswertung der anfallenden

Meßdaten, zur Verfügung stehen, haben spektrometrische und chromatographische Methoden in der Umweltanalytik den höchsten Stellenwert.

Im Bereich der Molekülspektrometrie stellen UV/VIS-, Fluoreszenz- und Infrarot(IR)-Spektrometrie die wichtigsten und grundlegenden Methoden dar, die in der Chromatographie auch als wesentliche Detektionsmethoden eingesetzt werden. Die Schwerpunkte der Atomspektrometrie für Schwermetallanalysen liegen sowohl in der Atomabsorptions- (AAS) als auch Atomemissions-Spektrometrie (AES) mit induktiv gekoppeltem Plasma (ICP) als Anregungsquelle; und für besonders anspruchsvolle Aufgabenstellungen (hinsichtlich Zahl der zu bestimmenden Elemente und vor allem auch niedriger Nachweisgrenzen) steht auch die Kopplung von ICP und Massenspektrometrie zur Verfügung.

In der Chromatographie spielen alle drei Techniken, Dünnschicht-, Säulen- (als Hochleistungs-Flüssigkeits-Chromatographie HPLC) und Gas-Chromatographie (GC, meist als Kapillar-GC) in der Umweltanalytik zur Trennung komplexer Stoffgemische eine herausragende Rolle. Vereinfacht lassen sich Trennungen schwerflüchtiger, meist polarer Stoffe der HPLC und leichtflüchtiger, oft gasförmiger Stoffe der GC zuordnen, die beide eine große Zahl unterschiedlicher Detektionsmethoden (z.B. aus den Bereichen Molekül- und Atomspektrometrie) einsetzen können.

Die letzten Schritte eines (nicht nur) umweltanalytischen Untersuchungsprogrammes beinhalten die Datenverarbeitung und -speicherung und führen mit der Interpretation der Daten zur Aufgabenstellung zurück.

Die Autoren dieses Buches, Hubert Hein und Wolfgang Kunze, haben alle genannten Bereiche umfassend berücksichtigt und mit vielen detaillierten Informationen wie Hinweisen auf Gesetze, genormte Vorschriften, technische (apparative) Einzelheiten versehen. Acht Kapitel zum Themenbereich Planung der Analysenstrategie-Probenahme-Probenvorbereitung stehen voll entsprechend ihrer Bedeutung den (nur) zwei Kapiteln über die genannten instrumentellen Analysenmethoden gegenüber. Bereits das Inhaltsverzeichnis macht deutlich, daß Analytik im Umweltbereich mehr denn je durch ganzheitliches Planen und Denken sowie auch interdisziplinäres Arbeiten geprägt sein muß.

Ich wünsche den Autoren, daß ihre detaillierten Informationen und die von ihnen insgesamt vermittelte Analysenstrategie bei der Erstellung umweltanalytischer Daten stets berücksichtigt werden.

Clausthal, im August 1993

Georg Schwedt
Institut für Anorganische
und Analytische Chemie
TU Clausthal

Vorwort

In einer Vielzahl von Gesetzen, Verordnungen und Richtlinien wurden für den Umweltbereich von der Legislative Grenz-, Schwellen- und Richtwerte festgeschrieben.

Für die hierfür erforderliche Analytik gewinnen spektrometrische und chromatographische Methoden im verstärkten Umfang an Bedeutung, da sie sich durch hohe Selektivität und Nachweisempfindlichkeit auszeichnen.

Gesetzgebung und Analytik stellen jedoch nur Mosaiksteine in einem hochvernetzten Aufgabenbereich dar, mit dem sich der Umweltanalytiker auseinanderzusetzen hat. Managementaufgaben, Fragen der Wirtschaftlichkeit, externe Akzeptanz durch Akkreditierung, GLP-gerechte Dokumentation usw. gehören ebenfalls zu den Aufgaben des Leiters eines Umweltlabors.

Dieses Buch hat die Zielsetzung, in kompakter Form den aktuellen Stand dieser Tätigkeitsbereiche aufzuzeigen, wobei die spektroskopischen und chromatographischen Analysenverfahren im Mittelpunkt stehen.

Unser Dank gilt Herrn Dr. Ingo Ringhardtz und Herrn Dr. Erwin Keil für die interessanten Diskussionen, Frau Heidi Gehrloff und Herrn Albert Grundler für die Gestaltung von Abbildungen und der VCH Verlagsgesellschaft für die konstruktive Zusammenarbeit.

Langen, Überlingen   Hubert Hein
September 1993   Wolfgang Kunze

Inhalt

Geleitwort V

Vorwort VII

1   **Einleitung** 1

2   **Laborgestaltung** 5

3   **Labormanagement und Organisation** 9
3.1   Selbstmanagement 11
3.2   Teammanagement 15
3.3   Labormanagement 17
3.4   Zukunftsaspekte 23

4   **Umweltgesetzgebung** 25
4.1   Trink- und Brauchwasser 26
4.2   Mineral- und Tafelwasser 28
4.3   Badewasser 29
4.4   Abwasser 29
4.5   Sicker- und Grundwasser 30
4.6   Nutz- und Kulturböden 31
4.7   Altlasten 32
4.8   Klärschlamm 33
4.9   Abfall 34
4.10   Chemikalien 35
4.11   Immissionsschutz 36
4.12   Bezugsquellen von Gesetzen, Verordnungen, Richtlinien usw. 40
4.13   Bezugsquellen von nationalen und internationalen Analysenverfahren . . 45

5   Untersuchungsstrategie   49

5.1   Gesetzliche Vorgaben   50
5.2   Von der Analysenstrategie bis zur Interpretation und Dokumentation
           von Analysendaten   50
5.3   Auswahlkriterien für Analysenverfahren   53
5.3.1   Vorgaben für das Analysenverfahren aus der Umweltgesetzgebung . . .   54
5.3.2   Auswahl des geeigneten Analysengerätes   55
5.3.3   Analytische Sicherheit   55
5.3.4   Wirtschaftlichkeitsbetrachtungen   56

6   Probenahme   59

6.1   Probenahme von Gasen   60
6.1.1   Probenahme mittels einer Gasmaus   61
6.1.2   Probenahme durch Sammeln von Aerosolen und
           Staubpartikeln auf Filtern   61
6.1.3   Probenahme durch Absorption der zu analysierenden
           Stoffe in Flüssigkeiten   62
6.1.4   Probenahme durch Adsorption der zu bestimmenden Komponenten
           an Adsorptionsmaterialien   63
6.2   Probenahme von Flüssigkeiten   64
6.3   Probenahme von Feststoffen   66
6.3.1   Probenahme von Böden   67
6.3.2   Probenahme von Schlämmmen   68
6.3.3   Probenahme von Sedimenten   68
6.3.4   Probenahme von Abfällen und Müll   69
6.3.5   Probenahme von Altlasten-Verdachtsflächen   69

7   Konservierung und Lagerung von Umweltproben   71

8   Probenvorbereitung   75

8.1   Physikalische Probenvorbereitungstechniken   75
8.1.1   Bestimmung des Trockenrückstandes nach DIN 38414,
           Teil 2 bei 105 °C   76
8.1.2   Bestimmung und Herstellung der Trockenmasse durch Gefriertrocknung   76
8.1.3   Trocknung von Bodenproben an der Luft   79
8.1.4   Zerkleinern und Sieben   80
8.2   Lösungen, Eluate und Aufschlüsse   80
8.2.1   Lösungen   80
8.2.2   Eluate   81
8.2.3   Aufschlüsse   82

8.2.3.1 Naßaufschlußsysteme (Säureaufschluß) 83
8.2.3.2 Druckaufschlußsysteme 86
8.3 Abtrennungs- und Anreicherungsverfahren 89
8.3.1 Adsorption und Absorption von gasförmigen Proben 89
8.3.1.1 Anreicherung von gasförmigen Stoffen an Adsorptionsmaterialien . . . 90
8.3.1.2 Anreicherung von gasförmigen Stoffen an Absorptionsmaterialien . . . 94
8.3.2 Purge- und Trapverfahren 94
8.3.3 Dampfraumanalyse 95
8.3.4 Flüssig-Flüssig-Extraktion 97
8.3.5 Festphasenextraktion 100
8.3.6 Soxhletextraktion 102
8.3.7 Extraktion mit überkritischen Gasen 104
8.4 Clean-up-Verfahren 104

9 **Instrumentelle Analysenverfahren** 107

9.1 Spektrometrie 109
9.1.1 UV/VIS-Spektrometrie 111
9.1.1.1 Grundlagen der UV/VIS-Spektrometrie 111
9.1.1.2 Analysentechnik 113
9.1.1.3 *Einsatzbereiche in der Umweltanalytik (Tabelle)* 116
9.1.1.4 Analytik gasförmiger Proben 124
9.1.1.5 Analytik flüssiger Proben 124
9.1.1.6 Analytik fester Proben 130
9.1.2 Fluoreszenz-Spektrometrie 131
9.1.2.1 Grundlagen der Fluoreszenz-Spektrometrie 131
9.1.2.2 Analysentechnik 133
9.1.2.3 *Einsatzbereiche in der Umweltanalytik (Tabelle)* 135
9.1.2.4 Analytik gasförmiger Proben 139
9.1.2.5 Analytik flüssiger Proben 139
9.1.2.6 Analytik fester Proben 143
9.1.3 Infrarot-Spektrometrie 145
9.1.3.1 Grundlagen der Infrarot-Spektrometrie 145
9.1.3.2 Analysentechnik 146
9.1.3.3 *Einsatzbereiche in der Umweltanalytik (Tabelle)* 148
9.1.3.4 Analytik gasförmiger Proben 150
9.1.3.5 Analytik flüssiger Proben 150
9.1.3.6 Analytik fester Proben 152
9.1.4 Atomabsorptions-Spektrometrie 155
9.1.4.1 Grundlagen der Atomabsorptions-Spektrometrie 155
9.1.4.2 Analysentechnik 157
9.1.4.3 *Einsatzbereiche in der Umweltanalytik (Tabelle)* 162

9.1.4.4   Analytik gasförmiger Proben 169
9.1.4.5   Analytik flüssiger Proben 169
9.1.4.6   Analytik fester Proben 170
9.1.5   ICP-Atomemissions-Spektrometrie (ICP-AES) 173
9.1.5.1   Grundlagen der ICP-Atomemissions-Spektrometrie 173
9.1.5.2   Analysentechnik 173
9.1.5.3   *Einsatzbereiche in der Umweltanalytik (Tabelle)* 179
9.1.5.4   Analytik gasförmiger Proben 185
9.1.5.5   Analytik flüssiger Proben 185
9.1.5.6   Analytik fester Proben 185
9.1.6   ICP-Massenspektrometrie (ICP-MS) 187
9.1.6.1   Grundlagen der ICP-Massenspektrometrie 187
9.1.6.2   Analysentechnik 189
9.1.6.3   *Einsatzbereiche in der Umweltanalytik (Tabelle)* 190
9.1.6.4   Analytik gasförmiger Proben 196
9.1.6.5   Analytik flüssiger Proben 196
9.1.6.6   Analytik fester Proben 196
9.2   Chromatographie 198
9.2.1   Gaschromatographie (GC) 199
9.2.1.1   Grundlagen der Gaschromatographie 199
9.2.1.2   Analysentechnik 200
9.2.1.3   *Einsatzbereiche in der Umweltanalytik (Tabelle)* 204
9.2.1.4   Analytik gasförmiger Proben 206
9.2.1.5   Analytik flüssiger Proben 210
9.2.1.6   Analytik fester Proben 217
9.2.2   Hochleistungs-Flüssigkeits-Chromatographie (HPLC) 224
9.2.2.1   Grundlagen der Hochleistungs-Flüssigkeits-Chromatographie 224
9.2.2.2   Analysentechnik 229
9.2.2.3   *Einsatzbereiche in der Umweltanalytik (Tabelle)* 232
9.2.2.4   Analytik gasförmiger Proben 236
9.2.2.5   Analytik flüssiger Proben 236
9.2.2.6   Analytik fester Proben 241
9.2.3   Dünnschicht-Chromatographie (DC) 245

10   **Datenverarbeitung und Speicherung** 249

10.1   Absicherung der Analysenergebnisse 250

11   **Interpretation und Dokumentation von Analysendaten** 253

12   **Register** 255

1   Einleitung

Zwei wesentliche Trends sind im Bereich der Analytik festzustellen. Immer niedrigere Konzentrationsbereiche noch sicher analytisch zu erfassen, ist eine der Forderungen. Zum anderen erhöht sich die Anzahl der zu bestimmenden Stoffe in einem rasanten Tempo. Beide Entwicklungen sind besonders im Bereich der Umweltanalytik erkennbar. Schätzungen gehen davon aus, daß von den mehr als 12 Millionen bekannten chemischen Verbindungen ca. 100 000 Stoffe ein akutes Gefährdungspotential für die Umwelt darstellen.

Viele dieser Komponenten können noch in äußerst geringen Konzentrationen Biosysteme schädigen, wie am Beispiel einiger hochtoxischer Verbindungen in Abb. 1-1 aufgeführt ist.

Substanz	Minimum letale Dosis µg/kg
Botulinus Toxin A	0,00003
Tetanus Toxin	0,0001
Diphtheria Toxin	0,3
TCDD: Dioxin	1
Saxitoxin	9
Tetrodotoxin	8 — 20
Bufotoxin	390
Curare	500
Strychnin	500
Muscarin	1100
Diisopropylfuorophosphat	3100
NaCN	10000

Abb. 1-1. Vergleich der Giftigkeit von ausgewählten toxischen Substanzen

Dieser Sachverhalt rechtfertigt die Weiterentwicklung der Analytik mit dem Ziel, immer niedrigere Konzentrationsbereiche zu erfassen.

Der Gesetzgeber unterstreicht diese Forderung durch die Festlegung strengerer Richt- und Grenzwerte für gefährliche Stoffe, die sich sehr oft an den Bestimmungsgrenzen der instrumentellen Analysenverfahren orientieren.

Wie Abb. 1-2 verdeutlicht, erhöht sich der Arbeitsaufwand in der Umweltanalytik mit der Anzahl der zu bestimmenden Parameter und der Herabsetzung von Bestimmungsgrenzen stark. Den Zusammenhang zwischen der theoretisch möglichen Komponentenanzahl beim entsprechenden Konzentrationsbereich und der wahrscheinlich vorhandenen Einzelstoffe hat R. E. Kaiser in einer graphischen Darstellung (Abb. 1-3) aufzuzeigen versucht.

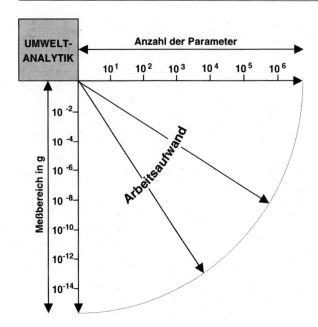

Abb. 1-2. Die Anzahl der möglichen Parameter und der über mehrere Zehnerpotenzen gehenden Meßbereiche sind für den hohen Arbeitsaufwand in der Umweltanalytik verantwortlich

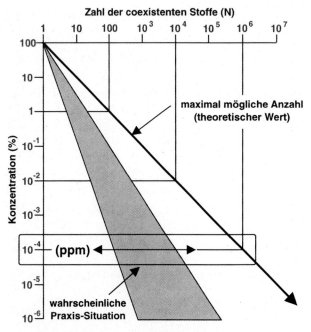

Abb. 1-3. Zusammenhang zwischen Komplexität einer Probe und der gewählten Analysenkonzentration (Quelle: R. E. Kaiser, Labo, Juli 1987, S. 7-15)

Der Umweltanalytiker muß deshalb instrumentelle Analysenverfahren einsetzen, die es trotz einer Vielzahl von Störkomponenten ermöglichen, die gesuchte Substanz mit ausreichender Empfindlichkeit und Selektivität zu bestimmen.

Besonders die spektrometrischen und chromatographischen Analysentechniken haben wegen ihrer hohen Selektivität und Nachweisempfindlichkeit einen beachtlichen Stellenwert in der Umweltanalytik erlangt.

Diese instrumentellen Analysenverfahren haben sich in den letzten drei Jahrzehnten rasant weiterentwickelt, was sich auch in einem expontiellen Anstieg der Anwendungsliteratur niederschlägt [1-1].

Ziel dieses Buches ist es, die wichtigsten Einsatzbereiche der Spektrometrie und Chromatographie in der Umweltanalytik aufzuzeigen. Wegen des umfangreichen Stoffes muß jedoch in vielen Fällen auf aktuelle und geeignete weiterführende Literatur verwiesen werden.

Neben der Analytik mit Probenahme und Probenvorbereitung werden auch weitere wichtige Faktoren wie
– Laborgestaltung,
– Labormanagement und Organisation,
– Umweltgesetzgebung,
– Untersuchungsstrategie,
– Auswahlkriterien für Analysenverfahren,
– Datenverarbeitung und Speicherung, sowie
– Interpretation und Dokumentation von Analysendaten
mit eingebunden, da diese Bereiche ganz wesentlich zu einer leistungsfähigen Analytik und zum Erfolg eines Umweltlabors beitragen.

Literatur

[1-1] H. Hein: „Literaturdokumentation – Spektrometrische und chromatographische Methoden der Umweltanalytik", *Ein Arbeitsmittel vom Umwelt Magazin*, Vogel-Verlag, Würzburg (1991).

2   Laborgestaltung

In einem Labor für Umweltanalytik werden eine Vielzahl von Proben auf ihre Gefährlichkeit für den Menschen und sein biologisches Umfeld hin untersucht.

Chemische, physikalische, biologische und mikrobiologische Untersuchungsverfahren sind erforderlich, um in den Matrices
– Wasser,
– Boden, Sedimente, Abfälle und
– Luft
die breite Palette an
– toxischen,
– kanzerogenen und
– mutagenen Stoffen, sowie
– pathogenen Mikroorganismen
zu bestimmen.

Die Vielfalt der Probenarten, der große Konzentrationsbereich an zu bestimmenden Parametern aus einer immer umfangreicher werdenden Gefahrstoffpalette und die hierfür erforderlichen Analysenverfahren führen zu einem recht komplexen Aufbau eines Umweltlabors. Die Tätigkeits- und Raumvernetzung eines solchen Laboratoriums ist schematisch in Abb. 2-1 dargestellt.

Die Räume für Verwaltung, Analytik und das dadurch bedingte Umfeld stellen letztlich, wie aus der Abb. 2-1 hervorgeht, ein hochvernetztes System dar, das die Analysenprobe, bei optimaler Gestaltung, wie auf einem Förderband durchlaufen soll. Dazu sind eine entsprechende Raumaufteilung und Organisation notwendig.

Ein Umweltlabor benötigt für seine wirtschaftliche Existenz Analysenaufträge, die durch
– Werbung,
– Abgabe von Angeboten bei Ausschreibungen,
– persönliche Kontakte usw.
erhalten werden.

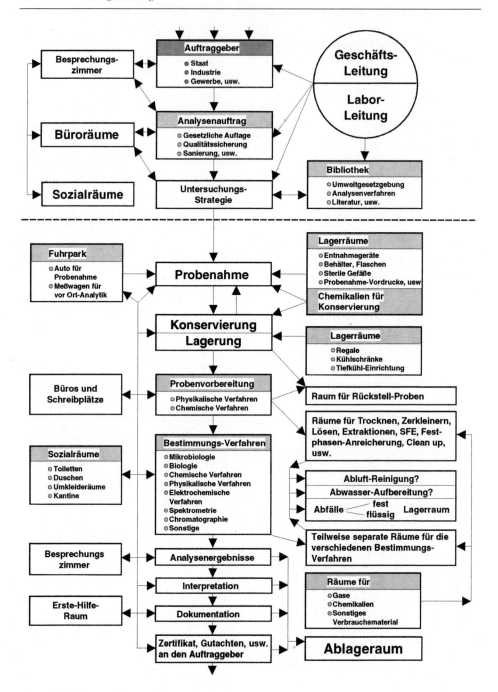

Abb. 2-1. Tätigkeits- und Raumvernetzung eines Umweltlabors

Die Geschäfts- und/oder Laborleitung muß einen Großteil ihrer Zeit in Besprechungen mit Kunden über den Umfang und die Preisgestaltung der Analytik investieren. Finden diese Besprechungen und sonstige Kundenkontakte im eigenen Hause statt, so ist hierfür ein Besprechungszimmer erforderlich.

Für die Abgabe von Angeboten und die Reaktion auf Preis- und Analytikanfragen wird eine Büroeinheit benötigt, wo mit Hilfe der modernen Datenverarbeitung allgemeine Preislisten für analytische Leistungen sowie Textbausteine für komplizierte und umfangreiche Angebote vorhanden sein müssen. Eingehende Analysenaufträge werden dann nach Prioritäten bearbeitet, wobei die Verfügbarkeiten von Laborkapazität und Mitarbeitern zu berücksichtigen sind. Der Analysenauftrag ist in eine Untersuchungsstrategie einzubinden, die mit der Festlegung der durchzuführenden Analytik beginnt und mit der Erstellung eines Zertifikates, Gutachtens usw. endet.

Bei der Festlegung der Analytik ist besonderes Augenmerk auf die gesetzlichen Vorgaben und auf die vorgeschriebenen Analysenverfahren zu legen. Zentraler Bestandteil jeder umweltrelevanten Untersuchung ist der Bereich der Probenahme. Abhängig von der zu untersuchenden Matrix, den darin zu bestimmenden Einzel- und Summenparametern und des vorgegebenen Untersuchungszieles müssen unterschiedliche Techniken bei der Probenahme berücksichtigt werden, siehe auch Kapitel 6, Probenahme.

Oft ist auch eine Vor-Ort-Analytik erforderlich, wenn es z. B. um die Erkennung von Altlasten oder Altablagerungen geht. Meistens reichen Screeninganalysen für die Eingrenzung der Gefahrstoffquelle aus, die in mobilen Messwagen durchgeführt wird. Für die Bestimmung einiger Parameter im Labor ist sehr oft im Zusammenhang mit der Probenahme eine Konservierung durchzuführen, siehe Kapitel 7, Konservierung und Lagerung.

Der überwiegende Teil der entnommenen Proben wird anschließend in das Labor gebracht und je nach durchzuführender Analytik an die verschiedenen Laborbereiche weitergegeben. Der Aufbau und die Gestaltung dieser Laboratorien sind einer Fülle von gesetzlichen Anforderungen unterworfen. Ausführliche Hinweise sind in den „Richtlinien für Laboratorien, Nr. 12" und dem Merkblatt M006 (6/89) „Besondere Schutzmaßnahmen in Laboratorien" der Berufsgenossenschaft der chemischen Industrie zu entnehmen [2-1].

Besonders im Anhang 4 der „Richtlinien für Laboratorien" wird auf weiterführende
− Gesetze/Verordnungen,
− Unfallverhütungsvorschriften,
− Berufsgenossenschaftliche Richtlinien, Sicherheitsregeln, Merkblätter,
− DIN-Normen,
− VDE-Bestimmungen,
− VDI-Richtlinien und
− DVGW-Arbeitsblätter
verwiesen.

Die Laborgestaltung ist auf die durchzuführende Analytik und deren Schwerpunkte abzustimmen. Dieser Sachverhalt erfordert einen hohen Planungsaufwand, da zukünftige

Entwicklungen im Bereich Umweltanalytik mit zu berücksichtigen sind. Hinweise auf räumliche Grundanforderungen sind aus der Abb. 2-1 zu ersehen.

Die Datenflut eines solchen Labors muß sinnvoll kanalisiert werden, um rechtzeitig alle Analysenergebnisse für eine Interpretation zur Verfügung zu haben.

Ein wohldurchdachtes und auf Erweiterung konzipiertes Labor-Informations-Management-System (LIMS) muß ebenfalls mit in die Laborplanung eingebunden werden.

Büros und Schreibplätze für die Mitarbeiter, die notwendigen und per Gesetz geforderten Sozialräume, Besprechungszimmer und ein Erste-Hilfe-Raum sind weitere Forderungen an eine sinnvolle Laborgestaltung.

Literatur

[2-1] Die Richtlinien für Laboratorien, Nr. 12 und das Merkblatt M006 (6/89)
        Besondere Schutzmaßnahmen in Laboratorien,
        Hrg.: Berufsgenossenschaft der chemischen Industrie
        Jedermann-Verlag, Dr. Otto Pfeffer oHG
        Postfach 103140
        69021 Heidelberg
        Tel. 06221/184242
        Fax 06221/27870

3 Labormanagement und Organisation

Die Aufgaben, die Laborleiter bzw. Labormanager in einem Labor für Umweltanalytik wahrnehmen, sind vielschichtig. Abb. 3-1 veranschaulicht recht deutlich, welchen Sachzwängen, Pflichten und Aufgaben der Leiter des Labors ausgesetzt ist [3-1] [3-2].

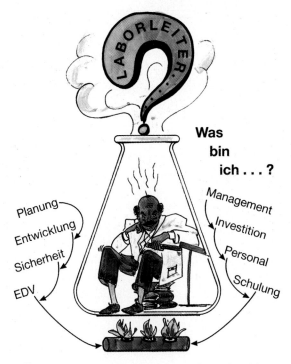

Abb. 3-1. Der Laborleiter und seine Aufgabenbereiche

Im wesentlichen sind es
– gesetzliche Vorgaben,
– Forderungen der Auftraggeber und
– Managementaufgaben,
die seine Arbeitszeit beanspruchen.

Die Bedeutung, die seiner Tätigkeit im Bereich Umweltanalytik zukommt, ist aus der Abb. 3-2 ersichtlich.

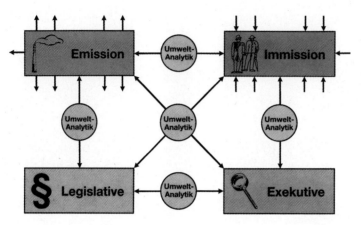

Abb. 3-2. Umweltanalytik im Spannungsfeld

Legislative (Gesetzgebung) und Exekutive (staatliche Überwachung) können nur funktionieren, wenn umweltrelevante Emissionen (Abgabe von Schadstoffen) und Immissionen (Schadstoffaufnahme) durch Umweltanalytik kontrollierbar sind.

Aus dieser Tatsache kristallisiert sich immer mehr die Bedeutung, die dem Umweltanalytiker zukommt, heraus. Er muß die „Schiedsrichterfunktionen" bei der Umsetzung von Umweltrecht übernehmen, da rechtliche Entscheidungen sehr oft nur mit Hilfe von analytischem Datenmaterial möglich sind. Die daraus resultierende Verantwortung seines Tätigkeitsbereiches erfordert in hohem Maße eine entsprechende Qualifikation und permanente Weiterbildung. Für den Laborleiter reicht es heute nicht mehr, daß er die entsprechenden Analysenmethoden kennt und selbst durchführen kann. Immer mehr muß er sich mit organisatorischen, sicherheitstechnischen, entwicklungs- und investitions- aber auch personalbezogenen Problemen auseinandersetzen. Hierbei darf er auch nicht die Firmenpolitik und Konkurrenzsituation außer acht lassen. Der Umweltanalytiker kann letztlich nur dann erfolgreich sein, wenn er die Bereiche Selbstmanagement (Ich-Bereich), Teammanagement (Du-Bereich) und Labormanagement (Sachbereich) in der richtigen Ausgewogenheit beherrscht. Dieser Zusammenhang ist in der Abb. 3-3 graphisch dargestellt [3-3] [3-4].

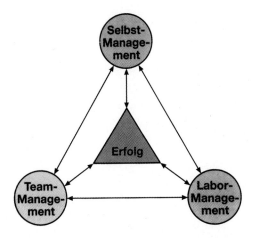

Abb. 3-3. Selbst-, Team- und Labormanagement als Basis erfolgreicher Tätigkeit

3.1 Selbstmanagement

Spezialisten für besondere Aufgaben, Gruppen-, Abteilungs- und Laborleiter benötigen für ihre tägliche Arbeit im Umweltlabor eine Vielzahl von Selbstmanagement-Techniken. Unter dem Begriff Selbstmanagement versteht man in diesem Zusammenhang Arbeits- und Lebenstechniken, die dazu beitragen, sich selbst erfolgreich zu führen und zu organisieren [3-5].

Das Ziel ist, mehr aus sich zu machen, sein Leben bewußt zu steuern (Selbstbestimmung) und weniger Spielball der Arbeits- und Lebensverhältnisse anderer (Fremdbestimmung) zu sein. Eine der wichtigsten Aufgaben des Selbstmanagements stellt der Weg von der Zielsetzung bis zur Zielrealisierung dar.

Der Selbstmanagement-Regelkreis in Abb. 3-4 zeigt die erforderlichen Teilbereiche wie
– Analyse und Formulierung der angestrebten Ziele (Zielsetzung),
– Planung als Vorbereitung zur Verwirklichung der Ziele (Planung),
– Entscheidung über durchzuführende Aufgaben (Entscheidung),
– Organisation und Durchführung von Maßnahmen (Realisierung),
– Kontrolle der Zielerreichung und Abweichungsanalyse (Kontrolle)
und die Bedeutung, die der Funktion „Information und Kommunikation" zukommt.

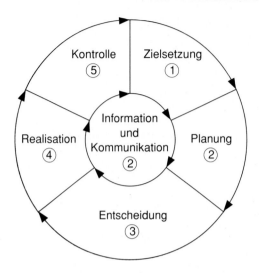

Abb. 3-4. Selbstmanagement-Regelkreis

Die einzelnen Funktionen laufen nicht immer, wie in diesem vereinfachten Schema dargestellt, nacheinander ab, sondern sie sind vielfältig miteinander verflochten.

Selbstmanagement kann nur dann zum Erfolg führen, wenn man seine komplexen, unübersichtlichen Aufgabenbereiche transparent macht und aufgliedert (Denken in vernetzten Systemen!), wichtige Aufgaben herauskristallisiert und systematisch nach den Kriterien der Abb. 3-4 bearbeitet, ohne dabei den Überblick über die in Bearbeitung befindlichen Projekte zu verlieren.

Der hohe Stellenwert von „Information und Kommunikation" ist ebenfalls deutlich aus der Abb. 3-4 zu ersehen.

Ohne Information und Kommunikation läßt sich der Weg der Zielsetzung bis zur Zielrealisierung nicht verwirklichen.

So benötigt der Umweltanalytiker eine Fülle wichtiger und aktueller Informationen aus den Bereichen
– Gesetzgebung,
– gesetzlich vorgeschriebene Analysenverfahren, wie z. B. DIN-Verfahren, VDI-Richtlinien usw.,
– Laborinstrumentarium, neue Analysentechniken usw.,
– Anwendungsliteratur,
– Weiterbildung, wie z. B. Kurse, Seminare, Fachtagungen.

Seit einiger Zeit verdoppelt sich in fast allen genannten Bereichen der Wissenszuwachs in einem Zyklus von etwa zwei Jahren. Auf uns rollt eine „Informationslawine" immer größeren Ausmaßes zu, die zur „Informationsüberfütterung" führt. Deshalb ist es außerordentlich wichtig, nur solche Informationen herauszufiltern, die für den spezifischen Lebens- und Arbeitsbereich interessant sind. Diese Informationsfilterung ist in Abb. 3-5 schematisch dargestellt.

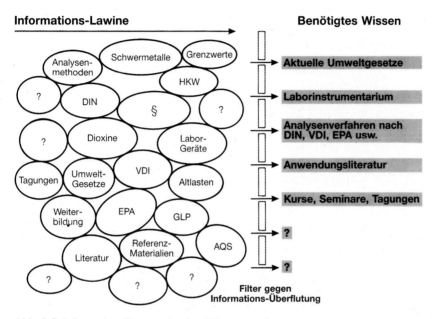

Abb. 3-5. Informationsfilterung aus dem Wissensangebot

Die sinnvolle Speicherung wichtiger Informationen stellt ein weiteres Segment im Bereich des Selbstmanagements dar. Informationen müssen so gespeichert werden, daß sie jederzeit für das entsprechende Sachgebiet vollständig und aktuell abrufbar sind. Für die Datenspeicherung werden immer häufiger Personal Computer eingesetzt, die bei entsprechender Softwaregestaltung einen sehr schnellen Zugriff auf gesuchte Informationen erlauben. Die größte Selbstmanagement-Herausforderung ist jedoch im richtigen Umgang mit der Zeit zu sehen. So wird der Nutzungsgrad des menschlichen Leistungspotentials in der Wirtschaft auf 30 bis 40% geschätzt. Die meiste Energie und Zeit verpuffen, weil klare Ziele, Planung, Prioritäten und Übersicht fehlen [3-6].

Wirklich erfolgreiche Menschen haben eines gemeinsam: sie haben gründlich über die Verwendung und Nutzung ihres persönlichen Zeitkapitals nachgedacht.

Viel Zeit wird für relativ nebensächliche Probleme und Aufgaben aufgewendet, wodurch wichtige Aktivitäten vernachlässigt werden. Oft erbringen bereits 20% der strategisch richtig eingesetzten Zeit und Energie 80% des Ergebnisses.

Diese Zusammenhänge der 80:20-Regel wurden erstmals von dem italienischen Ökonomen Vilfredo Pareto im 19. Jahrhundert beschrieben und sind in der Abb. 3-6 noch einmal bildlich dargestellt.

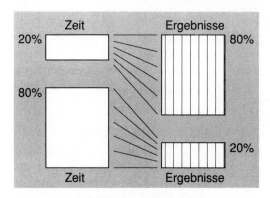

Abb. 3-6. 80:20-Regel (Pareto-Prinzip)

Durch statistische Untersuchungen fand Pareto z. B. heraus, daß 20% der Bevölkerung 80% des Volksvermögens besaßen. Für viele andere Lebensbereiche konnte das Pareto-Prinzip ebenfalls nachgewiesen werden.

Für die Definition von Zielen und die Planung von Maßnahmen und Aktivitäten im Bereich der Umweltanalytik bedeutet dies, daß die 20:80% Erfolgsverursacher herauszu-filtern und mit der höchsten Priorität zu versehen sind. Um die dargelegten Aktivitäten optimal zu organisieren, ist der Einsatz eines persönlichen Arbeitsmittels unbedingt erfor-derlich. Dieses bietet Unterstützung um

– einen Überblick über alle anstehenden Aufgaben zu gewinnen,
– alle wichtigen Vorhaben, Termine und Aktivitäten systematisch und zielorientiert zu planen, aufeinander abzustimmen und
– ihre Erledigung und Weiterführung erfolgreich zu organisieren und zu kontrollieren.

Ein solches Arbeits-, Ordnungs- und Selbstdisziplinierungsmittel stellt ein Zeitplanbuch dar, mit dem die tägliche Arbeit besser geplant, organisiert, koordiniert und rationeller durchgeführt werden kann [3-7].

Diese wenigen ausgewählten Beispiele sollen zeigen, wie wichtig der Bereich Selbstma-nagement für Führungskräfte im Umweltlabor ist. Dies gilt besonders dann, wenn Labor-mitarbeiter zu führen und komplizierte Aufgabenstellungen aus dem Bereich Umweltan-alytik zuverlässig umzusetzen sind.

3.2   Teammanagement

Der analytische Aufwand im Umweltbereich wird immer umfangreicher und der Einsatz komplizierter instrumenteller Analysenverfahren zunehmend wichtiger. Bei der Umsetzung analytischer Aufgabenstellungen sind Führungskräfte deshalb auf gut ausgebildete und zuverlässige Mitarbeiter angewiesen. Sehr oft sind diese Mitarbeiter hochkarätige Spezialisten mit langjähriger Erfahrung in einer bestimmten Analysendisziplin, wie z. B. der Gaschromatographie-Massenspektrometrie-Kopplung usw.

Da im Umweltlabor Proben nach unterschiedlichen Kriterien untersucht werden müssen, setzt sich der gesamte Untersuchungsbefund aus verschiedenen Einzelergebnissen zusammen, die von mehreren Mitarbeitern erarbeitet wurden. Diese Mitarbeiter richtig zu führen und zu motivieren, gehört zum Aufgabenbereich Teammanagement [3-8].

An die Qualifikation des Personals in einem Umweltlabor sind besonders hohe Anforderungen zu stellen, da das gewonnene analytische Datenmaterial sehr oft den Anforderungen gesetzlicher Auflagen standhalten muß [3-2]. Abb. 3-7 verdeutlicht die Konsequenzen von Analysendaten, wenn es um die Überwachung von Richt-, Schwellen- und Grenzwerten im Abwasserbereich geht.

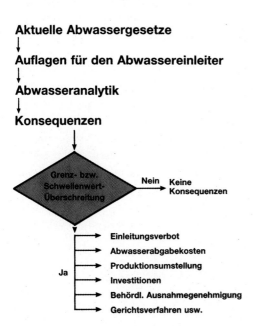

Aktuelle Abwassergesetze

↓

Auflagen für den Abwassereinleiter

↓

Abwasseranalytik

↓

Konsequenzen

Abb. 3-7. Konsequenzen aus Gesetzgebung und Analytik:
Schema für Arbeitsvorgänge in der Abwasserbehandlung von den gesetzlichen Grundlagen über die Analytik bis zu möglichen Konsequenzen

Der Mitarbeiter muß deshalb einige wesentliche fachliche und charakterliche Kriterien erfüllen, wie z. B.
- Spezialwissen in seinem Arbeitsbereich,
- praktisches Geschick,
- konstante Arbeitsleistung,
- persönliches Engagement,
- kritisches Urteilsvermögen,
- Motivation zur Weiterbildung,
- kollegiales Verhalten.

Für Mitarbeiter mit diesem erwünschten Anforderungsprofil ist zwangsläufig ein besonders sensibler Führungsstil erforderlich, um ein leistungsorientiertes Team zu bilden und dann auf diesem Niveau zu halten. Vorgesetzte sollten bei Entscheidungsprozessen gegenüber Mitarbeitern bedenken, daß Menschen ein unsichtbares Transparent vor sich hertragen, auf dem sinnverwandt folgendes zu lesen ist:

ICH MÖCHTE WICHTIG SEIN
ICH MÖCHTE ANERKANNT SEIN
ICH MÖCHTE BELIEBT SEIN

Dies mögen einfache und triviale Forderungen sein, die spontan von den wenigsten zugegeben werden. Sie beinhalten aber die Summe aller Kriterien, die erforderlich sind, um Mitarbeiter leistungsorientiert und motiviert zu führen.

Führungskräfte sind gut beraten, wenn sie an qualifizierte Mitarbeiter nicht nur Arbeiten, sondern auch gleichzeitig die Gesamtverantwortung für diese Tätigkeiten übertragen. Mitarbeiter entwickeln sich in dem Maße persönlich und fachlich weiter, in dem sie gefordert werden.

Die analytischen Anforderungen, die von einem Umweltlabor zu erfüllen sind, unterliegen einem permanenten Entwicklungsprozeß, hin zu immer komplizierteren Analysentechniken. So erfordern die Erkenntnisse über z. B. neuentdeckte Schadwirkungen von organischen Spurenstoffen in immer höherem Umfang die Einführung von „High-Tech"-Analysenverfahren in den Umweltlabors. Diese vorwiegend instrumentellen Analysenverfahren können aber nur dann mit Erfolg in einem Labor eingeführt werden und effektiv arbeiten, wenn gleichzeitig geschulte Mitarbeiter zur Verfügung stehen.

„Anwendungsprobleme" im Zusammenhang mit Geräteneuanschaffungen haben ihre eigentlichen Ursachen im Mitarbeiterbereich, da bei Neuinvestitionen die persönliche und fachliche Einbeziehung des Bedienungspersonals z. B. durch ein Training beim Gerätehersteller usw. zu spät oder gar nicht erfolgte. Weiterbildung durch interne und externe Schulungen gewinnt immer mehr an Bedeutung, wenn ein entsprechendes Niveau erreicht bzw. gehalten werden soll. Zahlreiche, mitunter sehr fachspezifische Weiterbildungsmöglichkeiten veranstalten z. B.

- Analysengerätehersteller,
- Gesellschaft Deutscher Chemiker (GDCh), Abt. Fortbildung
  Postfach 900 440, Varrentrappstr. 40-42
  60444 Frankfurt/Main
  Tel. 0 69/79 17-3 56 und 4 71
  Fax 0 69/79 17-4 75
- Haus der Technik e.V.
  Postfach 101534, Hollestr. 1
  45015 Essen
  Tel. 02 01/18 03-1
  Fax 02 01/18 03-2 69
- Technische Akademie Wuppertal
- Technische Akademie Esslingen, Weiterbildungszentrum
  73748 Ostfildern
  Tel. 07 11/3 40 08-23 .. 25
- Universitäten und
- Fachinstitute.

Es gilt hierbei aus dem breitgefächerten Weiterbildungsangebot diejenigen zu selektieren, die für den entsprechenden Mitarbeiter den größten umsetzbaren Nutzen garantieren. In einem Umweltlabor mit mehreren Mitarbeitern in unterschiedlichen Arbeitsbereichen kann die vom Einzelnen erbrachte Arbeitsleistung leicht untergehen und zur Demotivation führen. Daher sollten Führungskräfte in gewissen Zeitabständen in gemeinsamen Besprechungen die Einzelbeiträge der Mitarbeiter für das Gesamtergebnis eines Labors transparent machen. Durch diese Maßnahme wird der sogenannte „Teamgeist" gefördert und die einzelnen Mitarbeiter bleiben motiviert.

Richtige Personalführung trägt in hohem Maße dazu bei, daß die umfangreichen Investitionen für die Laborausrüstungen effektiv zur Gewinnung wichtiger Analysendaten für den Umweltbereich genutzt werden können.

3.3   Labormanagement

Labormanagement ist neben dem Teammanagement die Aufgabe der Laborleitung. Ein Umweltlabor muß unter Beachtung wirtschaftlicher Aspekte geführt werden. Über die zu analysierenden Proben muß in möglichst kurzer Zeit und mit vertretbarem Personalaufwand eindeutig abgesichertes Datenmaterial vorliegen.

Voraussetzung dafür sind eine optimale Laborstruktur und ein durchorganisiertes Probenmanagement von der Untersuchungsstrategie bis zur Interpretation der Analysendaten (Abb. 3-8).

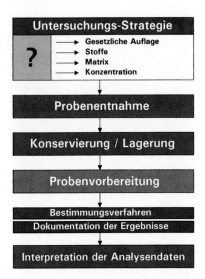

Abb. 3-8. Wesentliche Bereiche der Untersuchungsstrategie in der Umweltanalytik

Richtige Analysendaten sind die zentrale Forderung an das Labormanagement.

In Abb. 3-9 sind die wesentlichen Bereiche, die als Voraussetzungen hierfür zu beachten sind, in einem Regelkreis dargestellt,

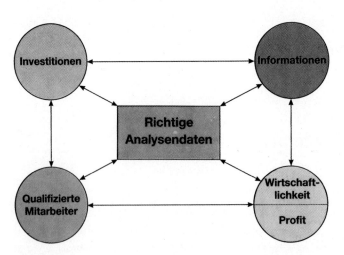

Abb. 3-9. Regelkreis „Labormanagement" und seine wesentlichen Bereiche

Der Bereich „Information" bildet hierbei das Fundament, auf dem sich weitere Aktionen aufbauen. So muß der Labormanager über juristisches, fachspezifisches und kaufmännisches Wissen verfügen, um den komplexen Anforderungen an seine Tätigkeit gerecht zu werden:

Juristisches Wissen
– Arbeitsrecht
– Umweltrecht [3-9]
– Lebensmittelrecht
– Gesetzliche Vorschriften für das Labor
– Abfallentsorgung, usw.

Fachspezifisches Wissen
– Laborbau und Einrichtung
– Laborinstrumentarium
– Analysen-Verfahren – DIN, VDI usw.
– Fachzeitschriften und Anwendungsliteratur [3-10]
– Weiterbildung (Kurse, Seminare, Tagungen)

Kaufmännisches Wissen
– Steuerrecht
– Buchführung
– Werbung und Konkurrenzsituation
– Investitionen
– Wirtschaftlichkeit und Profit

Nur mit zuverlässigen Informationen lassen sich dann als Basis für ein analytisches Labor die benötigten und gewinnbringenden Investitionen tätigen. Abhängig von der analytischen Aufgabe können diese Investitionen für ein Umweltlabor oft die Million-DM-Grenze überschreiten.

Einige bedeutende **Investitionsbereiche** sind:

Laborgebäude, Räume und Ausstattung
– Kosten und zeitorientierte Arbeitsabläufe
– Raumnutzung unter Beachtung der Analytik
– Labormöbel (Schreib- und Auswerteplätze!)
– Wasser-, Gas- und Elektroversorgung
– Chemikalien- und Abfallager

Analysengeräte
– Gesetzliche Vorgaben
– Forderungen von DIN, VDI usw.
– Kosten-Nutzen-Betrachtungen
– Probenentnahme und -vorbereitung
– Datenverarbeitung
– Service- und Anwendungsunterstützung

Erarbeitung aktueller Analysenverfahren
Mitarbeiter
Weiterbildung
Aktuelle und zukunftsorientierte Informationen

Neben den kostenintensiven Investitionen für das Laborgebäude, die Räume und deren Ausstattung, sind die Anschaffungskosten für Analysengeräte nicht zu unterschätzen.

In Zukunft werden immer stärker die Grundsätze der **Guten Laborpraxis** (GLP) in alle Entscheidungsprozesse für ein analytisches Labor Eingang finden. Im Anhang 1 zum Chemiekaliengesetz [3-11] sind diese Grundsätze auf neun Seiten abgedruckt. Außerdem ist im Umweltschutz die Analytik in zahlreichen DIN-Vorschriften, VDI-Richtlinien usw. festgeschrieben und damit auch der Umfang des instrumentellen Analysenmeßplatzes vorgegeben.

Wie komplex die Auswahlkriterien für Analysengeräte sind und welche Fakten außerdem noch zu beachten sind, veranschaulicht Abb. 3-10.

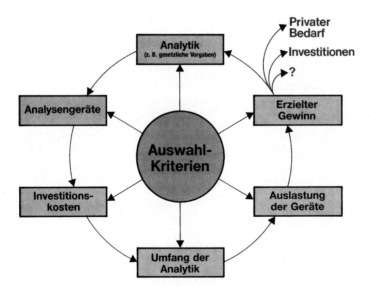

Abb. 3-10. Auswahlkriterien für Analysengeräte

Die Investition in sinnvoll ausgewählte Analysengeräte allein ist nicht ausreichend, vielmehr werden zusätzlich entsprechend qualifizierte Mitarbeiter benötigt.

Analytische Aufgaben können nur mit gut ausgebildeten, zuverlässigen und motivierten Mitarbeitern zufriedenstellend gelöst werden.

Die fachlichen und charakterlichen Kriterien, die ein Mitarbeiter in einem Umweltlabor erfüllen muß, wurden bereits im Abschnitt 3.2, Teammanagement, dargelegt.

Diese Mitarbeiter benötigen in der Regel eine an ihre Qualifikation angepaßte Einarbei-
tungszeit, die intern durch Kollegen oder extern durch Seminare oder Kundenkurse beim
Gerätehersteller erfolgen kann.

Ein qualifiziertes Labor mit idealen Mitarbeitern kann nur dann erfolgreich arbeiten und
sich weiterentwickeln, wenn auch entsprechende Profite erwirtschaftet werden [3-12].

Wirtschaftlichkeit und Profit sind wichtige Voraussetzungen eines Labors für weitere
– Existenz,
– Beschäftigung und Neueinstellung von Mitarbeitern,
– Investitionen im Labor, Ausstattung und Verfahren,
– Konkurrenzfähigkeit in der Wirtschaft usw.

Eine Ausnahme bilden die staatlichen Labors, deren Arbeitsschwerpunkte in erster Linie
durch die Legislative vorgegeben sind.

Damit wird der Aufgabenbereich des Laborleiters um noch mehr Verantwortung erweitert. Das bedeutet aber auch, daß der Leiter des Labors über die Kenntnisse eines Analyti-
kers, Juristen und Kaufmannes in der richtigen Ausgewogenheit verfügen muß, um in der
Marktwirtschaft bestehen zu können. Abb. 3-11 zeigt anschließend das Spannungsfeld der
Aufgaben, mit denen sich der Laborleiter auseinanderzusetzen hat [3-13].

Abb. 3-11. Eine Symbiose von analytischen, juristischen und kaufmännischen Kenntnissen ist für
den Laborleiter ideal

Neben der permanenten Verfolgung von Entwicklungstendenzen im Bereich der Gesetzgebung und Analytik kommen auf den Laborleiter in immer stärkerem Umfang Fragen der
externen Akzeptanz seines Labors zu.

Reichte vor Jahren noch eine entsprechende Vereidigung zum Sachverständigen durch
die Industrie- und Handelskammer aus, so wird heute mehr und mehr der Nachweis einer
Akkreditierung des Labors gefordert.

In der folgenden Zusammenstellung sind einige wesentliche Aussagen über den Komplex
Akkreditierung von Prüflaboratorien aufgeführt.

- Seit etwa 1989 werden in Deutschland Prüflaboratorien „akkreditiert".
- Der eher in der Diplomatensprache eingebürgerte Begriff bedeutet **eine Anerkennung der Kompetenz des Laboratoriums.**
- Akkreditierung eines Prüflaboratoriums bedeutet, bestimmte Prüfungen oder Prüfungsarten auszuführen.
- Grundlage für die Akkreditierung bildet die Normenreihe DIN EN 45000 ff (siehe 4.13.4).
- Die Normen führen sehr stark das Prinzip der förmlichen **Qualitätssicherung (QS) in den Laborbetrieb ein. Sie verlangen eine ständige Überwachung des akkreditierten Labors durch die Stelle, die das Labor akkreditiert hat.**
- Ein faktischer Zwang ergibt sich teilweise schon heute und in der Zukunft noch stärker aus rechtlichen Regelungen, in denen Prüfergebnisse nur dann akzeptiert werden, wenn sie in einem akkreditierten Prüflaboratorium ermittelt wurden.

Das zur Zeit aktuelle Akkreditierungssystem ergibt sich aus der europäischen Normenreihe DIN EN 45001 und DIN EN 45002 [3-14].

Während in der DIN EN 45001 die „Allgemeinen Kriterien zum Betreiben von Prüflaboratorien" festgelegt sind, ergeben sich aus der DIN EN 45002 „Allgemeine Kriterien zum Begutachten von Prüflaboratorien". In der Abb. 3-12 sind diese Zusammenhänge schematisch dargestellt. Die Beschreibung der Tätigkeit des Labors in einem Qualitätssicherungshandbuch ist eine umfangreiche und fachlich anspruchsvolle Arbeit, die in den Aufgabenbereich des Laborleiters fällt.

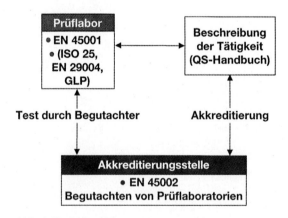

Abb. 3-12. Akkreditierungssystem nach DIN

Neben den schon benannten DIN-Normen und der GLP werden sehr oft noch ISO-Normen der Serie 9000 bei der Akkreditierung mit einbezogen (siehe 4.13.5).

3.4   Zukunftsaspekte

Der sensible Bereich Umweltschutz wird in Zukunft noch mehr an Bedeutung gewinnen und damit werden sich die Anforderungen an die Umweltanalytik stark erweitern. Deshalb sind die Führungskräfte gut beraten, sehr aufmerksam die permanenten Veränderungen auf den Gebieten
— Umweltgesetzgebung [3-15, 3-16, 3-17],
— neue Analysenverfahren,
— Weiterentwicklung der instrumentellen Analytik
zu beobachten und sich entsprechend zu informieren. Besonders im Zusammenhang mit der Umweltgesetzgebung ergeben sich viele vorgeschriebene Untersuchungen, für deren Durchführung dann auch die erforderliche Finanzierung vorhanden sein muß.

Die breitgefächerten Anforderungen an die Führungskräfte eines Labors für Umweltanalytik führen aber auch zu starken Belastungen im psychischen Bereich und äußern sich vielschichtig in Streß-Symptomen. Zur Erhaltung der Leistungsfähigkeit , Motivation und Innovation von Führungskräften gewinnt deshalb eine ausgeglichene Balance zwischen Arbeits- und Privatwelt immer stärker an Bedeutung.

Treffender als in den folgenden Formulierungen läßt sich die Palette der Lebensweisheiten nicht darlegen, ohne deren Beachtung eine Entwicklung zu einer erfolgreichen Persönlichkeit nicht möglich ist:

Nimm dir Zeit...
Nimm dir Zeit, um zu arbeiten, es ist der Preis des Erfolges.
Nimm dir Zeit, um nachzudenken, es ist die Quelle der Kraft.
Nimm dir Zeit, um zu spielen, es ist das Geheimnis der Jugend.
Nimm dir Zeit, um zu lesen, es ist die Grundlage des Wissens.
Nimm dir Zeit, um freundlich zu sein, es ist das Tor zum Glücklichsein.
Nimm dir Zeit, um zu träumen, es ist der Weg zu den Sternen.
Nimm dir Zeit, um zu lieben, es ist die wahre Lebensfreude.
Nimm dir Zeit, um froh zu sein, es ist die Musik der Seele.

(Irländische Quelle)

Literatur

[3-1]   G. Grell: „Der Laborleiter als Manager – vom Spezialisten zum Allrounder?" *Labor 2000* (1984) 152-157, (Idee und Anregung zur Abb. 3-1).

[3-2]   H. Kelker, J. Wendenburg: Der Analytiker und sein Berufsfeld, *Labor 2000* (1984) 166-169.

[3-3]   H. Hein: Management-Strategien im Bereich Umweltanalytik, *Labor 2000* (1991) 164-183.

[3-4]   H. Hein: Labormanagement in der Umweltanalytik, *Labor 2000* (1992) 46-52 (Eine Sonderpublikation der Laborpraxis).

[3-5]   J. L. Seiwert: Selbstmanagement – Erfolgreiche Arbeitstechniken für Führungskräfte, Gabal Schriftreihe, Band 8, 2. unveränderte Auflage, Gabal e.V., Dudenhofer Str. 46, 67346 Speyer, Tel. 0 62 32/96 67, Fax 0 62 32/9 86 09.

[3-6]   J. L. Seiwert: Das 1x1 des Zeitmanagement, *Gabal Schriftenreihe,* Band 10, Gabal e.V., Dudenhofer Str. 46, 67346 Speyer, Tel. 06232/9667, Fax 06232/98609.

[3-7]   J. L Seiwert: Test: Die neuen Zeitplanbücher, *Management-Wissen 84* **12** (1984) 46-53.

[3-8]   R. Michahelles: Management im Labor, *Labor 2000* (1986) 162-173.

[3-9]   H. Hein und G.Schwedt: Richt- und Grenzwerte, Luft – Wasser – Boden – Abfall. *Ein Arbeitsmittel vom Umwelt Magazin,* Vogel-Verlag, Würzburg, 3. Auflage. Erste Ergänzungslieferung (Oktober 1993).

[3-10] H. Hein: Literaturdokumentation – Spektrometrische und chromatographische Methoden in der Umweltanalytik. *Ein Arbeitsmittel vom Umwelt Magazin,* Vogel-Verlag, Würzburg (1991).

[3-11] *Gesetz zum Schutz vor gefährlichen Stoffen* (Chemiekaliengesetz – ChemG) vom 22. März 1990, Bundesgesetzblatt (1990) **1** 522-547, Anhang I: Grundsätze der Guten Laborpraxis (GLP).

[3-12] J. H. Taylor, Jr. and Richard M. Amano: Managing an Environmental Chemistry Laboratory for Profit, *Journal of Chromatographie Science* **25,** (1987) 364-368.

[3-13] H. Hein: Der Laborleiter – Jurist oder Analytiker? *Labor 2000* (1993) 152-156.

[3-14] *DIN EN 45001:* Allgemeine Kriterien zum Betreiben von Prüflaboratorien (1990) und *DIN EN 45002:* Allgemeine Kriterien zum Begutachten von Prüflaboratorien (1990), Beuth-Verlag, Burggrafenstr. 6, 10787 Berlin.

[3-15] *Bundesgesetzblatt,* Bundesanzeiger Verlagsges.mbH.

[3-16] *Gemeinsames Ministerialamtsblatt,* Carl Heymanns-Verlag K.G.

[3-17] *Amtsblatt der Europäischen Gemeinschaften,* Bundesanzeiger.

Bezugsquellen für [3-15] bis [3-17] siehe 4.12.

4   Umweltgesetzgebung

Gelangen in die Umweltkompartimente

- Wasser
- Boden, Sedimente, Abfälle usw.
- Luft

toxische, kanzerogene oder mutagene chemische Verbindungen, so resultiert daraus ein „Umweltproblem", das einen Handlungsbedarf auslöst, wie die folgende Abb. 4-1 aufzeigt.

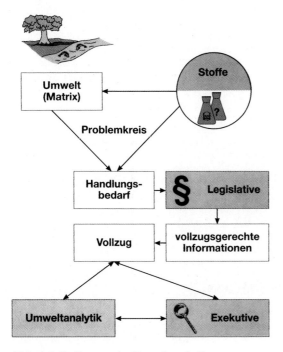

Abb. 4-1. Stellenwert der Umweltanalytik

Diesem Handlungsbedarf wird von der Legislative (Gesetzgebung) mit entsprechenden
- **Gesetzen**
- **Verordnungen und**
- **Richtlinien** begegnet [4-1].

In Form von vollzugsgerechten Informationen sind sie im
- **Bundesgesetzblatt** (BGBl.) [4-2]
- **Gemeinsames Ministerialblatt** (GMBl.) [4-3] und
- **Amtsblatt der Europäischen Gemeinschaften** [4-4] veröffentlicht (Bezugsquellen Abschnitt 4.12).

Je nach Bundesland sind die entsprechenden Amtsblätter mit den länderspezifischen Ausführungsverordnungen noch zusätzlich zu beachten.

Diese gesetzlichen Vorgaben sind für die Bereiche
- Trink- und Brauchwasser
- Mineral- und Tafelwasser
- Badewasser
- Abwasser
- Sicker- und Grundwasser
- Kultur- und Nutzböden
- Altlasten und Altablagerungen
- Klärschlamm
- Abfall
- Chemikalien und
- Immissionsschutz

vorhanden und sollen in der folgenden Auflistung etwas detaillierter dargelegt werden.

In dieser Zusammenstellung sind nicht nur die nationalen Gesetze, sondern auch die wichtigsten EG-Richtlinien, Empfehlungen und sonstige Beurteilungskriterien aufgeführt.

4.1   Trink- und Brauchwasser

Richtlinie des Rates vom 15. 7. 1980 über die Qualität von Wasser für den menschlichen Gebrauch (Abgedruckt im Amtsblatt der Europäischen Gemeinschaften Nr. L 229/11-29 vom 30. 8. 1980).

Die Liste der Analysenparameter ist wie folgt untergliedert:

Anhang I

A. Organoleptische Parameter

B. Physikalisch-chemische Parameter

C. Parameter für unerwünschte Stoffe

D. Parameter für toxische Stoffe

Richtlinie über die Qualitätsanforderung an Oberflächengewässer für die Trinkwasserversorgung in den Mitgliedsstaaten (75/440/EWG) vom 16. 6. 1975, Abt. Nr. L 194 vom 25. 7. 1975, S. 34: Auch diese Richtlinie gibt physikalische, chemische und mikrobiologische Merkmale an, die erfüllt sein müssen, wenn Oberflächenwasser zur Trinkwassergewinnung verwendet wird oder verwendet werden soll.

Diese Richtlinie hat in der Bundesrepublik Rechtsnormqualität. Die Grenzwerte sind in sechs Spalten geordnet:

A1/G, A1/J; A2/G, A2/J; A3/G, A3/J

A 1: Einfache physikalische Aufbereitung und Entkeimung

A2: Normale physikalische und chemische Aufbereitung und Entkeimung

A3: Physikalische und verfeinerte chemische Aufbereitung, Oxidation, Adsorption und Entkeimung

G: Die G-Werte (guide) sind Leitwerte und dienen als Anhalts- und Vergleichswerte

J: Die J-Werte (imperativ) sind Grenzwerte, die je nach Kategorie 1-3 nicht überschritten werden dürfen.

(Bezugsquellen Abschnitt 4.12)

Trinkwasserleitwerte der WHO

Die neuen Trinkwasserleitwerte der World Health Organisation (WHO) für chemische Stoffe und ihre praktische Bedeutung wurden von H. H. Dieter im Bundesgesundheitsblatt, Nr. 5/93, S. 176-180, publiziert.

Verordnung über Trinkwasser und über Wasser für Lebensmittelbetriebe (Trinkwasserverordnung – TrinkwV) vom 5. Dezember 1990, BGBl. 1990, Nr. 66, Teil I (S. 2612-2629). In den Anlagen 1-7 der Trinkwasserverordnung sind die entsprechenden Richtwerte, Grenzwerte und Kenngrößen zur Beurteilung der Beschaffenheit des Trinkwassers aufgeführt.

Anlage 1: Mikrobiologische Untersuchungsverfahren

Anlage 2: Grenzwerte für chemische Stoffe (I und II)

Anlage 3: Zur Trinkwasseraufbereitung zugelassene Zusatzstoffe

Anlage 4: Kenngrößen und Grenzwerte zur Beurteilung der Beschaffenheit des Trinkwassers

Anlage 5: Umfang und Häufigkeit der Untersuchungen

Anlage 6: Desinfektionstabletten zur Trinkwasseraufbereitung in Verteidigungs- und Katastrophenfällen

Anlage 7: Richtwerte für chemische Stoffe

Empfehlung des Bundesgesundheitsamtes zum Vollzug der Trinkwasserverordnung (TrinkwV) vom 22. Mai 1986 BGBl.I, 1986, Nr. 22, S. 760

Maßnahmen gemäß § 4, 10, 13 und 19 TrinkwV bei Verunreinigungen von Roh- und Trinkwasser mit chemischen Stoffen zur Pflanzenbehandlung und Schädlingsbekämpfung einschließlich toxischer Hauptabbauprodukte (PBSM), Anlage 2, Nr. 13 Buchstabe a zur TrinkwV (Bundesgesundheitsblatt 7/89, S. 290-295)

DVGW-Arbeitsblatt W 151, Ausgabe 7/75

Eignung von Oberflächenwasser für die Trinkwasserversorgung; Technische Regeln, Arbeitsblatt W l51 (Deutscher Verein des Gas- und Wasserfaches e.V., 1975) (siehe 4.12.8):

Diese Regelung beinhaltet die Normen eines nicht staatlichen Vereins. Die dargestellten A- und B-Werte dienen somit als Richt- und/oder Vergleichswerte.

A-Werte kennzeichnen die Belastungsgrenzen, bis zu denen allein durch natürliche Verfahren ein Trinkwasser hergestellt werden kann (Richt- und/oder Vergleichswerte).

B-Werte kennzeichnen die Belastungsgrenzen, bis zu denen unter Zuhilfenahme der gegenwärtig bekannten und bewährten chemisch-physikalischen Verfahren ein Trinkwasser hergestellt werden kann (Richt- und/oder Vergleichswerte).

4.2   Mineral- und Tafelwasser

Rat der Europäischen Gemeinschaften:

Richtlinie des Rates vom 15. Juli 1980 zur Angleichung der Rechtsvorschriften der Mitgliedstaaten über die Gewinnung von und den Handel mit natürlichen Mineralwässern (80/777/EWG).

Amtsblatt der Europäischen Gemeinschaften Nr. L 229 vom 30. 08. 1980, S. 1-10.

Verordnung über natürliches Mineralwasser, Quellwasser und Tafelwasser (Mineral- und Tafelwasserverordnung) vom 1. August 1984, BGBl., 1984, Nr. 34, Teil I, S. 1036-1045. Geändert durch die Verordnung zur Änderung der Trinkwasserverordnung und der Mineral- und Tafelwasserverordnung vom 5. Dezember 1990, BGBl., 1990, Teil I, Nr. 66, S. 2600-2611. In den Anlagen 1-4 sind die entsprechenden Werte und Kenngrößen zur Beurteilung von Mineral-, Quell- und Tafelwasser aufgelistet:

Anlage 1: Liste der zulässigen Grenzwerte für natürliches Mineralwasser (VO vom l. August 1984)

Anlage 2: Grenzwerte für chemische Stoffe (VO vom 5. Dezember 1990)

Anlage 3: Mikrobiologische Untersuchungsverfahren (VO vom 1. April 1984)

Anlage 4:   Kenngrößen und Grenzwerte zur Beurteilung der Beschaffenheit des Trinkwassers (ohne Lfd. Nr. 4) (VO vom 5. Dezember 1990)

4.3   Badewasser

Richtlinie des Rates vom 8. Dezember 1975 über die Qualität der Badegewässer (76/160/EWG)
(abgedruckt in MABl., Nr. 1/1978)

DIN 19643 vom April 1984
Aufbereitung und Desinfektion von Badewasser.
Tabelle 2:   Anforderungen an das Reinwasser und das Beckenwasser
Tabelle 3:   pH-Wert-Bereiche für Flockungsmittel und zulässige Restgehalte an Aluminium und Eisen im Wasser.
(Aktualisiert durch Entwurf Mai 1993)

4.4   Abwasser

Gesetz über Abgaben für das Einleiten von Abwasser in Gewässer. (Abwasserabgabengesetz – AbwAG).
Neufassung vom 6. November 1990
BGBl., 1990, Nr. 61, Teil I, S. 2433-2438.
Tag der Ausgabe: Bonn, 10. 11. 1990
Anlage A: In einer Tabelle sind die Bewertungen der Schadstoffe und Schadstoffgruppen sowie die Schwellenwerte zusammengefaßt.
Anlage B: Hier sind die gesetzlich vorgeschriebenen Bestimmungsverfahren aufgeführt.

Gesetz zur Ordnung des Wasserhaushalts
(Wasserhaushaltsgesetz – WHG)
vom 23. September 1986, BGBl., 1986, Teil I, S. 1529, berichtigt S. 1654; Geändert am 12. Februar 1990, BGBl., 1990, Teil I, S. 205.

Allgemeine Rahmen-Verwaltungsvorschriften über Mindestanforderungen an das Einleiten von Abwasser in Gewässer – Rahmen-Abwasser VwV –
vom 8. September 1990.
GMBl., Nr. 25, vom 22. 9. 1989, S. 518-520.
Geändert durch die Allgemeine Verwaltungsvorschrift zur Änderung der Allgemeinen Rahmenverwaltungsvorschrift über Mindestanforderungen an das Einleiten von Abwasser in Gewässer. Zuletzt geändert am 29. Oktober 1992 im Gemeinsamen Ministerialblatt, Nr. 42, vom 25. November 1992, S. 1065-1066. Mit Stand vom 4. 3. 1992 gibt es zu dieser Rahmen-Abwasser-VwV insgesamt 52 branchenspezifische Anhänge.

Aus dem Wasserhaushaltsgesetz leiten sich auch die Indirekteinleiter-Verordnungen der einzelnen Bundesländer ab.

Allgemeine Verwaltungsvorschrift über die nähere Bestimmung wassergefährdender Stoffe und ihre Einstufung entsprechend ihrer Gefährlichkeit – vom 23. März 1990, GMBl., Nr. 8/1990, S. 114-128 (Einstufung von ca. 700 Stoffen und Stoffgruppen in Wassergefährdungsklassen).

Richtlinie des Rates vom 21. Mai 1991 über die Behandlung von kommunalem Abwasser (91/271/EWG), Amtsblatt der Europäischen Gemeinschaften Nr. L 135/40 vom 30. 5. 1991.

4.5   Sicker- und Grundwasser

Leidraad bodemsanering vom 04. 11. 1988 (Holländische Liste).
Niederländisches Ministerium für Wohnungswesen, Raumordnung und Umwelt.
Die holländischen Richtwerte für Boden- und Grundwasserkontaminationen sind als inoffizielle Richtlinie bei der Gefährdungsabschätzung von Altlasten zu betrachten. Hier sind alle Richtwerte umweltgefährdender Stoffe und Stoffgruppen aufgeführt, die derzeit bei der Beurteilung von Altlasten relevant sind.

Die Holländische Liste gibt einen Überblick über die Richtwerte für:
I.   Schwermetalle
II.   Anorganische Verbindungen
III.   Aromatische Verbindungen
IV.   Polyzyklische aromatische Kohlenwasserstoffe
V.   Chlorierte Kohlenwasserstoffe

VI. Schädlingsbekämpfungsmittel
VII. Sonstige Verunreinigungen

Bewertungsverfahren zur Bestimmung des Gefährdungspotentials für das Grundwasser bei Altablagerungen, Altschäden und aktuellen Schadensfällen
Entwurf der Hamburger Baubehörde vom 31. 12. 1985
Diese Regelung entspricht etwa den Sanierungsempfehlungen des Leitfadens Bodensanierung der Niederlande und hat für die Stadt Hamburg eine verwaltungsinterne Bindung.

Bewertungskriterien für die Beurteilung kontaminierter Standorte in Berlin (Berliner Liste)
Amtsblatt für Berlin, 40. Jahrgang, Nr. 65, 28. Dezember 1990

4.6   Nutz- und Kulturböden

Gesetz über die Vermeidung und Entsorgung von Abfällen (Abfallgesetz – AbfG)
Vom 27. August 1986, BGBl. I, S. 1410, berichtigt S. 1501, zuletzt geändert durch das Gesetz zu dem Einigungsvertrag vom 23. September 1990, BGBl. II, Seite 885.

Dieses Gesetz bildet die Basis für:

Klärschlammverordnung – AbfKlärV
Vom 15. April 1992, BGBl., 1992, Teil I, S. 912-934,
Tag der Ausgabe: Bonn, 28. 04. 1992.

Mindestuntersuchungsprogramm Kulturboden zur Gefährdungsabschätzung von Altablagerungen und Altstandorten im Hinblick auf eine landwirtschaftliche oder gärtnerische Nutzung (Januar 1988)
Landesanstalt für Ökologie, Landschaftsentwicklung und Forstplanung Nordrhein-Westfalen.
Postfach 101 052, Recklinghausen, Telefon 0236/305- 1

Kloke-Liste
(Erlaß des Ministeriums für Ernährung, Landwirtschaft und Forsten, Baden-Württemberg über Schwermetallbelastungen von Böden)
Gemeinsames Amtsblatt des Landes Baden-Württemberg (GABl. I.) 1980, AZ.: 24-2310/3
(siehe 4.12).

Bei diesen Richtwerten handelt es sich um Orientierungsdaten für tolerierbare Gesamtgehalte einiger Elemente in Kulturböden. Zum Teil wurden die Werte, obwohl eine abschließende Bewertung noch aussteht, in die Klärschlammverordnung vom 25. 06. 1982 übernommen.

Bodenschutzgesetz – BodSchG vom 24. Juni 1991
(GBl. des Landes Baden-Württemberg, S. 434)

Erstes Gesetz zur Abfallwirtschaft und zum Bodenschutz im Freistaat Sachsen (EGAB) vom 12. August 1991 (Sächs. GVBl., S. 306)

Bodenrichtwerte für Dioxine und Furane vom Bundesgesundheitsamt
Lukassowitz, I.: Eintragsminimierung zur Reduzierung der Dioxinbelastung dringend erforderlich; Bundesgesundheitsblatt 8/90, S. 350-354 (1990).

4.7   Altlasten

Leidraad bodemsanering vom 04. 11. 1988 (Holländische Liste)
Niederländisches Ministerium für Wohnungswesen, Raumordnung und Umwelt. Die holländischen Richtwerte für Boden- und Grundwasserkontaminationen sind als inoffizielle Richtlinien bei der Gefährdungsabschätzung von Altlasten zu betrachten.
Hierzu sind alle Richtwerte umweltgefährdender Stoffe und Stoffgruppen aufgeführt, die derzeit bei der Beurteilung von Altlasten relevant sind.

Die „Holländische Liste" gibt einen Überblick über die Richtwerte für:
I.   Schwermetalle
II.   Anorganische Verbindungen
III.   Aromatische Verbindungen
IV.   Polyzyklische aromatische Kohlenwasserstoffe
V.   Chlorierte Kohlenwasserstoffe
VI.   Schädlingsbekämpfungsmittel
VII.   Sonstige Verunreinigungen

Vorläufige Leitwerte für die Sanierung von Grundwasser- und Bodenkontaminationen aus der Sicht des Grundwasserschutzes
LCKW, BTEX, PAK, Benzinkohlenwasserstoffe;
Stand Dezember 1992, Freie und Hansestadt Hamburg, Umweltbehörde,
Kohlhöfen 21, 20355 Hamburg.

Bewertungskriterien für die Beurteilung kontaminierter Standorte in Berlin (Berliner Liste); Amtsblatt für Berlin, 40. Jahrgang, Nr. 65, 28. Dezember 1990.

Altlasten-Leitfaden für die Behandlung von Altablagerungen und kontaminierten Standorten in Bayern
München, Juli 1991.
Herausgeber: Bayerisches Staatsministerium für Landesentwicklung und Umweltfragen; Bayerisches Staatsministerium des Innern.
In einem sehr umfangreichen Anhang sind alle derzeit bekannten Bewertungskriterien aufgeführt.

Stellungnahme der Altlasten-Kommission NRW vom November 1989 zur Anwendbarkeit von Richt- und Grenzwerten aus Regelwerken anderer Anwendungsbereiche bei der Untersuchung und sachkundigen Beurteilung von Altablagerungen und Altstandorten
Band 2 aus der Reihe „Materialien zur Ermittlung und Sanierung von Altlasten".
Herausgeber Landesamt für Wasser und Abfall des Landes Nordrhein-Westfalen; Postfach 5227; 40025 Düsseldorf 1.

4.8   Klärschlamm

Gesetz über die Vermeidung und Entsorgung von Abfällen (Abfallgesetz – AbfG); vom 27. August 1986, BGBl. I. S. 1410, berichtigt S. 1501, zuletzt geändert durch das Gesetz zu dem Einigungsvertrag vom 23. September 1990, BGBl. II. S. 885.

Dieses Gesetz bietet die Grundlage für:

Klärschlammverordnung
vom 15. April 1992
BGBl., 1992, Teil I, S. 912-934. Tag der Ausgabe: Bonn, 28. 4. 1992

EG-Richtlinie des Rates vom 12. 6. 1986 über den Schutz der Umwelt und insbesondere der Böden bei der Verwendung von Klärschlamm in der Landwirtschaft (86/278/EWG).

4.9   Abfall

Abfallgesetz-AbfG (siehe 4.6)

Dieses Gesetz bildet die Basis für:

Gesamtfassung der zweiten allgemeinen Verwaltungsvorschrift zum Abfallgesetz (TA-Abfall)
Teil 1: Technische Anleitung zur Lagerung, chemisch/physikalischen, biologischen Behandlung, Verbrennung und Lagerung von besonders überwachungsbedürftigen Abfällen vom 12. 03. 1991.
– Bekanntmachung des BMU vom 12. 03. 1991-WA II 5-30121-1/18
  (GMBl. Nr. 8 vom 12. 03. 1991, Seite 139-214)

Diese Verwaltungsvorschrift beinhaltet folgende Anhänge:

Anhang A: Planfeststellungs- und Genehmigungsunterlagen
Anhang B: Probenahme- und Analysenverfahren
Anhang C: Katalog der besonders überwachungsbedürftigen Abfälle

    I.   Vorwort zum Katalog der besonders überwachungsbedürftigen Abfälle
    II. Übersicht über die Obergruppen, Gruppen und Untergruppen
    III. Alphabetische Register der Arten der besonders überwachungsbedürftigen Abfälle
    IV. Katalog der besonders überwachungsbedürftigen Abfälle

Anhang D: Zuordnungskriterien
Anhang E: Material- und Prüfanforderungen bei der Herstellung von Deponieabdichtungssystemen
Anhang F: Vergleich von Sickerwasserbehandlungsverfahren
Anhang G: Meß- und Kontrollprogramm für die Durchführung von Eigenkontrollen bei oberirdischen Deponien
Anhang H: Eignungsprüfung verfestigter Abfälle

Dritte Allgemeine Verwaltungsvorschrift zum Abfallgesetz
(TA-Siedlungsabfall)
Technische Anleitung zur Verwertung, Behandlung und sonstigen Entsorgung von Siedlungsabfällen vom 14. Mai 1993 ist als Beilage 99a zum Bundesanzeiger Nr. 99 vom 29. Mai 1993 veröffentlicht worden und damit am 1. Juni 1993 in Kraft getreten (Bezugsquelle siehe 4.12.3).

Altölverordnung (AltölV)
BGBl., 1987, Teil I, S. 2335, Rechtsverordnung über die Entsorgung von Altölen vom 1. November 1987.

Verordnung über die Entsorgung gebrauchter halogenierter Lösemittel (HKWAbfV) vom 23. Oktober 1989, BGBl. I, S. 1918.

FCKW-Halon-Verordnung
vom 16. Mai 1991, BGBl.I, Nr. 30, S. 1090
(Hinweise zu dieser Verordnung im GMBl. Nr. 35, 6. Oktober 1993).

Analysenverfahren für die Untersuchungen im Zusammenhang mit der Abfallentsorgung und mit Altlasten
Ministerialblatt für das Land Nordrhein-Westfalen Nr. 26, 41. Jahrgang, 3. Mai 1988, S. 445-460.

4.10   Chemikalien

Gesetz zum Schutz vor gefährlichen Stoffen
(Chemikaliengesetz-ChemG) vom 16. September 1980 (BGBl. Teil I, S. 1718; BGBl. Teil III, 8053/b), geändert durch § 43 Abs. 1 Pflanzenschutzgesetz-PflSchG vom 15. September 1986, BGBl. Teil I, Seite 1505. Zuletzt geändert am 14. März 1990, BGBl. Teil I, Nr. 13 vom 22. März 1990. S. 521-547.

Verordnung zum Verbot von polychlorierten Biphenylen, polychlorierten Terphenylen und zur Beschränkung von Vinylchlorid
(PCB-, PCT-, VC-Verbotsverordnung);
vom 18. Juli 1989, BGBl. I, S. 1482.

Pentachlorphenolverordnung (PCP-V);
vom 12. Dezember 1989, BGBl. I, S. 2235.

Verordnung über die Gefährlichkeitsmerkmale von Stoffen und Zubereitungen nach dem Chemikaliengesetz
(Gefährlichkeitsmerkmalverordnung-ChemGefMerkV);
vom 17. Juli 1990, BGBl. I, S. 1422.

Verordnung über gefährliche Stoffe (Gefahrstoffverordnung-GefStoffV);
vom 26. August 1986, zuletzt geändert im BGBl.I, Nr. 57 vom 30. Oktober 1993, S. 1792.
Ausgangsbasis für Maximale Arbeitsplatz-Konzentrations-Werte (MAK-Werte), Biologische Arbeitsstoff-Toleranz-Werte (BAT-Werte) und Technische Richtkonzentrationen (TRK-Werte).

Verordnung über die Mitteilungspflichten nach § 16e des Chemikaliengesetzes zur Vorbeugung und Information bei Vergiftungen (Giftinformationsverordnung – ChemGiftInfoV);
vom 17. Juli 1990, BGBl. I, S. 1424

Erste Verordnung zum Schutz des Verbrauchers vor bestimmten aliphatischen Chlorkohlenwasserstoffen
(1. Chloraliphatenverordnung – 1. aCKW-V);
vom 30. April 1991, BGBl. I, Nr. 28 vom 8. Mai 1991, S. 1059.

Dioxinverordnung in Vorbereitung

4.11   Immissionsschutz

Bundes-Immissionsschutzgesetz – BImSchG
Gesetz zum Schutz vor schädlichen Umwelteinwirkungen durch Luftverunreinigungen, Geräusche, Erschütterungen und ähnliche Vorgänge.
In der Fassung der Bekanntmachung vom 14. Mai 1990 (BGBl. I, S. 880), geändert durch das Gesetz zum Einigungsvertrag vom 23. 9. 1990, BGBl. II, S. 885).
Das Bundes-Immissionsschutzgesetz (BImSchG) bildet die Basis der bis jetzt erlassenen 22 Bundes-Immissionsschutzverordnungen (BImSchV), die im folgenden aufgeführt werden.

Bundes-Immissionsschutzverordnungen (BImSchV)
Erste Verordnung zur Durchführung des Bundes-Immissionsschutzgesetzes;
(Verordnung über Kleinfeuerungsanlagen – 1. BImSchV)
Vom 15. Juli 1988, BGBl. I, S. 1059.

Zweite Verordnung zur Durchführung des Bundes-Immissionsschutzgesetzes;
(Verordnung zur Emissionsbegrenzung von leichtflüchtigen Halogenkohlenwasserstoffen – 2. BImSchV)

vom 21. April 1986, BGBl. I, S. 571, geändert am 10. Dezember 1990, BGBl. I, Nr. 68 vom 18. Dezember 1990, S. 2694-2700, zuletzt geändert durch Artikel 2a der Dritten Verordnung zur Änderung der Gefahrstoffverordnung vom 5. Juni 1991 (BGBl. I, S. 1218).

Dritte Verordnung zur Durchführung des Bundes-Immissionsschutzgesetzes;
(Verordnung über Schwefelgehalt von leichtem Heizöl und Dieselkraftstoff – 3. BImSchV) vom 15. Januar 1975, BGBl. I, S. 264, zuletzt geändert durch die Verordnung vom 14. Dezember 1987, BGBl. I, S. 2671.

Erste Allgemeine Verwaltungsvorschrift zur Dritten Verordnung zur Durchführung des Bundes-Immissionsschutzgesetzes;
(Überwachung der Begrenzung des Schwefelgehaltes von leichtem Heizöl und Dieselkraftstoff);
1. VwV zur 3. BImSchV, vom 23. Juni 1978;
Bundesanzeiger Nr. 117 vom 28. Juni 1978.

Vierte Verordnung zur Durchführung des Bundes-Immissionsschutzgesetzes;
(Verordnung über genehmigungsbedürftige Anlagen – 4. BImSchV)
Vom 24. Juli 1985, BGBl. I, S. 1586, zuletzt geändert am 28. August 1991, BGBl. I, Nr. 52 vom 31. August 1991, S. 1838-1862.
Berichtigt am 17. Oktober 1991, BGBl. I, Seite 2044.

Fünfte Verordnung zur Durchführung des Bundes-Immissionsschutzgesetzes;
(Verordnung über Immissionsschutzbeauftragten – 5. BImSchV)
vom 14. Februar 1975, BGBl. I, S. 504, berichtigt S. 727, zuletzt geändert durch die Verordnung vom 19. Mai 1988, BGBl. I, S. 608.

Sechste Verordnung zur Durchführung des Bundes-Immissionsschutzgesetzes;
(Verordnung über die Fachkunde und Zuverlässigkeit der Immissionsschutzbeauftragten – 6. BImSchV)
vom 12. April 1975, BGBl. I, S. 957.

Siebente Verordnung zur Durchführung des Bundes-Immissionsschutzgesetzes;
(Verordnung über Auswurfbegrenzung von Holzstaub – 7. BImSchV)
vom 18. Dezember 1975, BGBl. I, S. 3133.

Achte Verordnung zur Durchführung des Bundes-Immissionsschutzgesetzes;
(Rasenmäherlärm – Verordnung – 8. BImSchV)
vom 23. Juli 1987, BGBl. I, S. 1687, zuletzt geändert durch die Verordnung vom 13. Juli 1992, BGBl. I, S. 1248. Berichtigt am 22. Juli 1992, BGBl. I, S. 1346.

Neunte Verordnung zur Durchführung des Bundes-Immissionsschutzgesetzes;
(Grundsätze des Genehmigungsverfahrens – 9. BImSchV)
vom 18. Februar 1977, BGBl. I, S. 274, zuletzt geändert durch die Verordnung vom 29. Mai 1992, BGBl. I, S. 1001.

Die zehnte Verordnung zur Durchführung des Bundes-Immissionsschutzgesetzes (Beschränkungen von PCB, PCT und VC) vom 26. Juni 1978, BGBl. I, S. 1138 wurde durch die PCB-, PCT-, VC-Verbotsverordnung (siehe 4.10) vom 18. Juli 1989 außer Kraft gesetzt.

Elfte Verordnung zur Durchführung des Bundes-Immissionsschutzgesetzes;
(Emissionserklärungsverordnung – 11. BImSchV)
vom 20. Dezember 1978, BGBl. I, S. 2027, geändert durch die Verordnung vom 12. Dezember 1991, BGBl. I, S. 2213.

Zwölfte Verordnung zur Durchführung des Bundes-Immissionsschutzgesetzes;
(Störfall-Verordnung – 12. BImSchV)
vom 19. Mai 1988, BGBl. I, S. 625, geändert am 28. August 1991, BGBl. I, S. 1838. Berichtigt am 17. Oktober 1991, BGBl. I, S. 2044.

Erste Allgemeine Verwaltungsvorschrift zur Störfall-Verordnung
(1. StörfallVwV) vom 26. August 1988, GMBl., Nr. 22, S. 398.

Zweite Allgemeine Verwaltungsvorschrift zur Störfall-Verordnung
(2. StörfallVwV) vom 27. April 1982, GMBl., Nr. 14, S. 205.

Dreizehnte Verordnung zur Durchführung des Bundes-Immissionsschutzgesetzes;
(Verordnung über Großfeuerungsanlagen – 13. BImSchV)
vom 22. Juni 1983, BGBl. I, S. 719.

Vierzehnte Verordnung zur Durchführung des Bundes-Immissionsschutzgesetzes;
(Verordnung über Anlagen der Landesverteidigung – 14. BImSchV)
vom 9. April 1986, BGBl. I, S. 380.

Fünfzehnte Verordnung zur Durchführung des Bundes-Immissionsschutzgesetzes;
(Baumaschinenlärm – Verordnung – 15. BImSchV)
vom 10. November 1986, BGBl. I, S. 1729, zuletzt geändert am 18. Dezember 1992, BGBl. I, Nr. 57, S. 2075-2076.

Sechzehnte Verordnung zur Durchführung des Bundes-Immissionsschutzgesetzes;
(Verkehrslärmschutzverordnung – 16. BImSchV)
vom 12. Juni 1990, BGBl. I, S. 1036.

Siebzehnte Verordnung zur Durchführung des Bundes-Immissionsschutzgesetzes;
(Verordnung über Verbrennungsanlagen für Abfall und ähnliche brennbare Stoffe – 17. BImSchV)
vom 23. November 1990, BGBl. I, S. 2545, berichtigt S. 2832.

Achtzehnte Verordnung zur Durchführung des Bundes-Immissionsschutzgesetzes;
(Sportanlagenlärmschutzverordnung – 18. BImSchV)
vom 18. Juli 1991, BGBl. I, S. 1588, berichtigt S. 1790.

Neunzehnte Verordnung zur Durchführung des Bundes-Immissionsschutzgesetzes;
(Verordnung über Chlor- und Bromverbindungen als Kraftstoffzusatz – 19. BImSchV)
vom 17. Januar 1992, BGBl. I, S. 75.

Zwanzigste Verordnung zur Durchführung des Bundes-Immissionsschutzgesetzes;
(Verordnung zur Begrenzung der Kohlenwasserstoffemissionen beim Umfüllen und Lagern von Ottokraftstoffen – 20. BImSchV)
vom 7. Oktober 1992, BGBl. I, Nr. 46, S. 1727-1729.

Einundzwanzigste Verordnung zur Durchführung des Bundes-Immissionsschutzgesetzes;
(Verordnung zur Begrenzung der Kohlenwasserstoffemissionen bei der Betankung von Kraftfahrzeugen – 21. BImSchV)
vom 7. Oktober 1992, BGBl. I, Nr. 46, S. 1730-1731.

Zweiundzwanzigste Verordnung zur Durchführung des Bundes-Immissionsschutzgesetzes;
(Verordnung über Immissionswerte)
vom 5. November 1993, BGBl.I, Nr. 58, S. 1819.

Verwaltungsvorschriften zum Bundes-Immissionsschutzgesetz

Erste Allgemeine Verwaltungsvorschrift zum Bundes-Immissionsschutzgesetz;
(Technische Anleitung zur Reinhaltung der Luft – TA Luft)
vom 27. Februar 1986, GMBl., S. 95, 1. BImSchVwV.

Zweite Allgemeine Verwaltungsvorschrift zum Bundes-Immissionsschutzgesetz;
Emmissionswerte Krane, 2. BImSchVwV
vom 19. Juli 1974 (Bundesanzeiger Nr. 135).

Dritte Allgemeine Verwaltungsvorschrift zum Bundes-Immissionsschutzgesetz;
Emmissionswerte Drucklufthämmer, 3. BImSchVwV
vom 10. Juni 1976 (Bundesanzeiger Nr. 112, berichtigt Nr. 165).

Vierte Allgemeine Verwaltungsvorschrift zum Bundes-Immissionsschutzgesetz;
(Ermittlung von Immissionen in Belastungsgebieten – 4. BImSchVwV)
vom 8. April 1975, GMBl., Nr. 14, S. 358-365.

Fünfte Allgemeine Verwaltungsvorschrift zum Bundes-Immissionsschutzgesetz;
(Emissionskataster in Belastungsgebieten – 5. BImSchVwV)
vom 30. Januar 1979, GMBl., Nr. 4, S. 42-45, zuletzt geändert durch die Verwaltungsvorschrift vom 24. April 1992, GMBl., Nr. 16, S. 317-319.

Gesetz zur Verminderung von Luftverunreinigungen durch Bleiverbindungen in Ottokraftstoffen für Kraftfahrzeugmotore
(Benzinbleigesetz – BzBlG);
vom 5. August 1971, BGBl. I, S. 1234, zuletzt geändert durch das Gesetz vom 18. Dezember 1987, BGBl. I, S. 2810.

Gesetz zum Schutz gegen Fluglärm
Vom 30. März 1971, BGBl. I, S. 282, zuletzt geändert durch das Gesetz vom 25. September 1990, BGBl. I, S. 2106.

4.12   Bezugsquellen von Gesetzen, Verordnungen, Richtlinien, usw.

4.12.1   Bundesgesetzblatt (BGBl.)
Bundesanzeiger Verlagsgesellschaft mbH
Postfach 1320
53003 Bonn
Telefon 02 28/38 20 80
Fax 02 28/3 82 08-36

4.12.2   Gemeinsames Ministerialblatt (GMBl.)
(z. B.für Verwaltungsvorschriften)
Carl Heymanns Verlag KG
Luxemburger Straße 449
50939 Köln
Telefon 02 21/4 60 10-98
Fax 02 21/4 60 10-69

4.12.3 Bundesanzeiger Verlagsgesellschaft m b H

(z. B. für den Bundesanzeiger und EG-Richtlinien)
Postfach 100534
50445 Köln
Telefon 02 21/2 02 90
Fax 0221/2 02 92 88

4.12.4 Technische Richtkonzentrationen (TRK-Werte)

Bundesarbeitsblatt
Verlag Max Kohlhammer
Max-Planck-Straße 12
Postfach 400263
50832 Köln
Telefon 0 22 34/10 60
Fax 0 22 34/10 62 84

4.12.5 Bezugsquellen von Bundesländer spezifischen Umweltgesetzen

Baden-Württemberg

Gesetzblatt für Baden-Württemberg
Staatsanzeiger für Baden-Württemberg GmbH
70178 Stuttgart
Telefon 07 11/6 66 01-32

Bayern

Bayerisches Gesetz-und Verordnungsblatt
Max Schick GmbH
Druckerei und Verlag
Karl-Schmid-Str. 13
81829 München
Telefon 08 97 42 92 01
Fax 0 89/42 84 88

Berlin

Gesetz-und Verordnungsblatt für Berlin
Kulturbuch-Verlag GmbH
Sprosser Weg 3
12351 Berlin
Telefon 0 30/6 61 84 84 oder 6 61 40 02
Fax 0 30/6 61 78 28

Brandenburg

Gesetz-und Verordnungsblatt für das Land Brandenburg
Brandenburgische Universitätsdruckerei und
Verlagsgesellschaft Potsdam mbH
Karl-Liebknecht-Str. 24-25
14476 Golm
Telefon 03 31/9 76 23 01
Fax 03 31/97 23 09

Bremen

Gesetzblatt der Freien Hansestadt Bremen
Carl Ed. Schünemann KG
Zweite Schlachtpforte 7
28196 Bremen
Telefon 04 21/36 90 30
Fax 0421/3 69 03 39

Hamburg

Hamburgisches Gesetz-und Verordnungsblatt
Lüdcke und Wulf
Heidenkampsweg 76 B
20097 Hamburg
Telefon 0 40/2 35 12 90
Fax 0 40/23 27 86

Hessen

Gesetz-und Verordnungsblatt für das Land Hessen
Verlag Dr. Max Gehlen
Daimlerstr. 12
61343 Bad Homburg v.d.H.
Telefon 0 61 72/18 04-1 48
Fax 0 61 72/2 30 55

Mecklenburg-Vorpommern

Gesetz-und Verordnungsblatt für Mecklenburg Vorpommern
Obotritendruck GmbH
Von Stauffenberg-Str. 27
19601 Schwerin
Telefon 03 85/37 91 85
Fax 03 85/37 90 79

Niedersachsen

Niedersächsisches Gesetz-und Verordnungsblatt
Schlütersche Verlagsanstalt und Druckerei
Georgswall 4
Postfach 5440
30054 Hannover
Telefon 05 11/8 55 00
Fax 05 11/8 55 04 00

Nordrhein-Westfalen

Gesetz-und Verordnungsblatt für das Land Nordrhein-Westfalen
A. Bagel Verlag
Grafenberger Allee 100
40237 Düsseldorf
Telefon 02 11/96 82-2 41
Fax 02 21/96 82-2 29

Rheinland-Pfalz

Gesetz-und Verordnungsblatt für das Land Rheinland-Pfalz
Staatskanzlei
Peter-Altmeier-Allee 1
Postfach 3880
55028 Mainz
Telefon 0 61 31/16 47 67
Fax 0 61 31/16 46 69

Sachsen-Anhalt

Gesetz-und Verordnungsblatt des Landes Sachsen-Anhalt
Magdeburger Druckerei GmbH
Nachtweide 36-43
39124 Magdeburg
Telefon 03 91/22 35 12
Fax 03 91/5 61 39 47

Sachsen

Sächsisches Gesetz- und Verordnungsblatt
Sächsisches Druck und Verlagshaus GmbH
Tharandterstr. 23-47
01159 Dresden
Telefon 03 51/4 18 20
Fax 03 51/4 18 22 60

Saarland

Amtsblatt des Saarlandes
Saarbrücker Druckerei und Verlag GmbH
Halbergstr. 3
66121 Saarbrücken
Telefon 06 81/66 50 10
Fax 06 81/66 01 10

Schleswig-Holstein

Gesetz- und Verordnungsblatt von Schleswig-Holstein
Verlag Schmidt und Klaunig
Ringstraße 19
24114 Kiel
Telefon 04 31/6 20 95

Thüringen

Gesetz- und Verordnungsblatt für das Land Thüringen
Thüringer Landtag
Arnstädterstr. 51
99096 Erfurt
Telefon 03 61/37 20 70
Fax 03 61/3 10 01

4.12.6   ATV-Richtlinien (Regelwerk Abwasser/Abfall)
Gesellschaft zur Förderung der Abwassertechnik
Markt 71
53757 St.Augustin
Telefon 0 22 41/23 20
Fax 0 22 41/2 32 35

**4.12.7   Maximale Arbeitsplatzkonzentrationen (MAK-Werte) und
Biologische Arbeitsstofftoleranzwerte (BAT-Werte)**
VCH Verlagsgesellschaft mbH
Postfach 101161
69451 Weinheim
Telefon 0 62 01/60 64 48
Fax 0 62 01/60 61 84

4.12.8   Deutscher Verein des Gas-und Wasserfaches
(DVGW-Regelwerk Wasser)
Vertrieb: Wirtschafts-und Verlagsgesellschaft
Gas und Wasser m b H
Josef-Wirmer-Str. 1-3
53123 Bonn
Telefon 02 28/2 59 84 00
Fax 02 28/9 87 23 24

4.12.9   Colloquium Atomspektrometrische Spurenanalytik
Band 1-6
Herausgegeben von B. Welz, Bodenseewerk, Perkin-Elmer GmbH, Überlingen
Bezugsquelle: Bodenseewerk Perkin-Elmer GmbH, Abt. M-AF
Alte Nußdorfer Str.11-13
88662 Überlingen

4.13   Bezugsquellen von nationalen und internationalen Analysenverfahren

**4.13.1   DEV Deutsche Einheitsverfahren zur Wasser-, Abwasser- und Schlamm-
             untersuchungen**

VCH Verlagsgesellschaft m b H
Postfach 101161
69451 Weinheim
Telefon 0 62 01/60 64 48
Fax 0 62 01/60 61 84

4.13.2   DIN – Deutsche Industrie Normen

4.13.3   VDI – Verband Deutscher Ingenieure

4.13.4   EN – Europäische Normen

4.13.5   ISO – International Organization for Standardization

4.13.6   ASTM – American Society for Testing and Materials

Beuth-Verlag
Burggrafenstr. 6
Postfach 1145
10787 Berlin
Telefon 0 30/26 01-22 60
Fax 0 30/26 01-12 60

4.13.7   LAGA –Mitteilungen der Länderarbeitsgemeinschaft

Abfall
Erich Schmidt Verlag GmbH u.Co
Genthiner Straße 30 G
10785 Berlin
Telefon 0 30/25 00 85-0
Fax 0 30/25 00 85-21

4.13.8   Empfohlene Analysenverfahren für Arbeitsplatzmessungen

Schriftenreihe der Bundesanstalt für Arbeitsschutz
z. B. – Gefährliche Arbeitsstoffe – G 13
Verlag: Wirtschaftsverlag NW
Verlag für neue Wissenschaft GmbH
Postfach 101110
27511 Bremerhaven
Telefon 04 71/4 60 93-95
Fax 04 71/4 27 65

4.13.9   EPA – Environmental Protection Agency

U.S.Environmental Protection Agency
WH 552 Washington, D.C.20460

4.13.10   NIOSH – National Institute for Occupational Safety und Health

NIOSH-Verfahren für die Messung von Schadstoffen am Arbeitsplatz

4.13.11   OSHA – Occupational Safety and Health

OSHA-Verfahren für die Messung von Schadstoffen am Arbeitsplatz
Deutscher Vertrieb für EPA-, NIOSH- und OSHA-Verfahren: Supelco Deutschland GmbH
Dietrich-Bonhöfer-Straße 4
Postfach 2240
61350 Bad Homburg v.d.H.
Telefon 0 61 72/30 70-11
Fax 0 61 72/30 70-77

4.13.12   Parameter und Analysenverfahren bei Abfall-und Altlastenuntersuchungen.
Stand Dezember 1992

Merkblatt Nr. 12

Bezugsquelle: Landesamt für Wasser und Abfall

Nordrhein-Westfalen (LWA)

Postfach 103442

40025 Düsseldorf

Telefon 02 11/15 90-1 14

Fax 02 11/15 90-176

Literatur

[4-1] H. Hein und G. Schwedt: Richt- und Grenzwerte
Wasser-Boden-Abfall-Chemikalien-Luft.
Ein Arbeitsmittel vom Umwelt Magazin, Vogel-Verlag,
Würzburg, 3. Auflage. Erste Ergänzungslieferung (Oktober 1993).

[4-2] *Bundesgesetzblatt (BGBl.),* Bundesanzeiger-Verlagsgesellschaft m b H, Bonn.

[4-3] *Gemeinsames Ministerialblatt* (GMBl.),
CarlHeymanns Verlag KG, Köln.

[4-4] *Amtsblatt der Europäischen Gemeinschaften,*
Bundesanzeiger Verlagsgesellschaft mbH, Köln.

Bezugsquellen für [4-2] bis [4-4] siehe Abschnitt 4.12.

5 Untersuchungsstrategie

Der Analytiker muß sich bewußt sein, daß die von ihm geforderte Analytik in immer stärkerem Umfang zur Realisierung und Umsetzung der gesetzlichen Auflagen im Umweltschutz dient.

Aus Abb. 5-1 geht hervor, daß bei der Realisierung der Umweltgesetzgebung mit Hilfe der Umweltanalytik die gesetzlichen Informationen und die vorgeschriebenen Analysenverfahren eine ganz wesentliche Rolle spielen.

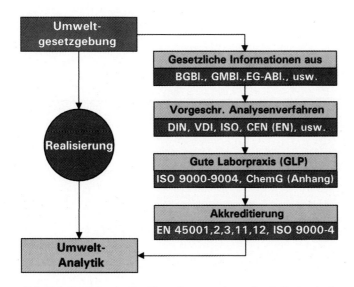

Abb. 5-1. Realisierung der Umweltgesetzgebung durch die Analytik

Die Einführung der Guten Laborpraxis (GLP) und die externe Akzeptanz durch eine Akkreditierung nach EN 45001 werden weitere Herausforderungen für umweltanalytische Labors sein [5-1] [5-2]. Damit werden Vorgaben für die Aufgaben eines Analytiklabors immer stärker geprägt durch

- gesetzliche Vorgaben und
- vorgeschriebene Analysenverfahren, die in das Gesamtkonzept von der Analysenstrategie bis zur Interpretation und Dokumentation von Analysendaten mit einzubinden sind.
- Zusätzlich sind noch geeignete Analysenverfahren auszuwählen, ausgehend von den gesetzlichen Auflagen und den wirtschaftlichen Sachzwängen.

Diese Bereiche sollen in den folgenden Abschnitten dargelegt werden.

5.1   Gesetzliche Vorgaben

Der gesamte Umfang der umweltrelevanten
- Gesetze,
- Verordnungen,
- Richtlinien,
- Empfehlungen usw.
wird in Kapitel 4 ausführlich beschrieben.

Für den Analytiker sind zusätzlich noch die entsprechenden Ausführungsverordnungen der jeweiligen Bundesländer zu den gesetzlichen Vorgaben der Bundesrepublik Deutschland besonders wichtig (Bezugsquellen siehe 4.12). Diese länderspezifischen Ausführungsverordnungen sind in den Gesetzes- und Verordnungsblättern der Bundesländer abgedruckt.

5.2   Von der Analysenstrategie bis zur Interpretation und Dokumentation von Analysendaten

Für umweltrelevante Untersuchungen wird eine Vielzahl von Analysenverfahren benötigt, um die breite Palette an
- toxischen,
- kanzerogenen und
- mutagenen Substanzen
in gasförmigen, flüssigen und festen Umweltmatrizes bestimmen zu können.

Etwa 100 000 chemische Verbindungen werden nach Aussagen der EG-Kommission in unterschiedlichen Mengen hergestellt. Davon werden 30 bis 50 % als gefährlich eingeschätzt, aber nur 1 % (ca. 1000 Stoffe) wurden bisher wissenschaftlich auf ihr Gefahrenpotential untersucht.

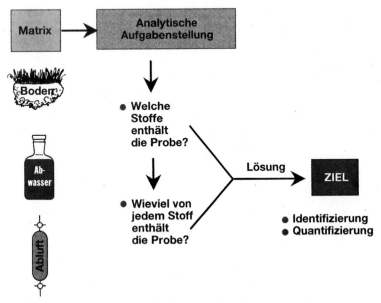

Abb. 5-2. Aufgabenstellung an den Umweltanalytiker

Wie Abb. 5-2 zeigt, sucht der Umweltanalytiker für die folgenden zwei Fragen mit Hilfe analytischer Untersuchungsverfahren nach einer Lösung.
1. Frage: Welche umweltrelevanten Stoffe enthält die zu untersuchende Probe?
2. Frage: Wie hoch ist die Konzentration des gesuchten Stoffes in der Probe?

Um dieses Ziel zu erreichen, muß der Analytiker von der Analysenstrategie bis zu Interpretation und Dokumentation der Ergebnisse den richtigen „Lösungsweg" herausfinden. Dies wird in Abb. 5-3 veranschaulicht.

Die Analysenstrategie wird im Umweltbereich durch gesetzliche Vorgaben immer umfangreicher festgelegt (siehe dazu 5.1 Gesetzliche Vorgaben). In den meisten Fällen werden für die unterschiedlichen Matrizes die entsprechenden Parameter per Gesetz festgelegt. Umweltanalytik dient in diesem Zusammenhang in erster Linie dazu, Richt-, Schwellen- und Grenzwerte für Schadstoffe zu überprüfen.

Am Beginn der Analytik steht die Probennahme, die in Abschnitt 6 für gasförmige, flüssige und feste Proben ausführlich beschrieben wird. Hinweise für die Konservierung und Lagerung von Umweltproben sind Kapitel 7 zu entnehmen.

Die Bereiche Probenvorbereitung und Bestimmungsverfahren für den entsprechenden Stoff bzw. die Stoffklasse in den unterschiedlichen Analysenproben sind z. B. in
− DIN-, EN- und ISO-Vorschriften,
− VDI-Richtlinien,
− EPA-Verfahren usw.
ausführlich beschrieben (Bezugsquellen siehe Abschnitt 4.12).

● **Strategie**

● **Probenahme**

● **Probenkonservierung**

● **Probenlagerung**

● **Probenvorbereitung**

● **Instrumentelle Analytik**
  - spektrometrische Verfahren
  - chromatographische Verfahren

● **Datenverarbeitung und**
  Speicherung der Informationen

● **Interpretation der Ergebnisse**

● **Dokumentation**

Abb. 5-3. Lösungsweg für eine analytische Aufgabe

In Kapitel 8 und 9 erfolgt eine umfangreiche Beschreibung dieser beiden wichtigen Analysenschritte, der Probenvorbereitung sowie der spektrometrischen und chromatographischen Analysenverfahren.

Kapitel 10 beschäftigt sich mit der immer wichtiger werdenden Datenverarbeitung beim Einsatz instrumenteller Analysenverfahren. Die Speicherung der Datenflut stellt eine weitere Herausforderung an den Analytiker dar.

Durch die Analysenstrategie wird festgelegt, welche analytischen Informationen von einer Probe notwendig sind.

Aufgabe der Interpretation ist es dann, diese gewonnenen Informationen richtig zu bewerten. Ein Bewertungsmaßstab können z. B. die Vorgaben aus der Umweltgesetzgebung sein. Wesentlich komplizierter sind dagegen die Aussagen über das richtige Sanierungskonzept einer Altlast aufgrund des erhaltenen Datenmaterials. Nach einer entsprechenden Dokumentation in einem Analysenreport müssen diese Informationen auf Datenträgern gesichert werden und zum Auftraggeber gelangen. Dieser Sachverhalt ist der Inhalt von Kapitel 11.

Weitere wichtige Denkanstöße für die Lösung analytischer Aufgaben sind in der Form von W-Fragestellungen in der Abbildung 5-4 wiedergegeben.

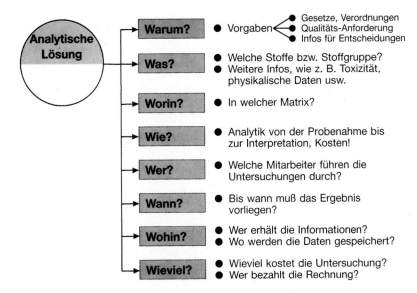

Abb. 5-4. Von den Fragestellungen zu den Lösungssätzen

Werden diese Fragen in die Lösungskonzeption mit einbezogen, so sind wesentliche Vorbedingungen für eine erfolgreiche Problemlösung geschaffen.

Leider hat jedoch der Laboralltag seine eigenen Gesetze und der Spruch „Je mehr der Mensch plant, je härter trifft ihn der Zufall" bewahrheitet sich nur allzu oft. Hektik, Streß, Zeitdruck, Mitarbeiter- und Kundenprobleme usw. sind an der Tagesordnung und machen die guten Vorsätze einer Tagesplanung und Labororganisation oft zunichte. Einen Ausweg aus diesem Dilemma bietet eigentlich nur ein wohldurchdachtes und praktiziertes Labormanagement.

5.3   Auswahlkriterien für Analysenverfahren

Die Auswahlkriterien für das geeignete Analysenverfahren zur Bestimmung eines Stoffes in einer umweltrelevanten Matrix sind von einer Vielzahl recht komplexer Parameter abhängig. Im wesentlichen beinhalten diese Kriterien die Bereiche

− Vorgaben für das Analysenverfahren aus der Umweltgesetzgebung,
− Auswahl des geeigneten Analysengerätes,
− Fragen der analytischen Sicherheit und
− Wirtschaftlichkeitsbetrachtungen.

Diese vier aufgeführten Segmente sind für ein Umweltlabor von entscheidender Bedeutung und sollen deshalb ausführlich erörtert werden.

5.3.1   Vorgaben für das Analysenverfahren aus der Umweltgesetzgebung

In den Gesetzen, Verordnungen, Richtlinien, Empfehlungen usw. zur Thematik Umweltschutz sind für die Analytik von
– Wasser,
– Feststoffen und
– Luft
die Analysenverfahren sehr oft vorgeschrieben [5-3]. Neben den nationalen Untersuchungsmethoden (DIN; VDI usw.) werden oft noch internationale Verfahren (EN, ISO, EPA usw.) eingesetzt, wie aus Abb. 5-5 zu ersehen ist.

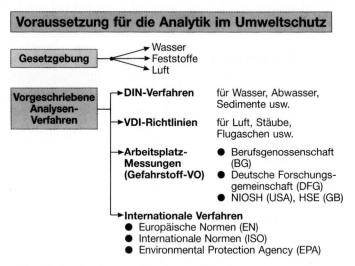

Abb. 5-5. Gesetzgebung und Analysenverfahren

In den Gesetzesvorgaben sind oft noch Alternativverfahren aufgeführt. So sind in der novellierten Klärschlammverordnung (AbfKläV) vom 15. April 1992 [5-4] in Tabelle 1 (Untersuchungsmethoden für Klärschlamm) die ICP-AES und die AAS als gleichwertige Verfahren für die Metallbestimmung benannt. In einigen gesetzlichen Auflagen findet man auch den Hinweis, daß gleichwertige Analysenverfahren eingesetzt werden können. Als

Beispiel sei hier die Allgemeine Rahmenabwasser-Verwaltungsvorschrift genannt, die von Zeit zu Zeit bezüglich der aktuellen Analysenverfahren novelliert wird [5-5].

Für selbst entwickelte Analysenverfahren kann der Beweis der Gleichwertigkeit gegenüber einem anderen Verfahren (z. B. DIN, VDI) aufgrund des Vergleichs der Untersuchungsergebnisse an der gleichen Probe (Matrix) nach DIN 38402, Teil 71 erbracht werden [5-6].

5.3.2   Auswahl des geeigneten Analysengerätes

In erster Linie bestimmt die analytische Aufgabenstellung die Auswahl und damit Kauf, Miete oder Leasing eines Analysengerätes.

Weitere Entscheidungskriterien sind:
– Gerät entspricht dem Stand der Analysentechnik
– Erforderlicher Raumbedarf
– Auslastung mit Analysenproben
– Automatisierungsgrad
– On-line-Datenverarbeitung
– Einsatzbreite (z. B. Gaschromatograph für unterschiedliche Untersuchungsverfahren)
– Einfache Bedienung
– Wartungsfreundlichkeit usw.
– Richtiges Preis-Leistungs-Verhältnis
– Unterstützung durch den Gerätehersteller in Form von Einarbeitung – Support – Anwendungsschriften – Kundenkursen – Seminaren usw.

5.3.3   Analytische Sicherheit

Die in einem Umweltlabor gewonnenen Analysendaten werden sehr oft für rechtliche Entscheidungen benötigt. Daneben ist die Einhaltung einer Vielzahl von Grenz-, Richt- und Schwellenwerten in den unterschiedlichen Matrizes zu überprüfen.

Sanierungsstrategien für Altlastenstandorte und der gesamte Themenkreis der Abfallentsorgung sind in hohem Maße von richtigen Analysenergebnissen und deren Interpretation abhängig. Daraus folgt die Forderung nach einer hohen analytischen Sicherheit des Datenmaterials.

Zur Absicherung der Analysenergebnisse bieten sich deshalb folgende Möglichkeiten an:
Einsatz von **selektiven Verfahren** wie
- Atomabsorptions- und Emissionsspektroskopie,
- Infrarotspektroskopie,
- Massenspektroskopie,

Kopplungstechniken wie z. B.
- Gaschromatographie-Massenspektrometrie
- Gaschromatographie mit selektiven Detektoren wie z. B. Infrarotspektrometrie, Emissionsspektrometrie, ECD, PND, PID, SPD usw.
- Hochleistungsflüssigkeitschromatographie-Massenspektrometrie
- Hochleistungsflüssigkeitschromatographie mit Fluoreszenzdetektor, Diodenarraydetektor usw.,
- Einsatz von zwei unterschiedlichen **polaren Trennsäulen** in der Gaschromatographie,
- Überprüfung des Analysenverfahrens mit zertifiziertem Material, das in seiner Zusammensetzung der Analysenprobe ähnlich ist
- Einführung einer analytischen Qualitätssicherung (AQS) [5-7].

5.3.4   Wirtschaftlichkeitsbetrachtungen

Analysenverfahren müssen auch nach Kriterien von Wirtschaftlichkeit und Profit eingesetzt werden. Analysendaten, die mit einem mehr als notwendigen Aufwand gewonnen werden, schmälern den Gewinn eines Labors. Außerdem erfordern sie in der Regel einen höheren Zeitaufwand, der dann für andere wichtige Aufgaben fehlt.

Faktoren, die Analysen im Bezug auf Wirtschaftlichkeit und Profit beeinflussen, sind:
- Preis-Leistungsverhältnis des Analysengerätes,
- Zeit- und Materialbedarf für eine Analysenprobe,
- Auslastung,
- Kalibrieraufwand,
- Personalkosten,
- Wartung usw.

Literatur

[5-1] DIN EN 45001, *Allgemeine Kriterien zum Betreiben von Prüflaboratorien;* Beuth-Verlag, Burggrafenstr. 6, 10787 Berlin.

[5-2] *Gesetz zum Schutz vor gefährlichen Stoffen* (Chemiekaliengesetz-Chem G) vom 22. 3. 1990, BGBl. (1990) Teil 1, 522-547, Anhang I: Grundsätze der Guten Laborpraxis (GLP).

[5-3] H. Hein und G. Schwedt: „Richt- und Grenzwerte – Wasser – Boden – Abfall – Chemikalien – Luft", *Ein Arbeitsmittel vom Umwelt Magazin,* Vogel Verlag, Würzburg, 3. Auflage. Erste Ergänzungslieferung (Oktober 1993).

[5-4] Klärschlammverordnung (AbKlärV) vom 15. 4. 1992 BGBl. (1992), Teil I, Nr. 21, 912-934.

[5-5] Allgemeine Rahmen-Verwaltungsvorschrift über Mindestanforderungen an das Einleiten von Abwasser in Gewässer (zuletzt geändert am 29. 10. 1992), *Gemeinsames Ministerialblatt,* Nr. 42, (1992) 1065-1066.

[5-6] DIN 38402, Teil 71, „Gleichwertigkeit zweier Analysenverfahren aufgrund des Vergleiches der Untersuchungsergebnisse an der gleichen Probe (Matrix)", *DEV-18.* Lieferung 1987.

[5-7] AQS – Analytische Qualitätssicherung, Rahmenempfehlung der Länderarbeitsgemeinschaft (LAWA) für Wasser-, Abwasser- und Schlammuntersuchung, *Länderarbeitsgemeinschaft Wasser (LAWA),* Erich Schmidt Verlag, Berlin (1989). (Bezugsquelle siehe 4.13.7)

6   Probenahme

Die Zuverlässigkeit und Richtigkeit von Analysendaten ist in hohem Maße von der fachgerechten Probenahme abhängig. Für einen Kriminalisten ist die Inspektion des Tatortes ganz entscheidend für die Aufklärung eines Verbrechens. Entsprechend muß der Umweltanalytiker für eine fachgerechte Dateninterpretation das Umfeld der Probenahme in Augenschein nehmen.

Dies gilt besonders für die Entnahme von Proben aus inhomogenen Systemen wie z. B. von einem Altlastengelände.

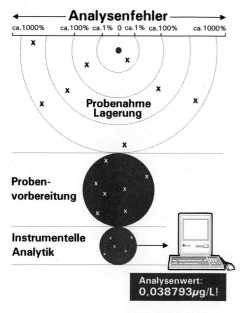

Abb. 6-1. Fehlerquellen in der Analytik

Die Abbildung 6-1 soll bewußt etwas provozierend aufzeigen, wo die größten Fehlerquellen zu finden sind und daß eine Korrektur mit noch so leistungsfähiger instrumenteller Analytik und Datenverarbeitung nicht möglich ist.

Schöneborn [6-1] hat den Bereich der Probenentnahme als einen wesentlichen Teilschritt einer Analyse in folgende Einzelschritte gegliedert:
– Definition der Aufgabe
– Festlegung der Probenstrategie (Ort, Zeitpunkt, Dauer und Art der Probenahme)
– Auswahl und Vorbereitung der Gerätschaften
– Probenahme
– Probenaufteilung vor Ort
– Probenvorbehandlung vor Ort (Filtration, Sedimentation etc.)
– Probenkonservierung
– Transport und Lagerung
– Probenübergabe (Kennzeichnung, Probenahmeprotokoll, etc.)

Für die Entnahme von gasförmigen, flüssigen und festen umweltrelevanten Proben gibt es eine Vielzahl von erprobten und bewährten Techniken, die in den folgenden Abschnitten 6.1- 6.3 ausführlich beschrieben werden.

6.1   Probenahme von Gasen

Da Gasproben nicht nur gasförmige Bestandteile, sondern auch Stoffe in flüssigem (Aerosole) und festem Zustand (Staubteilchen) enthalten können, sind für eine repräsentative Probenentnahme verschiedene Techniken entwickelt worden, wie in Abbildung 6-2 dargestellt ist.

D. Klockow gibt in einem Übersichtsbericht umfassende Informationen zum Thema Probenahme von Gasen [6-7].
In der Praxis werden bevorzugt die nachstehend beschriebenen Probenahmevarianten für gasförmige Matrizes eingesetzt.

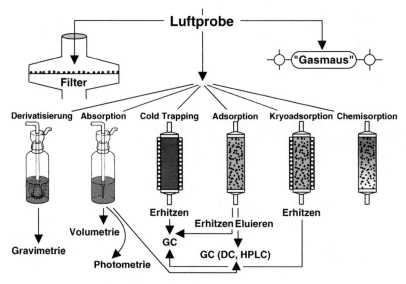

Abb. 6-2. Probenahme aus gasförmigen Matrizes

6.1.1   Probenahme mittels einer Gasmaus

Bei der Gasmaus handelt es sich um einen beidseitig verjüngten Glaszylinder, an dessen beiden Enden zusätzlich Absperrhähne angebracht sind, wie aus Abbildung 6-2 zu ersehen ist. Sehr oft ist noch ein Ansatz für ein auswechselbares Septum angebracht, um eine Gasentnahme mit einer Spritze zu ermöglichen. Für die Entnahme von Gasen wird die Gasmaus mit dem Probenmaterial gründlich durchspült und anschließend beidseitig verschlossen. Über das Septum oder nach Verbinden der Gasmaus mit dem Gasprobeneinlaßteil eines Gaschromatographen lassen sich entsprechende Injektionen für die Gasanalyse durchführen. Diese Technik wird dann bevorzugt eingesetzt, wenn höhere Konzentrationen an gasförmigen Komponenten zu bestimmen sind.

6.1.2   Probenahme durch Sammeln von Aerosolen und Staubpartikeln auf Filtern

Durch Polytetrafluorethylen (PTFE)- oder Glasfaserfilter wird bei dieser Probenahmetechnik ein definiertes Gasprobenvolumen gedrückt oder gesaugt (Abbildung 6-3).

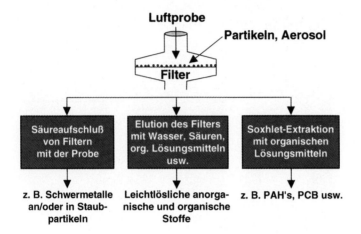

Abb. 6-3. Probenahme von Staubpartikeln und Aerosolen auf Filtern

Staubpartikel und Aerosole werden hierbei auf dem Filter abgeschieden und lassen sich anschließend nach verschiedenen Probevorbereitungsverfahren aufarbeiten. In den VDI-Handbüchern Reinhaltung der Luft, Band 4 und 5: Analysen- und Meßverfahren [6-2] sind eine Vielzahl von instrumentellen Analysenverfahren beschrieben, und es wird ausführlich auf die Probenahme eingegangen.

Ein breitgefächertes Sortiment an Probenahmegeräten für VDI-Richtlinien, hat z. B. die Firma Ströhlein GmbH u. Co, Kaarst, im Programm.

Eine Vielzahl entsprechender Analysenverfahren sind der Dokumentation „Empfohlene Analysenverfahren für Arbeitsplatzmessungen" und der darin zitierten Literatur zu entnehmen [6-3].

6.1.3   Probenahme durch Absorption der zu analysierenden Stoffe in Flüssigkeiten

Absorptionssysteme auf der Basis von Wasser oder wäßrigen Chemikalienlösungen sind in idealer Weise geeignet, eine Vielzahl von anorganischen und organischen Stoffen aus der Gasphase selektiv und quantitativ anzureichern.

Dieses Verfahren wird sehr oft bei der Überwachung von MAK- und BAT-Werten im Arbeitsschutz angewendet.

Durch den Einsatz von sogenannten Impinger-Gasflaschen oder durch Verwendung von Gasfritten ist es möglich, genügend kleine Gasblasen zu erzeugen, um eine möglichst quantitative Absorption zu erzielen.

In Abbildung 6-4 sind die beiden Varianten schematisch dargestellt.

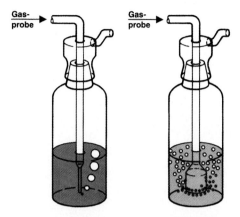

Impinger 10-20 L/min Glasfritte 2-20 L/min

Abb. 6-4. Absorption aus Gasen (Quelle: G. Schwedt „Taschenatlas der Analytik")

6.1.4   Probenahme durch Adsorption der zu bestimmenden Komponenten an Adsorptionsmaterialien

Gasförmige oder leicht verdampfbare organische Stoffe lassen sich sehr elegant mit guter Wiederauffindung und hohem Anreicherungsfaktor an Adsorbenzien binden.

Wie in Abbildung 6-5 dargestellt, wird die gasförmige Probe über das Adsorptionsmittel gepumpt, das sich in einem Glas- oder Edelstahlröhrchen befindet.

Eine andere Variante der Probenahme stellt die Diffusion der Probe durch eine Membrane hindurch auf das Adsorbens dar.

In einer umfangreichen Publikation von Figge, Rabel und Wiek zum Thema „Adsorptionsmittel zur Anreicherung von organischen Luftinhaltsstoffen" [6-4] sind für zahlreiche Stoffe Untersuchungen über die Eignung verschiedener Adsorbenzien bezüglich ihrer spezifischen Retentions- und Durchbruchsvolumina aufgeführt.

Die angereicherten Spurenkomponenten lassen sich durch thermische oder chemische Desorption meist quantitativ isolieren und mit den unterschiedlichen Analysenverfahren auch quantitativ bestimmen.

In der Perkin-Elmer Schriftenreihe „Angewandte Chromatographie" gibt es drei Hefte, die ausführlich die Probenahme an Adsorbenzien mit anschließender Gaschromatographie beschreiben [6-8],[6-9],[6-10].

● Probenahme mit Pumpe

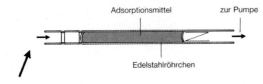

10 – 200 mL/min

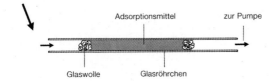

● Probenahme durch Diffusion
   (nur Edelstahlröhrchen)

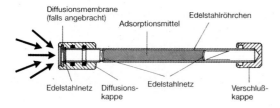

Abb. 6-5. Adsorption von Stoffen aus der Gasphase von Umweltproben

6.2   Probenahme von Flüssigkeiten

Die Probenahme von Flüssigkeiten aus den unterschiedlichen Bereichen ist vielschichtig, wie die folgende Zusammenstellung zeigt:
– Leitungssysteme (Trink- und Brauchwasser)
– Brunnen und Tiefbohrung (Trink- und Mineralwasser)
– Bohrlöcher (Sickerwasser)
– Kanäle (Abwasser und Oberflächenwasser)
– Meere und Flüsse
– Seen und Bäder
– Niederschlagswasser (Regen, Schnee)
   Für jeden dieser aufgelisteten Bereiche gibt es in der Zwischenzeit umfangreich beschriebene DIN-Verfahren zur Probenahme, die im folgenden aufgelistet sind.

DIN-Verfahren für die Probenahme von unbelasteten und belasteten Wässern:

DIN	Bezeichnung
38402 T11	Probenahme von Abwasser
38402 T12	Probenahme aus stehenden Gewässern
38402 T13	Probenahme aus Grundwasserleitern
38402 T14	Probenahme aus Rohwasser und Trinkwasser
38402 T15	Probenahme aus Fließgewässern
38402 T16	Probenahme aus dem Meer
38402 T17	Probenahme von fallenden, nassen Niederschlägen in flüssigem Aggregatzustand
38402 T18	Probenahme von Wasser aus Mineral- und Heilquellen
38402 T19	Probenahme von Schwimm- und Badewasser
38402 T20	Probenahme von Tidegewässern
38402 T21	Probenahme von Kühlwasser für den industriellen Gebrauch

Unter dem Titel „Errichtung von Grundwassermeßstellen zur Untersuchung von altlastverdächtigen Flächen" wurden vom Bayerischen Landesamt für Wasserwirtschaft im Juni 1989 technische Hinweise zu Grundwasseruntersuchung herausgegeben.

Von der gleichen Behörde ist auch eine Publikation mit Hinweisen zur Probenahme, -transport, und Konservierung (Stand August 1989) zu beziehen

Bezugsquelle: Bayerisches Landesamt für Wasserwirtschaft
Lazarettstr. 67
80636 München
Telefon 089/12100

Empfehlenswert für die parameterspezifische Probenahme in der chemischen Abwasseranalytik ist die Publikation von H. P. Hesse und F. Malz, die gesetzliche Grundlagen und das Thema Probenahme in Einzelheiten behandelt [6-5].

Eine Fülle wichtiger Informationen sind in den beiden ISO-Normen:
ISO 5667/1 Water-quality-Sampling-Part 1: Guidance on the design of sampling programmes,
ISO 5667/2 Water-quality-Sampling-Part 2: „Guidance on sampling techniques" zu finden (Bezugsquelle siehe 4.13.5).

6.3   Probenahme von Feststoffen

Bei Probenahme von festen Matrizes, wie z. B.
− Boden,
− Sediment,
− Schlamm (Klärschlamm, Galvanikschlamm usw.),
− Abfall und Müll,
− Altlasten-Verdachtsflächen usw.
ergibt sich sehr oft das Problem einer repräsentativen Entnahme einer Teilmenge für die analytische Untersuchung.

Aus einem vorhandenen Untersuchungsmaterial im Tonnen- bzw. Kubikmeterbereich müssen letztlich, nach richtiger Probenahme, Mengen im Grammbereich die entsprechende Zusammensetzung wiedergeben.

In der Praxis hat sich der in Abbildung 6-6 aufgezeigte Weg von der Gesamtmenge bis zur Untersuchungsprobe bewährt.

Hierbei wird so vorgegangen, daß eine größere Anzahl von Einzelentnahmen aus den unterschiedlichen Bereichen des Beprobungsvolumens entnommen werden, um sie anschließend zu einer Gesamtprobe zu vereinigen.

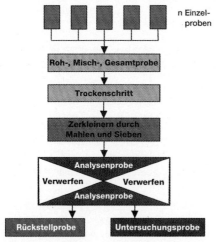

Abb. 6-6. Probenahme an festen Proben

Bei feuchten, schlammigen und pastösen Proben schließt sich meist ein Trockenschritt bis zur Gewichtskonstanz an.

Das Zerkleinern in Kugelmühlen und das Aussieben einer definierten Korngröße stellt einen weiteren Verfahrensschritt dar.

Durch Probenverjüngung soll letztlich erreicht werden, daß eine realistische Probenmenge zur Verfügung steht. Bei kritischen Untersuchungen ist auf eine entsprechende Rückstellprobe Wert zu legen.

Für die Probenahme von unterschiedlichen Feststoffen sind zahlreiche Verfahren in der Literatur sowie DIN-Verfahren, LAGA-Richtlinien, Umweltgesetzen usw. beschrieben worden. Auf wesentliche Verfahren soll in den folgenden Abschnitten etwas ausführlicher verwiesen werden.

6.3.1   Probenahme von Böden

Im Methodenbuch, Band I „Die Untersuchung von Böden", 4. Auflage VDLUVA-Verlag, Darmstadt, (1991) [8-3], wird nach folgender Gliederung sehr ausführlich auf die Probenahme von landwirtschaftlich genutzten Böden eingegangen:

A 1.0:   Allgemeine Richtlinien zur Entnahme von Bodenproben

A.1.2.1.:   Probenahme für die Untersuchung auf pflanzenverfügbare Nährstoffe in Acker-
            und Gartenböden
A.1.2.2.:   Probenahme für die N_{min}-Methode
A.1.3.2.:   Probenahme auf Grünlandstandorten

In der Klärschlammverordnung vom 15. April 1992 (siehe 4. Umweltgesetzgebung, Abschnitt 4.6) ist im Anhang I auf Seite 927 zur Probenahme und -vorbereitung folgendes aufgeführt:

Für die Probenahme ist der Zeitraum nach der Ernte bis zur nächsten Klärschlammaufbringung zu wählen. Von jedem einheitlich bewirtschafteten Grundstück (z. B. Schlag, Koppel) ist bei der Größe bis zu einem Hektar mindestens eine Durchschnittsprobe zu ziehen. Auf größeren Grundstücken sind Proben aus Teilen von ca. einem Hektar, bei einheitlicher Bodenbeschaffenheit und gleicher Bewirtschaftung aus Teilen bis zu drei Hektar zu nehmen. Für eine Durchschnittsprobe sind mindestens 20 Einstiche bis zur Bearbeitungstiefe erforderlich. Die Einstiche sind gleichmäßig über die Fläche zu verteilen.

Die Durchschnittsprobe wird an der Luft getrocknet, falls erforderlich zerdrückt, gesiebt (< 2 mm), gemischt und Teilproben nach DIN 38 414, Teil 7 auf eine Korngröße von 0,1 Millimeter zerkleinert.

Zur Beschleunigung der Trocknung kann bei 40 °C im Trockenschrank getrocknet werden.

Auf die Entnahme von Bodenproben aus tieferen Schichten wird in den folgenden drei DIN-Normen hingewiesen:

DIN 4021, Teil 1   (Erkundung durch Schürfe und Bohrungen sowie Entnahme von Proben)

DIN 19671, Teil 1 (Erdbohrgeräte für den Landeskulturbau)

DIN 19672, Teil 1 (Bodenentnahmegeräte für den Landeskulturbau)

6.3.2   Probenahme von Schlämmmen

In der DIN 38414, Teil 1 sind die wichtigsten Kriterien für die Probenahme von Schlämmen festgelegt.

Für die Untersuchung von Klärschlamm nach der Klärschlammverordnung vom 15. April 1992 (siehe Abschnitt 4.8) sind zusätzlich noch folgende, im Anhang I, Seite 927 aufgeführten Vorgaben zu erfüllen:

Für die nach §3 vorgeschriebenen Untersuchungen des Klärschlammes erfolgt die Probenahme nach DIN 38414, Teil 1 (Ausgabe November 1986) in dem Zustand des Klärschlammes, in dem dieser auf die landwirtschaftlichen Flächen aufgebracht wird.

Zur Gewährung repräsentativer Analysenergebnisse sind Sammelproben auf folgende Weise herzustellen:

Vor dem Stichtag der Untersuchung sind von mindestens fünf verschiedenen Klärschlammabgaben jeweils fünf Liter Schlamm zu entnehmen und in einem geeigneten Behälter (z. B. aus Aluminium) zur Sammelprobe zu vereinigen. Die Probenahmen sollten nach Möglichkeit mehrere Tage auseinanderliegen.

Aus der sorgfältig gemischten Sammelprobe wird eine Teilmenge entnommen, die ausreicht, um für sämtliche vorgeschriebenen Untersuchungsparameter vier parallele Untersuchungen zu gewährleisten.

Die Teilmenge wird in einen gut verschließbaren, geeigneten Behälter (z. B. aus Aluminium) abgefüllt und umgehend der Untersuchungsstelle zugestellt.

6.3.3   Probenahme von Sedimenten

Mit der Entnahme von Sedimenten beschäftigt sich recht ausführlich die DIN 38414, Teil 11, so daß auf weitere Erläuterungen verzichtet werden kann.

6.3.4 Probenahme von Abfällen und Müll

Eine repräsentative Probenahme aus Abfall und Müll ist sehr schwierig, da es sich um ein recht inhomogenes Gemisch unterschiedlichster Bestandteile handelt.

In der Mitteilung 9 der Landesarbeitsgemeinschaft Abfall (LAGA) wird in zwei Richtlinien Bezug auf eine fachgerechte Probenahme genommen.

- PN 2/78 – Grundregeln für die Entnahme von Proben aus Abfällen und abgelagerten Stoffen (Stand: 12/83)
- PN 2/78 – Entnahme und Vorbereitung von Proben aus festen, schlammigen und flüssigen Abfällen (Stand: 12/83)

(Bezugsquelle siehe 4.13.7)

Hingewiesen wird noch auf die 1. Hessische Verwaltungsvorschrift -Bauaushub / Bauschutt vom 11. 10. 1990 (Erschienen im Staatsanzeiger Land Hessen)

In der Schriftreihe „Chemische Analytik und Umwelttechnologie" Heft 2 „Physikalische und chemische Untersuchungen im Zusammenhang mit der Beseitigung von Abfällen" Teil II, 1979, ISBN 3-486-23811-6 (R. Oldenbourg Verlag München/Wien) ist die Probenahme verschiedener Abfallarten sehr umfangreich beschrieben.

6.3.5 Probenahme von Altlasten-Verdachtsflächen

Zur Erkundung von Altlasten-Verdachtsflächen ist eine umfangreiche Beprobung unumgänglich. Um die Schadstoffquelle zu lokalisieren, ist es erforderlich, ein Meßraster über das Sanierungsgelände zu legen und nach diesem Raster die Probenahme vorzunehmen, wie Abbildung 6-7 zeigt.

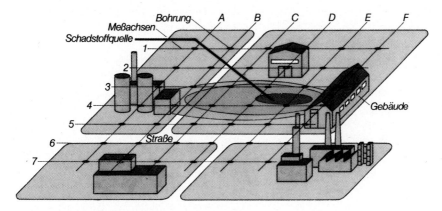

Abb. 6-7. Meßraster auf einem Sanierungsgelände

Für die Beurteilung einer Altlast werden Bodenluft-, Bodenkern-, Grund- und Porenwasserproben benötigt. Hinweise auf entsprechende Probenahmetechniken findet man z. B. in einer Schrift der Hessischen Landesanstalt für Umweltschutz, Wiesbaden, unter dem Titel „Verfahrensempfehlungen zur Probenahme von Boden, Abfall, Grundwasser, Sickerwasser für chemisch-physikalische Untersuchungen bei Altlastenerkundungen" [6-11].

Zu empfehlen ist in diesem Zusammenhang auch die LAGA-Informationsschrift [6-6].

Literatur

[6-1]   C. Schöneborn: Normung von Probenahme und Probenvorbehandlung, Problemlösung oder Problemverlagerung?
Referat anläßlich des Statusseminars des Hauptausschusses I der Fachgruppe Wasserchemie *Normung in der Wasseranalytik, Hilfe und Hürde am 15./16. Dezember 1992 in Frankfurt/Main.*

[6-2]   *VDI-Handbücher Reinhaltung der Luft* Band 4 und 5: Analysen- und Messverfahren, Beuth-Verlag, Burggrafenstr. 6, 10787 Berlin.

[6-3]   Schriftenreihe der Bundesanstalt für Arbeitsschutz
– Gefährliche Arbeitsstoffe – GA 13,
Empfohlene Analysenverfahren für Arbeitsplatzmessungen (Dokumentation)
Bezugsquelle siehe Abschnitt 4.13.8.

[6-4]   K. Figge, W. Rabel und A. Wieck: „Adsorptionsmittel zur Anreicherung von organischen Luftinhaltsstoffen", *Fresenius Z. Anal Chem,* **327,** (1987) 261-278.

[6-5]   H. P. Hesse und F. Malz: „Die parameterspezifische Probenahme in der chemischen Abwasseranalytik" *Abwassertechnik* 2 (1991) 21-26.

[6-6]   *LAGA-Informationsschrift* 37 (1991) Altablagerungen und Altlasten, Erich Schmidt Verlag, Berlin (siehe Abschnitt 4.13.7).

[6-7]   D. Klockow: Zum gegenwärtigen Stand der Probennahme von Spurenstoffen in der freien Atmosphäre *Fresenius Z. Anal Chem,* **326** (1987) 5-24.

[6-8]   Perkin-Elmer Schriftenreihe *Angewandte Chromatographie,* **33** (1978):
B. Kolb und P. Pospisil: Die Analyse flüchtiger Schadstoffe in der Luft durch Adsorption an Aktivkohle und anschließender gaschromatographischer Dampfraum-Analyse nach Desorption mit Benzylalkohol.

[6-9]   Perkin-Elmer Schriftenreihe *Angewandte Chromatographie* **48** (1989):
M. Tschickardt: Routineeinsatz des Thermodesorbers ATD-50 in der Gefahrstoffanalytik.

[6-10] Perkin-Elmer Schriftenreihe *Angewandte Chromatographie* **51** (1990):
M. Tschickardt und R. Petersen: Bestimmung organischer Luftschadstoffe in Alveolarluft.

[6-11] Bezugsquelle: Hessische Landesanstalt für Umwelt
Postfach 3209
65022 Wiesbaden
Telefon 06 11/6 93 90

7 Konservierung und Lagerung von Umweltproben

Abhängig von den zu bestimmenden Parametern ist je nach Probenart eine sofortige Konservierung bei der Probenahme unumgänglich. Dies gilt besonders für Komponenten, die sich schon nach kurzer Lagerung bei Raumtemperatur oder im Kühlschrank verändern. Schöneborn zeigte am Beispiel der Konservierung von Ammonium in Gewässerproben den Einfluß der verschiedenen Konservierungsvarianten auf die Veränderung der Ammoniumkonzentration [7-1].

Wie Abbildung 7-1 dieser Publikation zeigt, verändert sich die Ammoniumkonzentration je nach Konservierungsverfahren in Abhängigkeit von der Lagerzeit.

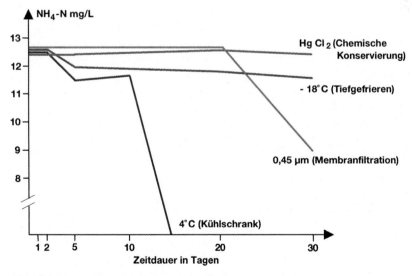

Abb. 7-1. Konservierung von Ammonium in Gewässerproben (Quelle: C. Schöneborn, Hildesheim).

Folgende Ursachen können für die Veränderung eines Parameters in den Proben verantwortlich sein:
- Eintrag von störenden Stoffen in die Probe,
- Austrag von Stoffen aus der Probe,
- Veränderung durch chemische und biochemische Reaktionen in der Probe.

Der Eintrag von störenden Stoffen wird aufgrund praktischer Erfahrung unter anderem verursacht durch:
- die Verschleppung infolge unsachgemäß gereinigter Gefäße und Geräte,
- den Abrieb von Probenahmegeräten,
- die Aufnahme über die Luft bei unsachgemäßem Transport und unsachgemäßer Lagerung,
- die Zugabe verunreinigter Konservierungsmittel.

Ein Austrag flüchtiger Stoffe aus der Probe kann beispielsweise erfolgen durch:
- Entweichen bei der Entnahme der Probe oder beim Umfüllen,
- Diffusion in oder durch das Gefäßmaterial oder durch die Verschlüsse und durch
- nicht gänzlich gefüllte Transportgefäße.

Chemische oder biochemische Veränderungen werden verursacht durch:
- Oxidationsmittel wie beispielsweise Chlor,
- Reduktionsmittel, z. B. Nitrit- oder Sulfitionen,
- biochemische Abbaureaktionen infolge bakterieller Aktivität.

Der Ursache dieser fehlerbildenden Einflüsse muß man entsprechend entgegenwirken. Der Eintrag von störenden Stoffen kann vermieden oder verhindert werden, wenn
- die Gefäße und Probenahmegeräte fachgerecht und besonders sorgfältig „parameterspezifisch" gesäubert werden und
- das Vertauschen von Flaschen und vor allem Flaschenverschlüssen aus unterschiedlichen Untersuchungsprogrammen verhindert wird.

Dies bedeutet, daß für Oberflächenwässer und Industrieabwässer, sowie für die einzelnen Matrizes und Parametergruppierungen bzw. Konservierungsverfahren und Konzentrationsniveaus:
- die Geräte und Gefäße streng getrennt gehalten werden und
- die logische Organisation der Probenahme hinreichend materiell ausgestattet ist, gemäß den „parameterspezifischen" Anforderungen (Gefäße, Spülmaschinen, sortierte Vorratslagerung).

Der Austrag von flüchtigen Stoffen wird weitestgehend unterbunden durch:
- turbulenz- und luftblasenfreies Füllen der Probeflasche,
- geeignete Materialauswahl wie beispielsweise Glas und/oder Metall für die Analyse organischer Inhaltsstoffe.

Chemischen und biochemischen Veränderungen wird durch gezielte, auf den Parameter abgestimmte Konservierungsmaßnahmen entgegengewirkt. Die Konservierung einer Probe kann nach Sprenger [7-2] durch physikalische und chemische bzw. biochemische Methoden erfolgen.

Zu den physikalischen Methoden gehört das
− Kühlen bei 2 °C bis 5 °C,
− Tiefgefrieren bei -18 °C.

Eine chemische Konservierung erfolgt durch
− Säurezugabe auf pH-Werte von < 2,
− Basenzugabe auf pH-Werte von > 12,
− Zugabe von spezifischen Reagenzien wie beispielsweise Thiosulfat bei der Konservierung von Halogenkohlenwasserstoffen in chlorhaltigen Wässern.

Biochemische Reaktionen werden durch die Zugabe $HgCl_2$ und $CHCl_3$ unterbunden [7-3].

Eine Informationsgrundlage stellt der DIN-Entwurf 38402, Teil 21 dar, der auf 26 Seiten Hinweise zur Konservierung und Handhabung von Wasserproben gibt [7-4].

Für gasförmige und feste Proben ergibt sich ebenfalls, je nach Art des zu bestimmenden Stoffes, bei der Lagerung das Problem der Veränderung eines Parameters.

Grundsätzlich soll Probenmaterial so schnell wie möglich analysiert werden, da für viele Komponenten eine ausreichende Stabilisierung nicht zu erzielen ist.

Literatur

[7-1] C.Schöneborn: *Normung von Probenahme und Probenvorbehandlung − Problemlösung oder Problemverlagerung?*
Referat anläßlich des Statusseminars des Hauptausschuß I der Fachgruppe Wasserchemie „Normung in der Wasseranalytik − Hilfe und Hürde" am 15./16. Dezember 1992 in Frankfurt/Main.

[7-2] F. J. Sprenger: *Preservation of Water Samples Report by the Working Party Water Research,* **15** 233-241.

[7-3] H. P. Hesse und F. Malz: Die parameterspezifische Probenahme in der chemischen Abwasseranalytik, *Abwassertechnik,* **2** (1991) 21-26.

[7-4] DIN 38402, Teil 21, Entwurf Januar 1990
Hinweise zur Konservierung und Handhabung von Wasserproben;
ISO 5667/3: 1985 modifiziert.

8 Probenvorbereitung

Für den Einsatz spektrometrischer und chromatographischer Analysenverfahren im Umweltbereich spielt die Probenvorbereitung an
- gasförmigen,
- flüssigen und
- festen Untersuchungsmaterialien
  eine nicht zu unterschätzende Rolle.

Wesentliche Bereiche der Probenvorbereitung sind hierbei die
- physikalischen Probenvorbereitungstechniken wie z. B. Trocknen, Zerkleinern, Sieben usw.,
- Lösungs-, Aufschluß- und Elutionsverfahren,
- Abtrenn- und Anreicherungsverfahren.

Die Probenvorbereitung ist ein ganz wesentlicher Bestandteil des Analysenverfahrens und deshalb in den entsprechenden nationalen und internationalen Normen und Richtlinien als wichtiger Teilschritt beschrieben.

8.1 Physikalische Probenvorbereitungstechniken

Eine unbekannte Größe in festen, schlammigen und pastösen Proben stellt der Gehalt an Wasser oder sonstigen flüssigen Medien dar.

Die Ermittlung des Trockenrückstandes ist deshalb ein wichtiges Verfahren im Vorfeld weiterer Probevorbereitung. In der Praxis haben sich die zwei folgenden aufgeführten Verfahren bewährt.

8.1.1   Bestimmung des Trockenrückstandes nach DIN 38414, Teil 2 bei 105 °C

Als Standardmethode wird z.Z. die DIN 38414, Teil 2, eingesetzt.

Bei dieser Methode wird unter Verwendung eines Trockenschrankes das Wasser bei 105 °C ausgetrieben. Als „trocken" gilt die Probe, wenn nach wiederholtem Erhitzen auf 105 °C kein weiterer Gewichtsverlust meßbar ist.

In dieser Norm finden sich Hinweise auf mögliche Verluste von Substanzen mit niedrigem Siedepunkt. Masseverluste durch Ausgasen, durch Wasserdampfdestillation und andere Transportvorgänge sind zu erwarten.

Beobachtungen bei Untersuchungen heißer Abgase auf organische Spurenstoffe zeigten, daß sogar für Stoffe mit relativ hohem Siedepunkt der Wasserdampf ein hervorragendes „Transportmittel" ist.

Bortlisz und Velten haben am Beispiel von organischen Spurenstoffen, wie Naphthaline, PAK's, PCB und Dioxine die Verluste an diesen Stoffen während einer Trocknung bei 105 °C ermittelt [8-1].

Um diese Verluste zu minimieren, haben die beiden Autoren einen Methodenvorschlag für die Bestimmung und Herstellung der Trockenmasse durch Gefriertrocknung erarbeitet, der im vollen Textumfang aus der oben aufgeführten Literaturstelle im folgendem wiedergegeben wird.

8.1.2   Bestimmung und Herstellung der Trockenmasse durch Gefriertrocknung

1. Anwendungsbereich und Zweck

Das Verfahren ist anwendbar auf Schlämme, Sedimente, abfiltrierbare Stoffe, Abfallstoffe, Böden und ähnliche Proben. Es dient der Bestimmung des Wassergehaltes bzw. der Trockenmasse wasserhaltiger Proben und der fast verlustfreien Herstellung von Trockenmasse zur Bestimmung organischer Spurenstoffe. Des weiteren bewirkt die Gefriertrocknung eine Beschaffenheit des Trockenguts, welche in der Regel die weitere Zerkleinerung mit sehr wenig Energieaufwand ermöglicht.

2. Störungen

Chemische und physikalische Veränderungen während des Trocknens sind infolge der niedrigen Temperaturen nur in einem geringen Ausmaß anzunehmen. Bei leicht flüchtigen

Stoffen können allerdings Verluste eintreten. Gegebenenfalls können diese Substanzen im Eiskondensat nachgewiesen bzw. durch Vorschalten eines geeigneten Adsorptionsgefäßes vor der Vakuumpumpe des Gefriertrockners aus der Abluft entfernt werden. Beim Erwärmen der Probe in der Trockenkammer kann es zum Zerplatzen von Feststoffteilchen kommen. Mittels Auflegen eines feinmaschigen Drahtsiebes können durch diesen Effekt mögliche Masseverluste verhindert werden.

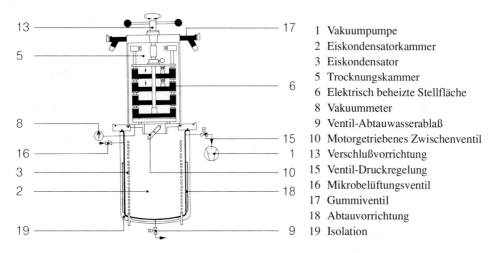

1	Vakuumpumpe
2	Eiskondensatorkammer
3	Eiskondensator
5	Trocknungskammer
6	Elektrisch beheizte Stellfläche
8	Vakuummeter
9	Ventil-Abtauwasserablaß
10	Motorgetriebenes Zwischenventil
13	Verschlußvorrichtung
15	Ventil-Druckregelung
16	Mikrobelüftungsventil
17	Gummiventil
18	Abtauvorrichtung
19	Isolation

Abb. 8-1. Schema einer Gefriertrocknungsanlage (Fa.M.Christ GmbH) mit Flachschalenbeschickung

3. Erforderliche Geräte

- Tiefkühlschrank, Temperaturbereich bis -85 °C,
- Gefriertrocknungsanlage, geeignet für Flachschalenbeschickung, zweckmäßig mit zweistufiger Vakuumpumpe (Leistungsfähigkeit bis = 1 Pa) und mit Ventilregelung für druckgesteuerte Trocknung sowie Temperatur- und Druckmeßeinrichtung (s. Schema der Gefriertrocknung, Abbildung 8-1). Bei Gefriertrocknungsanlagen mit Tiefgefriereinrichtung kann der separate Tiefkühlschrank entfallen.
- Trockenturm
- Flachschalen aus Aluminium, Durchmesser entsprechend der Größe der Heizplatte im Gefriertrockner, Bordhöhe ca. 2,5 cm,
- Flachsiebe mit Dichtungsrand, Maschenweite ca. 0,2 mm, Material V_2A-Stahl, Durchmesser der Größe der Aluminiumschalen entsprechend,
- Waage,
- Exsikkator, zur Aufnahme der Aluminiumschalen geeignet.

4. Chemikalien

- Trocknungsmittel für Trockenturm und Exsikkator, z. B. Silicagel.

5. Durchführung

Die homogenisierten Proben werden in gewogene Aluminiumschalen gegeben, die Füll-schichtdicke darf 2 cm nicht übersteigen. Nach Feststellung des Naßgewichtes kühlt man die gefüllten Schalen im Tiefkühlschrank auf -85 °C ab. Dies erfordert mehrere Stunden und wird zweckmäßigerweise über Nacht vorgenommen. In einer der verwendeten Schalen wird eine Thermosonde mit eingefroren.

Nach dem Tiefgefrieren werden die Siebe auf die gefrorenen Proben aufgelegt und die Schalen in den Gefriertrockner überführt. Die Trockenkammer wird verschlossen und eva-kuiert.

Je nach Gefriertrocknertyp wird die Trocknung entweder druckunabhängig bis zur Druckkonstanz oder druckgesteuert ausgeführt. Der Enddruck der druckunabhängigen Trocknung ist abhängig von der Kondensator-Temperatur und liegt bei -50 °C bei ca. 1-2 Pa. Die Endtemperatur der Probe liegt etwa bei 0 °C bis wenige Grad über Null. Zur druck-gesteuerten Trocknung ist die Einrichtung eines ansteuerbaren Magnetventils zur Konstant-haltung des Druckes in der Trockenkammer erforderlich. Die Technik der druckgesteuerten Trocknung verkürzt die sonst etwa 24-28 h dauernde Trocknungszeit um mehrere Stunden.

Vor dem Öffnen der Trockenkammer muß diese belüftet werden; die hierzu verwendete Luft wird über den Trockenturm zugeführt.

Die Schalen werden sofort gewogen oder zum Temperaturausgleich mit der Umgebung bis zum Wiegen in einen Exsikkator überführt.

Eine Wiederholung des Trocknungsprozesses ist nicht erforderlich, da hier Einschlüsse von Wasser in den Poren etc. nicht eintreten können.

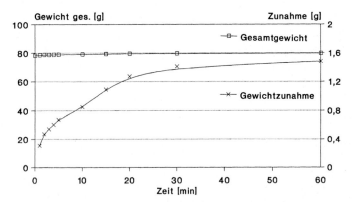

Abb. 8-2. Gewichtszunahme der gefriergetrockneten Proben durch Luftfeuchtigkeit

Gefriergetrocknete Proben sind wegen der extrem großen Oberfläche der Teilchen deut-lich hygroskopischer als die bei 105 °C getrockneten. Deshalb muß beim Wiegen in unge-schützter Atmosphäre die Gewichtszunahme beobachtet werden, um das Gewicht zum Zeitpunkt „Null" durch Extrapolation zu ermitteln, wie Abbildung 8-2 zeigt.

Für eine weitere analytische Bearbeitung wird die gefriergetrocknete Probe in ein dicht schließendes Gefäß überführt. Wegen des unsterilen Zustandes der Probe sind beim weiteren Verarbeiten die hygienischen Sicherheitsanforderungen zu beachten.

6. Auswertung

Die Trockenmasse wird nach folgender Gleichung berechnet:

$$m_T < 0 \; °C = \frac{m_c - m_a}{m_b - m_a} \cdot f$$

Hierin bedeuten

$m_T < 0 \; °C$	= Trockenmasse der Probe in %
m_a	= Masse der leeren Schale in g
m_b	= Masse der Schale mit der nassen Schlammprobe in g
m_c	= Masse der Schale mit der Trockenmasse, ggf. durch Extrapolation korrigiert, in g
f	= Faktor zur Umrechnung, hier f = 100%

Bei Gehalten über 10% wird das Ergebnis auf eine Stelle nach dem Komma, bei Gehalten unter 10% auf zwei Stellen nach dem Komma angegeben.

Zusammenfassung

Es wird dringlichst empfohlen, die Herstellung der Trockenmasse von Klärschlämmen und ähnlich nassen Feststoffproben zur korrekten m_T-Bestimmung und insbesondere zur korrekten Erfassung und Bilanzierung der organischen Spurenstoffe von der z.Z. angewendeten Trocknung bei 105 °C auf Gefriertrocknung umzustellen. Dies gilt besonders für Parameter, die durch Rechtsverordnungen begrenzt werden. Lediglich als Betriebsmethode für die Klärschlammüberwachung kann die Trocknung im Trockenschrank bei 105 °C, im Infrarotofen oder nach anderen thermischen Verfahren zur Bestimmung der Trockenmasse aus Zeit- und Kostengründen beibehalten werden.

8.1.3   Trocknung von Bodenproben an der Luft

Eine weitere Variante der Trocknung von Bodenproben, die nach der Klärschlamm-Verordnung vom 15. April 1992 untersucht werden müssen, stellt Trocknung an der Luft dar (siehe Abschnitt 4.6).

Hierzu wird der feuchte Boden in einer dünnen Schicht von ca. 1-2 cm in Trockenschalen oder -blechen ausgebreitet und mehrere Tage an der Luft stehen gelassen.

Zur Beschleunigung der Trocknung kann auch bei 40 °C im Trockenschrank getrocknet werden.

8.1.4   Zerkleinern und Sieben

Für die Bestimmung von anorganischen und schwer flüchtigen organischen Stoffen ist eine repräsentative Probenteilmenge von mindestens 50 ml kontaminationsfrei auf eine Korngröße < 0,1 mm zu mahlen. Hierzu werden z. B. Scheibenschwingmühlen oder Planetenkugelmühlen mit Achat- oder Sinterkorundeinsätzen verwendet.

Es ist bisher für organische Schadstoffe nicht bekannt, in wie weit Verflüchtigungen bzw. Veränderungen beim Mahlen auftreten. Analysensiebe mit einem Durchmesser von 100 oder 200 mm sind aus rostfreiem Stahl mit unterschiedlichen Maschenweiten (W) erhältlich, die nach DIN 4188 in mm, AFNOR X11-501 in Mikron, ASTM E11-70 in Mesh und BS 410 in Mesh angegeben werden. Bezugsquellen für DIN und ASTM siehe Abschnitt 4.13.

8.2   Lösungen, Eluate und Aufschlüsse

Ziel der Probenvorbereitung ist es, die Voraussetzung für eine weitgehend störungsfreie Bestimmung eines Elementes oder einer Verbindung (Erfassung der Konzentration oder der Menge des „Analyten") zu schaffen. Die wichtigsten dieser Voraussetzungen im Hinblick auf die Analytik von Schwermetallen in beliebigen Matrizes sind:
– die Überführung der Probe in eine der Bestimmung zugänglichen Form (Lösen),
– die Zerstörung der Matrix (Aufschluß),
– die Abtrennung des Analyten von störenden Begleitsubstanzen (Trennung) und
– die Konzentrierung niedriger Analytgehalte (Anreicherung).

8.2.1   Lösungen

Viele Stoffe lassen sich direkt in Wasser, Säuren, Laugen oder organischen Lösungsmitteln in Lösung bringen. Dies ist die eleganteste Art der Probenvorbereitung und stellt leider einen Ausnahmefall in der Umweltanalytik dar.

8.2.2 Eluate

Wie verhalten sich die festen bzw. schlammigen Abfallstoffe bei der Lagerung und Ablagerung? Welche besonderen Kennwerte sind zur Beurteilung der Gewässerschädlichkeit erforderlich? Wie sind die Gewässersedimente beschaffen und wie beeinflussen sie das darüber stehende Wasser? Die Klärung dieser Fragen sowie die Beurteilung des voraussichtlichen Deponieverhaltens und die zum Schutz des Grund- und Oberflächenwassers zu fordernden Ablagerungsbedingungen sind wichtige Kriterien für unsere Umwelt. Deshalb müssen nach dem Deutschen Einheitsverfahren zur Wasser-, Abwasser- und Schlammuntersuchung der Gruppe S (Schlamm und Sedimente) in der DIN 38414, Teil 4, die mit Wasser eluierbaren Anteile eines Schlammes bestimmt werden.

Nach DIN 38414 werden 100 g Festprobe in 1 L Wasser 24 Stunden geschüttelt und anschließend die ungelösten Bestandteile durch Filtration abgetrennt. Im Filtrat werden dann die Konzentrationen der zu bestimmenden Komponenten nach den Verfahren der Wasseranalytik ermittelt. Eine wichtige Voraussetzung hierfür ist, daß das Eluat völlig klar ist. Andernfalls muß es noch einmal durch ein mit Wasser vorgewaschenes Membranfilter der Porengröße 0,45 μm filtriert werden, um feindisperse Stoffe aus dem Eluat zu entfernen. Feine Kolloide können durch Zentrifugieren nicht oder nur sehr schlecht entfernt werden.

Auf der Basis der Membranfiltration hat sich ein Durchfiltrationssystem bewährt, wie es von der Firma Satorius, Göttingen, für die Probenvorbereitung von Schlamm- und Abwasseruntersuchungen geliefert wird.

In landwirtschaftlich genutzten Böden lassen sich durch Extraktionen mit salzhaltigen Lösungen Nitrat und pflanzenverfügbare Stoffe wie Kalium, Magnesium und Phosphor bestimmen.

Bestimmung des Nitrat Stickstoffes in Böden nach der N_{min}-Methode [8-2],[8-3].

Prinzip: Der Nitratstickstoff wird zunächst aus feldfrischen Bodenproben mit einer Calciumchlorid-Lösung extrahiert. Die photometrische Bestimmung des Nitratgehaltes erfolgt aus der Differenz der Extinktionswerte, bei einer Wellenlänge von 210 nm, zwischen dem unreduzierten und dem mit naszierendem Wasserstoff reduzierten Extrakt.

Bestimmung von Phosphor und Kalium im Calcium-Acetat-Lactat(CAL)-Auszug [8-3].

Prinzip: Extraktion der Nährstoffe Phosphor und Kalium mit einer sauren, auf pH 4,1 gepufferten Lösung aus Calciumacetat, Calciumlactat und Essigsäure aus lufttrockenen Böden (jedoch auch feldfeuchten Moor- und Anmoorböden) bzw. gärtnerischen Erden und Substraten, die vor der Bestimmung auf einen zum Eintopfen optimalen Wassergehalt eingestellt wurden und anschließende photometrische Bestimmung.

Bestimmung des pflanzenverfügbaren Magnesiums im Calciumchlorid-Auszug [8-3].

Prinzip: Extraktion eines Teils des austauschbaren Magnesiums aus lufttrockenen Böden, jedoch auch feldfeuchten Moor- und Anmoorböden bzw. gärtnerischen Erden und Substraten, die vor der Bestimmung auf einen zum Eintopfen optimalen Wassergehalt eingestellt wurden, mit Calciumchloridlösung und Bestimmung des Magnesiums mit Atomabsorptions-Spektralphotometrie bei 285,2 nm.

8.2.3   Aufschlüsse

Die verschiedenen Aufschlußsysteme lassen sich im wesentlichen in
− Naßaufschlußsysteme und
− trockene Aufschlußverfahren
unterteilen [8-4]. In Abbildung 8-3 sind in einer Übersicht die wesentlichen Systeme wiedergegeben.

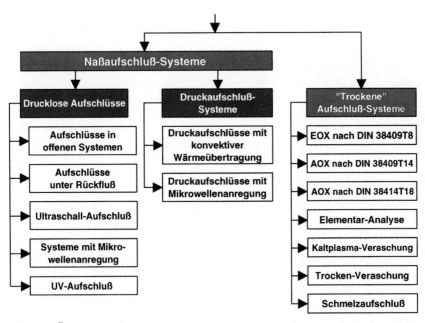

Abb. 8-3. Übersicht Aufschlußsysteme

8.2.3.1   Naßaufschlußsysteme (Säureaufschluß)

Das Naßaufschlußsystem mit oxidierenden Säuren ist dasjenige Aufschlußverfahren, das am häufigsten in der Umweltanalytik für flüssige und feste Umweltproben eingesetzt wird. Für den Naßaufschluß gibt es verschiedene Varianten, wie die folgende Zusammenstellung zeigt.

Naßaufschlüsse in offenen Systemen

– Salpetersäure-Wasserstoffperoxid-Aufschluß für die Bestimmung von Schwermetallen in belastetem Wasser wie z. B. Abwasser, Sickerwasser usw. nach DIN 38406, Teil 22 (DIN-Abschnitt 9.2. Bestimmung des Gesamtgehaltes, S. 10)
– Schwefelsäure-Wasserstoffperoxid-Aufschluß für Zinn im Abwasser nach DIN 38406, Teil 22, S. 10
– Ammoniumsulfat-Schwefelsäure-Aufschluß für Titan im Abwasser nach DIN 38406, Teil 22, S. 10-11
– Kaliumpermanganat-Kaliumperoxidisulfat-Aufschluß für Quecksilber in belasteten Wässern nach DIN 38406, Teil 12, Vorschlag DEV-24, Lieferung 1991, S. 13.
– Gesamtphosphat in belasteten Wässern nach Kaliumperoxidisulfat-Aufschluß. DIN 38405, Teil 11
– Gesamtphosphat in belasteten Wässern nach Salpetersäure/Schwefelsäure-Aufschluß. DIN 38405, Teil 11

Aufschluß unter Rückfluß

– Königswasser-Aufschluß zur nachfolgenden Bestimmung des säurelöslichen Anteils von Metallen in festen Proben wie Schlämmen, Böden, Sedimenten, Abfällen usw. nach DIN 38414, Teil 7
– Bestimmung von Phosphor in Schlämmen und Sedimenten nach DIN 38414, Teil 12 Abbildung 8-4 zeigt die für diesen Aufschluß erforderliche Apparatur.

Ultraschallaufschluß

– Kaliumpermanganat-Kaliumperoxidisulfat-Ultraschallaufschluß für Quecksilber nach DIN 38406, Teil 12, Vorschlag DEV-24, Lieferung 1991, S. 13f. Der Vorteil dieses Aufschlußverfahrens liegt in der kurzen Reaktionszeit von 30 min und der Maximaltemperatur von 50 °C.

Systeme mit Mikrowellenanregung

– Seit einiger Zeit finden auch Aufschlußsysteme Anwendung, die statt mit konventionellen Heizblöcken mit Mikrowellenunterstützung arbeiten.

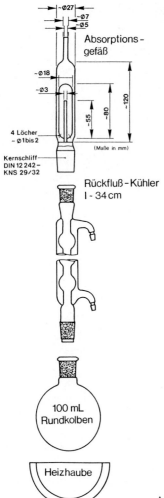

Abb. 8-4 Aufschlußapparatur

Mikrowellen sind elektromagnetische Wellen im Bereich zwischen 5×10^{-2} und 1 m, dem Frequenzband zwischen 300 MHz und 300 GHz entsprechend. Wegen ihrer niedrigen Energie sind sie nicht in der Lage, Molekularstrukturen zu verändern. Durch die Rotation von Dipolen und die Molekularbewegung durch Wanderung können sie lediglich Ionen anregen, nicht jedoch Schwingungen oder Elektronenübergänge.

Die im Markt eingeführten Mikrowellengeräte arbeiten mit einer Frequenz von 2,45 GHz. Diese Frequenz wurde durch ein internationales Abkommen (International Radio Regulations, Genf 1959) festgelegt. Sie stellt einen Kompromiß unterschiedlicher Interessen dar und entspricht nicht etwa einer optimalen Anregung von Rotationen z. B. der Wasserdipole.

Der Mikrowellenaufschluß bietet verlockende Möglichkeiten für die Automatisierung von Probenvorbereitungssystemen in der Zukunft. Mikrowellen-Aufschlußsysteme verbunden mit Fließinjektions-Systemen bieten schon jetzt eine Kombination von Aufschluß mit weiterführender Probenvorbereitung, wie dies Perkin-Elmer am Beispiel der Quecksilberbestimmung im menschlichen Blut zeigen konnte [8-5].

UV-Aufschluß

Für Wasser, Abwasser und Bodenextrakte werden auch UV-Aufschlußgeräte unter Verwendung von geringen Mengen an Wasserstoffperoxid und Säuren eingesetzt.

Abbildung 8-5 zeigt das UV-Aufschlußgerät UV-1000 der Firma Kürner, Rosenheim für 12 Proberöhrchen mit einem nutzbaren Probevolumen von 20-25 mL und einem Quecksilberhochdruckstrahler mit einer Abgabeleistung von 1000 Watt.

Eine vollständige Matrixeleminierung gelingt allerdings nur bei sehr einfachen Matrizes, wie z. B. bei wenig belastetem Wasser.

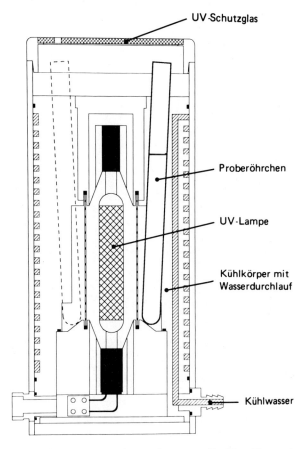

Abb. 8-5. UV-Aufschlußgerät (Bezugsquelle: Hans Kürner Analysentechnik)

8.2.3.2 Druckaufschlußsysteme

Druckaufschlüsse haben den Vorteil, daß sie gegen die Laboratmosphäre weitgehend abgeschirmt sind und zur Vermeidung von Kontaminationen sowie von Elementverlusten beitragen.

Ein anderer wichtiger Pluspunkt ist die höhere Aufschlußtemperatur, bedingt durch den höheren Siedepunkt der eingesetzten Reagenzien unter erhöhtem Druck.

Druckaufschlüsse eignen sich besonders für die Spuren- und Ultraspurenanalyse, wenn nur geringe Probemengen zur Verfügung stehen.

Druckaufschlüsse mit konvektiver Wärmeübertragung

Aufschlüsse mit thermischer Anregung sind relativ zeitintensiv, bedingt durch die lange Aufheizdauer des Autoklaven und der Probengefäße. Einschließlich der Aufheiz- und Abkühlzeit kann ein solcher Druckaufschluß je nach Matrix bis zu acht Stunden dauern.

Der Aufschluß äußerst resistenter organischer Materialien bis auf einen Restkohlenstoffgehalt von < 1% ist z. B. mit dem Hochdruck-Aufschluß-System (HPA) nach Knapp [8-6] möglich. In Abbildung 8-6 ist das Prinzip dieses Aufschlußverfahrens dargestellt.

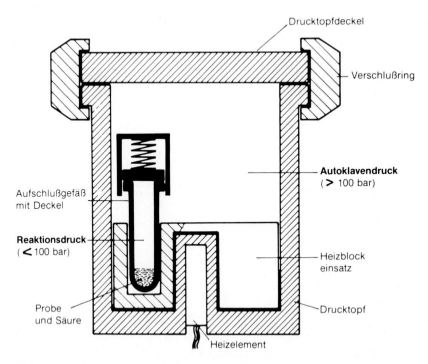

Abb. 8-6. Hochdruckverascher HPA (Bezugsquelle wie Abb. 8-5)

Die entsprechende Probemenge wird direkt in das Quarzgefäß eingewogen und anschließend werden die Aufschlußreagenzien zugegeben. Zwischen Quarzgefäß und Deckel ist dann noch ein PTFE-Dichtungsband zu plazieren. Durch eine Verschlußkappe mit Spiralfeder läßt sich das Veraschungsgefäß hermetisch verschließen. Bis zu 8 Proben lassen sich dann in der Druckaufschlußvorrichtung nach Abbildung 8-6 unterbringen. Diese Druckkammer wird mit einem Deckel und einer Verschlußvorrichtung verschlossen. Die Befüllung der Druckkammer erfolgt durch den Anschluß für Druckgas mit Stickstoff bis zu einem Druck von ca. 100 bar (max. 130 bar). Eine Mikroprozessoreinheit gestattet die Vorwahl jedes beliebigen Zeit-Temperatur-Verlaufes, wobei die maximale Temperatur 320 °C betragen kann. Auf einem Bildschirm werden der Soll- und der Istwert des Temperatur- und Druckverlaufes im Autoklaven angezeigt. Nach Abkühlen der Aufschlußeinheit auf Raumtemperatur beträgt der Druck in den Quarzgefäßen 10 bis 30 bar.

Im Anschluß wird der Stickstoff aus dem Autoklaven abgelassen, wobei der Autoklavendruck unter den Druck der Aufschlußgefäße sinkt. Bei diesem Vorgang werden die Quarzdeckel angehoben und Kohlendioxid bzw. Nitrose Gase entweichen aus den Gefäßen.

Die Aufschlüsse sind klar und haben durch die gelösten Gase eine dunkelgrüne Farbe.

Im folgenden sind die Probenmaterialien aufgeführt, die mit diesem System bisher aufgeschlossen wurden:

Probenmaterialien:	Biologische Proben, Lebensmittel, PVC, Polyethylen, Polypropylen, Polyester, Polystyrol, Cellulose, Kautschuk, Braunkohle, Schmieröl, Klärschlamm, Pharmazeutische Produkte usw.
Probenmenge:	0,2-0,5 g
Gefäßgröße:	30 ml
maximale Temperatur:	220-320 °C
Aufschlußreagenz:	1,5-2 ml HNO_3
Aufschlußzeit:	2-4 h

Für die Element- und Spurenelementbestimmung in Böden, Klärschlamm, Gesteinen und ähnlichen Proben haben Schrammel et. al [8-7] einen Flußsäure-Totalaufschluß in einem Druckaufschluß-System beschrieben. Die anschließende Element- und Spurenelementbestimmung in den erhaltenen Lösungen wurde mit Hilfe der flammenlosen Atomabsorptions-Spektroskopie mit Zeeman-Untergrundkorrektur (ZAAS) und der ICP (Inductively Coupled Plasma) -Emissionsspektroskopie (ICP-AES) durchgeführt.

Druckaufschlüsse mit Mikrowellenanregung

Die Probenvorbereitung fester Matrizes durch Anwendung eines Mikrowellenaufschlusses kann zu einer ganz erheblichen Verringerung des Zeitaufwandes führen.

An verschiedenen Materialien, wie pflanzlichem Material, Getränken und geologischen Proben, zeigte Dunemann den Einsatz des Mikrowellenaufschlusses für die Schwermetallanalytik im Vergleich zu anderen Aufschlußverfahren auf [8-8]. Während die konventionellen Aufschlüsse Zeiten im Stundenbereich erfordern, lag der Zeitbedarf beim Mikrowellenaufschluß im Bereich von Minuten.

Wie Vergleichsmessungen zeigten, konnten beim Mikrowellenaufschluß alle Aufschluß-lösungen mit der Atomspektroskopie untersucht werden, obwohl keine vollständige Zersetzung der organischen Matrix erfolgte.

Über Erfahrungen mit einem neuen druckgeregelten Mikrowellen-Aufschluß-System berichten Panholzer, Knapp, Kettisch und Schalk [8-9]. Sie konnten den Abbau von organischer Matrix in Abhängigkeit der Probemenge und des Druckniveaus beim Aufschluß aufzeigen.

Den Mikrowellenaufschlüssen gehört mit Sicherheit die Zukunft, da am Vorteil des Zeitgewinns bei ausreichender Aufschlußqualität kein Analytiker vorbeikommt.

Trockene Aufschlußsysteme

Die verschiedenen Varianten dieses Aufschlußsystems lassen sich in
– Verbrennungssysteme und
– Schmelzaufschlußsysteme
einteilen.

In der Umweltanalytik haben Verbrennungssysteme eine gewisse Bedeutung erlangt. So hat z. B. der Substanzaufschluß mit der „kontinuierlichen" Knallgasverbrennungsapparatur z. B. nach Wickbold (Hersteller: Quarzschmelze Hereaus, Hanau) Eingang in die DIN 38409, Teil 8 „Bestimmung der extrahierbaren organisch gebundenen Halogene (EOX)" gefunden.

Bei diesem Verfahren werden die organisch gebundenen Halogene in zwei Schritten mit Pentan, Hexan oder Heptan aus dem Wasser extrahiert und anschließend wird der Extrakt in einer Wasserstoff-Sauerstoff-Flamme verbrannt. Die im Kondensat anfallenden Mineralisierungsprodukte werden auf der Basis der argentometrischen Reaktion oder durch gleichwertige Verfahren bestimmt.

Ein weiteres Verfahren im Bereich des „Trockenen Aufschlusses" stellt die Bestimmung der adsorbierbaren organisch gebundenen Halogene (AOX) in
– Wasser und Abwasser (DIN 38409 Teil 14) und
– Schlamm und Sediment (DIN 38414 Teil 18)
dar.

Im Feststoffbereich werden sehr oft auch noch Geräte zur Elementaranalyse eingesetzt, bei der die Substanz bei ca. 950 °C im Sauerstoffstrom verbrannt wird. Hierbei lassen sich besonders hohe Konzentrationen an Kohlenstoff, Wasserstoff, Stickstoff, Sauerstoff und Schwefel im Prozentbereich bestimmen.

Neben diesen Verfahren haben die
– Kaltplasma-Veraschung [8-10], [8-11],
– Trockene Veraschung und
– Schmelzaufschlüsse [8-12]
für spezielle Einsatzbereiche an Bedeutung gewonnen.

8.3 Abtrennungs- und Anreicherungsverfahren

Spektrometrische und chromatographische Analysenverfahren setzen sehr oft eine Probenvorbereitung mit folgenden Forderungen voraus:

1. Das zu bestimmende chemische Element oder die anorganischen und organischen Stoffe
   müssen in gelöster Form vorliegen. Dies gilt z. B. für
   – Metallanalytik mit Hilfe der UV/VIS- und Atomspektrometrie,
   – Anionenbestimmung mit UV/VIS- und Ionenchromatographie,
   – Organische Verbindungen mit der Hochleistungs-Flüssigkeits-Chromatographie,
   – sonstige anorganische und organische Verbindungen, die sich nur aus einer Lösung,
     einem Eluat, Extrakt, Destillat usw. bestimmen lassen.
2. Abtrennung des zu untersuchenden Stoffes oder Stoffgemisches von störenden Begleit-
   substanzen.
   Beispiel:
   – Bestimmung von PCB oder Dioxinen/Furanen in Klärschlamm nach einer Abtrennung
     von Klärschlamm durch Soxhletextraktion,
   – Bestimmung von leicht flüchtigen halogenierten Kohlenwasserstoffen in Wasserpro-
     ben mittels Dampfraumanalyse.
3. Anreicherung der zu bestimmenden Komponente aus der entsprechenden Probe.
   Beispiel:
   – Anreicherung von Pflanzenbehandlungs- und Schädlingsbekämpfungsmitteln
     (PBSM) aus Trinkwasserproben an C_{18}-Adsorbern oder Flüssig-Flüssig-Extraktion.

Punkt 1 ist bereits zum überwiegenden Teil im Abschnitt 8.2 behandelt worden.

Abbildung 8-7 soll nochmals den Unterschied zwischen Trenn- und Anreicherungsverfahren zum Ausdruck bringen. Besonders in der Gas- und Hochleistungs-Flüssigkeits-Chromatographie ist diesen beiden Schritten – die sehr oft auch kombiniert werden – noch ein
Clean-up-Schritt nachgeschaltet (siehe Abschnitt 8.4).

8.3.1 Adsorption und Absorption von gasförmigen Proben

Bei der Adsorption und Absorption von gasförmigen Komponenten an Adsorptions- bzw.
in oder an Absorptionsmaterialien läßt sich der Bereich Probenahme (siehe Abschnitt 6.1.3
und 6.1.4) nicht exakt von der Probenvorbereitung trennen. Die Adsorptions- und Absorp-
tionsvorgänge bei der Probenahme stellen gleichzeitig Abtrennungs- und Anreicherungs-
schritte dar.

Besonders in der Spurenanalytik spielen die beiden Techniken eine ganz entscheidene Rolle bei der Bestimmung von Schadstoffen am Arbeitsplatz.

Eine Vielzahl zu überprüfender MAK- und BAT-Werte ist oft nur nach einer ausreichenden Anreicherung möglich [8-13].

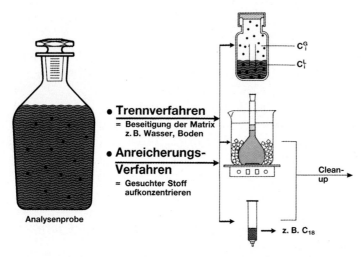

Abb. 8-7. Unterschied zwischen Trenn- und Anreicherungsverfahren

8.3.1.1   Anreicherung von gasförmigen Stoffen an Adsorptionsmaterialien

An festen Adsorbenzien wie z. B. Tenax, XAD-4, Molekularsieb 5 Å usw. lassen sich gasförmige Stoffe durch aktive oder passive Probenahme anreichern.

Bei der aktiven Probenahme werden je nach Probenart und zu messendem Konzentrationsbereich bis zu 10 L Probe mittels einer Membranpumpe über das Absorptionsmaterial gefördert (vgl. Abb. 8-8) Die aktive Probenahme deckt den größten Teil der ausgearbeiteten Probenahmeverfahren ab. Es werden jeweils gesammelt:

– Lösemittel (Alkohole, Ester, Ketone, Aromaten, Glykolether und deren Acetate, halogenierte Kohlenwasserstoffe) auf Tenax TA (220 mg pro Röhrchen);
– halogenierte Kohlenwasserstoffe (R11, R113, Dichlormethan, Trichlorethan, Trichlorethen, Tetrachlorethen) auf XAD-4 (450 mg pro Röhrchen);
– halogenierte Lösemittel (R113 und Tetrachlorethen) in Bereichen, in denen Lebensmittel gelagert werden (Nachweisgrenze bei 0,05 mg/m^3) auf XAD-4;
– Gase wie Vinylchlorid und Ethylenoxid auf XAD-4;
– Gase wie Lachgas und 1,3-Butadien auf Molekularsieb 5 Å.

Die passive Probenahme wird hauptsächlich zur Überwachung von Schadstoffexpositionen in Arbeits- und Wohnräumen eingesetzt.

● Probenahme durch Diffusion
  (nur Edelstahlröhrchen)

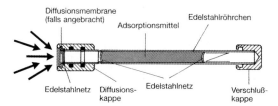

Abb. 8-8. Adsorption von Stoffen aus der Gasphase von Umweltproben

Wie in Abbildung 8-8 dargestellt, gelangt bei dieser Sammeltechnik die Probe durch eine Membran zum Adsorbens. Zur Personenüberwachung können die Sammelröhrchen mit einem Clip an der Brusttasche festgeklemmt werden.

Die passive Probenahme wird nur bei Substanzen eingesetzt, deren Durchbruchsvolumen bezogen auf 20 °C und 1 g Adsorbens größer als 100 L war. Sie eignet sich auch, um halbquantitative Aussagen über unterschiedliche Expositionen zu machen.

Die folgenden fünf Passiv-Sammelverfahren haben sich z. B. in der Praxis bewährt:
− Lachgas in OP-Bereichen auf Molekularsieb 3 Å,
− halogenierte Anästhetika in OP-Bereichen auf XAD-4,
− Vinylchlorid auf Carbosieve S-II,
− Ethylenoxid auf Carbosieve S-II,
− Tetrachlorethen in Wohnräumen (0,1 bis 20 mg/m^3, Wochenmittelwert nach BGA), wobei die Wiederfindungsrate auf Tenax TA bei 50%, die auf XAD-4 bei 68% liegt.

Außer gasförmigen Proben können auch wäßrige Proben auf verdampfbare Schadstoffe untersucht werden, wie das schematische Beispiel in Abbildung 8-9 zeigt.

Hierzu gibt man z. B. 20 mg wäßrige Probe in ein beheizbares Röhrchen, das mit einem kühlbaren Adsorptionsröhrchen (Kühlfalle) verbunden ist. Ein Trägergasstrom transportiert die verdampfte Probe zur Kühlfalle. Um die Adsorptionskapazität dieser Kühlfalle nicht zu überfordern, muß ein Teil der verdampften Probe über ein Split (Inletsplit) entfernt werden. Die gekühlte Adsorptionsfalle ist mit dem GC-System verbunden und wird spontan aufgeheizt (maximale Temperatur 400 °C); hierbei kommt es zu einer thermischen Desorption der angereicherten Schadstoffe. Mit dem Trägergas gelangen diese Stoffe dann auf die Trennsäule im GC-Gerät. Auch hier ist wiederum die Möglichkeit gegeben vor der Trennsäule über einen weiteren Split (Outletsplit) die Dosierung in das GC-System zu optimieren.

Für feste Umweltproben bieten sich die aufgeführten Varianten in Abbildung 8-10 an. So können feste Proben in ein leeres Stahlröhrchen eingefüllt und anschließend ausgeheizt werden. Die aus der Probe verdampfbaren Stoffe gelangen dann durch einen Trägergasstrom in die gefüllte Kühlfalle mit entsprechendem Adsorbensmaterial.

Zweistufige Desorption von Proben mit Komponenten
im Nanogrammbereich und Wasser im Milligrammbereich
mit einem ATD 400.

Mehrfach-Split-Technik
Stufe 1: Primäre (Röhrchen-)Desorption

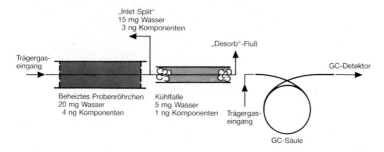

Stufe 2: Sekundäre (Kühlfalle-)Desorption

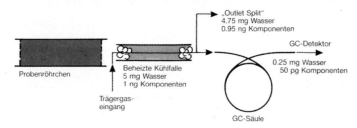

Abb. 8-9. Desorption wasserhaltiger Proben

Eine weitere Möglichkeit der Probenahme von verdampfbaren Stoffen in festen Materialien ist im unteren Teil der Abbildung 8-10 aufgezeigt. Hierzu wird ein mit mehreren
Löchern versehenes Rohr, das zusätzlich noch ein Adsorptionsröhrchen enthält, in den zu
untersuchenden Boden oder Abfall gesteckt. Die verdampfbaren und gasförmigen Stoffe
können so in das Adsorbens diffundieren und anschließend, wie schon aufgeführt, mit Hilfe
der Gaschromatographie bestimmt werden. Dieses Verfahren wird häufig als Screening-
Methode eingesetzt. Für die praktische Durchführung dieser thermischen Desorptionstech-
niken wurde von Perkin-Elmer der automatische Thermo-Desorber ATD 400 mit umfang-
reichem Zubehör entwickelt. Abbildung 8-11 zeigt den Gaschromatographen 8700 mit dem
ATD 400 (Perkin-Elmer). Die Bedeutung dieser Analysenmethode für die Umweltanalytik
spiegelt sich in zahlreichen Publikationen wider [8-14]-[8-17].

Typische Einsatzbereiche in der Umweltanalytik sind die Untersuchungen von
– Bodenluft,
– Deponiegasen,
– Industrieabgasen und
– Raumluft.

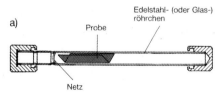

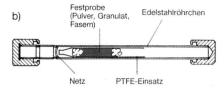

Bodensonde

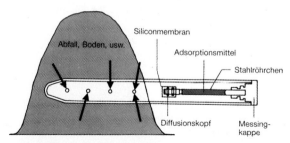

Abb. 8-10. Probenahme bei fester Matrix

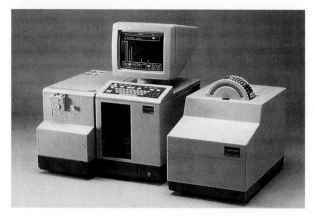

Abb. 8-11. Gaschromatograph 8700 mit ATD 400 (Perkin-Elmer)

8.3.1.2   Anreicherung von gasförmigen Stoffen an Absorptions-materialien

Die Absorption von gasförmigen Verbindungen in Absorptionslösungen läßt sich im wesentlichen in drei Reaktionsmechanismen unterteilen.
- Der zu absorbierende Stoff wird in der Absorptionslösung nur physikalisch gelöst und anschließend mit einem Analysenverfahren bestimmt.
  Beispiel:
  Für die Bestimmung von Dimethylformamid an Arbeitsplätzen (MAK-Wert: 60 mg/m^3) wird ein Luftvolumen von 50 L durch eine mit Wasser gefüllte Impingerflasche (siehe Abschnitt 6.1.3) geleitet. Hierbei absorbiert das Dimethylformamid im Wasser und kann anschließend mittels Gaschromatographie quantifiziert werden [8-13].
- Der zu absorbierende Stoff reagiert mit der Absorptionslösung zu einer neuen chemischen Verbindung und läßt sich anschließend durch weitere Analysenschritte bestimmen.
  Beispiel:
  Phosphortrichlorid hat einen niedrigen MAK-Wert von 3 mg/m^3. Zum quantitativen Nachweis müssen für die Probenahme an Arbeitsplätzen 25 L Luft durch eine mit Wasser gefüllte Impingerflasche geleitet werden, wobei das Phosphortrichlorid zu Ortho-phosphat und Salzsäure reagiert. In dieser Lösung läßt sich dann das Ortho-phosphat nach dem Molybdänblau-Verfahren spektralphotometrisch bei 830 nm quantitativ bestimmen [8-13].
- Der zu absorbierende Stoff reagiert mit der Analysenlösung zu einer chemischen Verbindung, die sich direkt mit einem Analysenverfahren bestimmen läßt.

8.3.2   Purge- und Trapverfahren

Das Purge- und Trapverfahren kann immer dann eingesetzt werden, wenn geringe Konzentrationen (µg/L- bis pg/L-Bereich) an leicht flüchtigen organischen Komponenten in Wasser oder in mit Wasser suspendierten Festproben zu bestimmen sind.

Zunächst wird ein hochreiner Heliumgasstrom durch die Probe geleitet; hierbei gelangen die leichtflüchtigen organischen Verbindungen in die Heliumgasphase (Purgevorgang). In einer Adsorptionsfalle werden die flüchtigen Stoffe an dem Adsorbens, z. B. Tenax, bei Raumtemperatur zurückgehalten und angereichert (Trapvorgang).

Nach der Anreicherung lassen sich durch schnelles Aufheizen die adsorbierten Stoffe thermisch desorbieren und in den Gaschromatographen überführen.

Abbildung 8-12 zeigt den schematischen Aufbau dieses Verfahrens, das mit dem Perkin-Elmer Thermo-Desorber ATD 400 automatisiert werden kann.

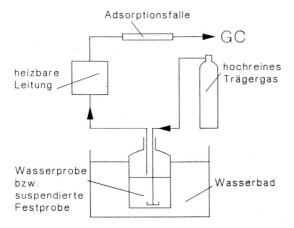

Abb. 8-12. Schematische Darstellung des Purge- und Trapverfahrens

8.3.3 Dampfraumanalyse

Die Dampfraumanalyse ist ein instrumentell einfaches Verfahren, um geringe Konzentrationen von leichtflüchtigen Stoffen (z. B. halogenierte Kohlenwasserstoffe, LHKW) in gasförmigen, flüssigen oder festen Proben quantitativ zu bestimmen [8-18], [8-19], [8-20].

Bei der Dampfraumanalyse wird die nicht Probe direkt analysiert, sondern der Dampfraum, der sich über einer flüssigen oder festen Probe in einem geschlossenen Gefäß ausbildet, wobei sich ein temperaturabhängiges Gleichgewicht zwischen dem in der flüssigen oder festen Probe enthaltenen Anteil der einzelnen Komponenten einstellt. Mit Hilfe geeigneter Kalibrierverfahren oder Auswertungsmethoden läßt sich aus der Zusammensetzung dieses Dampfraumes auf die Zusammensetzung der Probe zurückschließen.

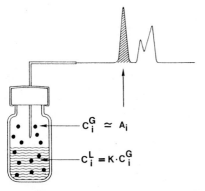

Abb. 8-13. Zum Prinzip der Dampfraum-Analyse. A_i = Fläche des GC-Signals der i-ten Komponente. C_i^G bzw. C_i^L = Konzentration in der Gas- bzw. der flüssigen Phase der i-ten Komponente. K = Verteilungskoeffizient.

Der in Abbildung 8-13 angedeutete Sachverhalt ist besonders wichtig, da einerseits die Konzentration C^G_i der gasförmigen i-ten Komponente im Dampfraum der Fläche A_i des GC-Signals proportional ist, während andererseits der gasförmige Anteil dieser Komponente mit ihrem flüssigen oder festen Anteil C^L_i in einem durch den Verteilungskoeffizienten K bestimmten Verhältnis steht.

Für die praktische Durchführung der Dampfraumanalyse gibt es von Perkin-Elmer ein manuelles und ein vollautomatisches Zubehör zum Gaschromatographen. Die Arbeitsweise des vollautomatischen Dampfraum-Injektors HS-40 wird in Abbildung 8-14 ausführlich gezeigt.

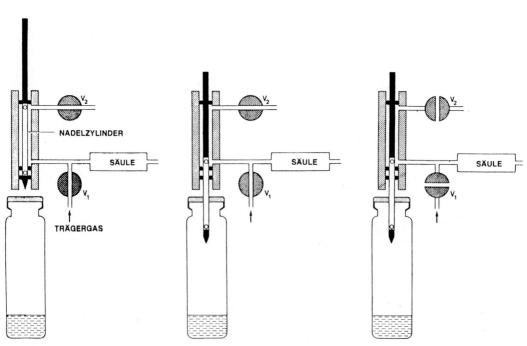

Die HS-40 Dosiernadel ist in der obersten Position, der Normalstellung, während der Thermostatisierungsphase. Das Trägergas fließt, vom Magnetventil V_1 kommend, durch die Säule. Gleichzeitig wird der Nadelzylinder gespült.

Stellung „Druckaufbau". Nach Ablauf der Thermostatisierzeit fährt die Dosiernadel in eine tiefere Stellung und durchsticht dabei das Probenflaschen-Septum. Das Trägergas strömt in die Probenflasche und bewirkt den Druckaufbau auf Säulenvordruck.

Zur Probenaufgabe unterbricht das Magnetventil V_1 den Trägergaszufluß. Der Druck in der Probenflasche entspricht noch dem Säulenvordruck, entspannt sich auf die Säule und bewirkt so die Probenaufgabe. Danach wird durch Öffnen der Magnetventile V_1 und V_2 unter gleichzeitigem Hochfahren der Dosiernadel die normale Trägergaszufuhr auf die Säule wieder hergestellt (Ende der Probenaufgabe, Rückkehr zu 1).

Abb. 8-14. Arbeitsweise des Dampfraum-Injektors HS-40 (Perkin-Elmer)

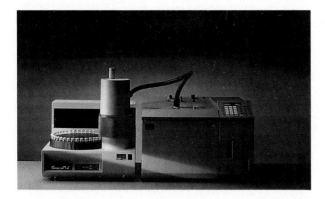

Abb. 8-15. Dampfraum-Injektor HS-40 in Verbindung mit dem Autosystem von Perkin-Elmer

Mit Hilfe der Dampfraumanalyse lassen sich folgende organische Verbindungen direkt in Wasserproben bestimmen:
– leichtflüchtige halogenierte Kohlenwasserstoffe,
– Vinylchlorid,
– Benzol, Toluol, Ethylbenzol und Xylole (BTEX-Kohlenwasserstoffe) und
– organische Lösungsmittel.

Obwohl die Dampfraumanalyse bevorzugt für die Bestimmung leichtflüchtiger Stoffe eingesetzt wird, lassen sich mit dieser Methode auch schwerverdampfbare und polare chemische Verbindungen empfindlich nachweisen. Dazu müssen diese Stoffe in leicht verdampfbare Derivate überführt werden.

So publizierten Neu, Ziemer und Merz ein neuartiges Derivatisierungsverfahren zur Bestimmung von Spuren polarer organischer Substanzen in Wasser mittels statischer Dampfraum-Gaschromatographie [8-21].

8.3.4   Flüssig-Flüssig-Extraktion

Bei dieser Extraktionsart (Flüssig-Flüssig-Verteilung) besteht das System aus zwei nicht mischbaren Flüssigkeiten und einem dritten, in beiden Phasen löslichen Stoff. Hierbei wird die polare Flüssigkeit, z. B. Wasser, als hydrophil und die unpolare Flüssigkeit, z. B. n-Pentan, als lipophil bezeichnet.

Die Extraktion beruht auf den unterschiedlichen Löslichkeiten des anzureichernden Stoffes, z. B. Trichlorethen, in den beiden Flüssigkeiten, z. B. Wasser und n-Pentan.

Die Grundlage bietet das Nernstsche Verteilungsgesetz:

$$\frac{C_1}{C_2} = \frac{K_1}{K_2} = \alpha$$

Der Verteilungskoeffizient α eines Stoffes ist die Gleichgewichtskonstante eines Verteilungsgleichgewichtes. Er ist abhängig von der Art der beiden Phasen, der Temperatur und vom Druck. Bevorzugt lassen sich aus Wasser und suspendierten wäßrigen Feststoffproben organische Verbindungen wie z. B.
– aromatische Kohlenwasserstoffe,
– halogenierte Kohlenwasserstoffe (HKW),
– polychlorierte Biphenyle,
– Pestizide,
– Insektizide,
– Herbizide usw.
teilweise mit Anreicherungsausbeuten von über 90% in einem organischen Lösungsmittel anreichern.

Abbildung 8-16 zeigt die Probenvorbereitung für leichtflüchtige halogenierte Kohlenwasserstoffe nach DIN 38407 Teil 4.

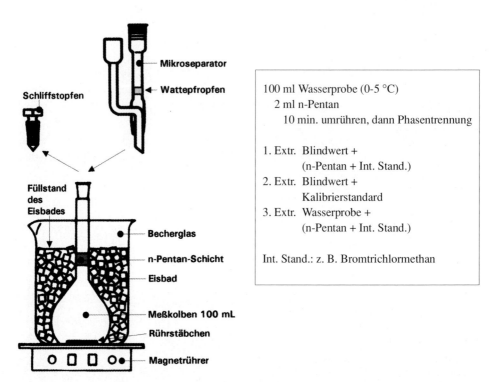

100 ml Wasserprobe (0-5 °C)
  2 ml n-Pentan
    10 min. umrühren, dann Phasentrennung

1. Extr. Blindwert +
         (n-Pentan + Int. Stand.)
2. Extr. Blindwert +
         Kalibrierstandard
3. Extr. Wasserprobe +
         (n-Pentan + Int. Stand.)

Int. Stand.: z. B. Bromtrichlormethan

Abb. 8-16. Probenvorbereitung für leichtflüchtige halogenierte Kohlenwasserstoffe nach DIN 38407, Teil 4

Die Flüssig-Flüssig-Extraktion läßt sich auch für die Bestimmung von Metallspuren in wäßrigen Lösungen einsetzen. Hierzu wird die flüssige Probe, z. B. Wasser, Abwasser, Eluate usw. bei einem definierten pH-Wert mit einem Metallchelatbildner versetzt und nach einer vorgegebenen Reaktionszeit ein lipophiles Lösungsmittel zugesetzt. Im Extrakt lassen sich dann die Chelate gebundener Metalle z. B. mit der Atomabsorptions-Spektrometrie bestimmen.

In der DIN 38406, Teil 21 ist ein solches Verfahren für die Bestimmung der Metalle Ag, Bi, Cd, Co, Cu, Ni, Pb, Ti und Zn nach Anreicherung durch Extraktion beschrieben.

Eine besondere Variante der Flüssig-Flüssig-Extraktion stellt der Rotationsperforator nach Ludwig dar, der aus Abbildung 8-17 ersichtlich ist.

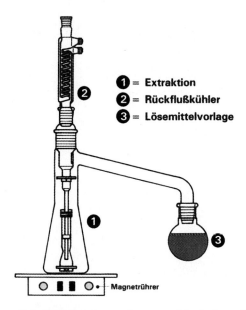

❶ = **Extraktion**
❷ = **Rückflußkühler**
❸ = **Lösemittelvorlage**

Magnetrührer

Abb. 8-17. Rotationsperforator nach Ludwig zur Flüssig-Flüssig-Extraktion mit spezifisch leichteren Lösemitteln.
1 = Extraktionsgefäß, 2 = Rückflußkühler, 3 = Lösemittelvorlage

Das Arbeitsprinzip beruht auf der kontinuierlichen Erneuerung des zur Extraktion verwendeten Lösemittels. Das in der Lösemittelvorlage befindliche Extraktionsmittel wird zum Sieden gebracht und gelangt nach Kondensation im Rückflußkühler in den rotierenden Verteiler am Boden des Gefäßes. Das Lösemittel wird in Form feinster Tröpfchen im Wasser verteilt und entzieht diesem kontinuierlich die organischen Inhaltsstoffe. Die aufsteigenden Tröpfchen vereinigen sich mit der überstehenden organischen Phase, die sich dadurch mit den zu extrahierenden Substanzen anreichert.

Brodesser und Schöler haben diese Extraktionsverfahren zur Analyse von polychlorierten Biphenylen in Wasser im ng/L-Bereich eingesetzt [8-22].

Die Extraktionsdauer beträgt hierbei 30 min. Als Extraktionsmittel dient n-Pentan. Der organische Extrakt wird mit Isooctan als Keeper im Wasserbad am Rotationsverdampfer mit zwischengeschalteter Vigreux-Kolonne unter Rückfluß und bei Normaldruck einge-engt. Zuletzt wird im Wasserstrahlvakuum auf 1 mL eingeengt und das Konzentrat nach Zugabe von Hexabrombenzol als interner Standard gaschromatographisch untersucht.

8.3.5   Festphasenextraktion

Unter den Probenvorbereitungsverfahren für GC und HPLC gewinnt die Festphasenextraktion zunehmend an Bedeutung. Diese Entwicklung wird dadurch begünstigt, daß eine breite Palette an Festphasenmaterialien sowie Zubehör im Handel erhältlich sind.

Für die Festphasenextraktion werden die Säulenmaterialien in entsprechend dimensionierte Leersäulen aus Polypropylen oder Glas gepackt. In Abbildung 8-18 ist der Aufbau einer solchen Säule dargestellt.

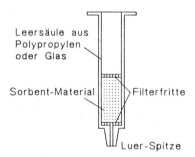

Abb. 8-18. Fertigsäule für die Festphasenextraktion

Die Wirkungsweise dieses Probenvorbereitungsverfahrens gliedert sich in die folgenden Schritte:

1. Die gepackte Säule wird in der Regel mit dem Lösungsmittel gereinigt, das später für die Elution der angereicherten Substanzen verwendet wird. Sehr oft erfolgt noch ein Konditionierungsschritt mit einem anderen Lösungsmittel (Abb. 8-19).
2. Nun kann die eigentliche Extraktion aus der flüssigen Phase erfolgen (Abb. 8-20). Hierzu wird die Probe durch Anlegen eines Unterdruckes durch die Fertigsäule gesaugt.
3. Nach Abschluß des Anreicherungsvorganges aus Wasserproben erfolgt noch ein Trocknungsschritt, indem Stickstoff durch die Säule geblasen wird (Abb. 8-21).
4. Mit entsprechenden organischen Lösungsmitteln wie z. B. Aceton, Methanol usw. erfolgt die Elution der Stoffe von der Säule in einen kleinen Glasbehälter. Durch Aufblasen von Stickstoff läßt sich das Elutionsmittel entfernen oder auf ein minimales Volumen reduzieren (Abb. 8-22).

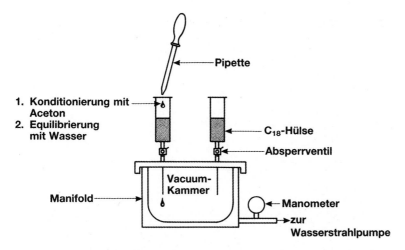

Abb. 8-19. Schematische Darstellung der Konditionierung

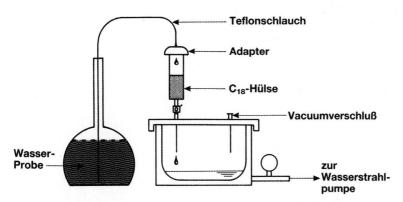

Abb. 8-20. Schematische Darstellung der RP-C_{18}-Beladung (Extraktion der Wirkstoffe aus der Wasserprobe)

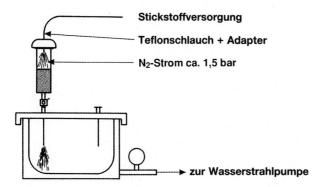

Abb. 8-21. Schematische Darstellung der Festphasentrocknung

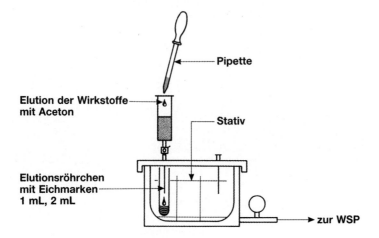

Abb. 8-22. Schematische Darstellung der Wirkstoffelution von der Festphase

So lassen sich mit Hilfe der Festphasenextraktion aus Wasser z. B.
- Schwermetalle als Komplexverbindung,
- Planzenschutz- und Behandlungsmittel [8-23],
- polychlorierte Biphenyle,
- polycyklische aromatische Kohlenwasserstoffe usw.
  in geringsten Spuren anreichern.

Außerdem können aufgrund der unterschiedlichen Festphasenmaterialien zahlreiche Clean-up-Schritte mit diesem Verfahren durchgeführt werden.

8.3.6   Soxhletextraktion

Die Soxhletextraktion ist das Verfahren der Wahl, wenn schwerflüchtige organische Verbindungen in umweltrelevanten Matrizes wie z. B.
- Klärschlamm,
- Boden,
- Sedimenten,
- Stäuben usw.
  zu bestimmen sind.

Eine wichtige Voraussetzung für die Soxhletextraktion ist, daß die entsprechenden Festproben weitgehend wasserfrei sind. Als ideale Methode für das Entfernen von Wasser aus Festproben hat sich die Gefriertrocknung erwiesen, da hierbei organische Inhaltsstoffe qualitativ und quantitativ unverändert bleiben.

Abb. 8-23. Soxhletextraktion.
1 = Kolben für Extraktionsmittel, 2 = Extraktionshülse aus Cellulose oder Teflon, darin die Analysenprobe, 3 = Überlauf

Für die Extraktion mit der Soxhletapparatur (siehe Abb. 8-23) wird eine definierte Feststoffmenge in die Extraktionshülse eingebracht. Als Extraktionsmittel finden z. B. Pentan, Hexan, Toluol usw. Verwendung. Das Extraktionsmittel wird zum Sieden erhitzt, am Schlangenkühler kondensiert, es durchdringt anschließend das Extraktionsgut und eluiert hierbei die zu untersuchenden Stoffe aus der Festprobe. Hat das Eluat in der Extraktionshülse die Höhe des Überlaufs erreicht, wird es abgehebert und gelangt wieder in den Lösungsmittelkolben.

Extraktionszeiten bis zu 30 h für eine Festprobe sind keine Seltenheit, wobei es zu mehreren hundert Extraktionscyclen kommt.

Es sind Verfahren für die Bestimmung von
– Pflanzenschutzmitteln,
– polychlorierten Biphenylen,
– polycyklischen aromatischen Kohlenwasserstoffen,
– Dioxinen und Furanen usw.
in der neueren Literatur beschrieben [8-24] [8-25].

8.3.7   Extraktion mit überkritischen Gasen

Das im Angelsächsischen als Supercritical Fluid Extraction (SFE) bezeichnete Extraktionsverfahren für feste Umweltproben wird mit Sicherheit in Zukunft sehr an Bedeutung gewinnen. Der überkritische Zustand eines Gases, wie z. B. CO_2, besitzt Eigenschaften, die zwischen denjenigen eines Gases und einer Flüssigkeit liegen. Unter diesen Bedingungen wirkt CO_2 als ideales Extraktionsmittel für feste Proben.

   Anwendungsbeispiele für den Umweltbereich sind:
− Bestimmung von Pestiziden in Lebensmitteln und Böden,
− Dioxine in Flugaschen,
− PAHs und PCBs in Sedimenten und Böden usw.
   Die instrumentelle Weiterentwicklung geht hierbei in Richtung der Online-Kopplung mit Kapillar-Gaschromatographie (SFE-GC).
   Weiterführende Literatur ist unter [8-26]-[8-29] aufgeführt.

8.4   Clean-up-Verfahren

Für eine Vielzahl von Spurenbestimmungen, wie z. B. Dioxinen und Furanen reicht die Qualität der Gaschromatographie nicht für eine eindeutige Identifizierung und Quantifizierung aus.
   Die noch im Extrakt enthaltenen Begleitstoffe stören die Bestimmung, z. B. durch Überlagerungseffekte bei der Gaschromatographie und müssen deshalb weitgehend entfernt werden. Hierbei ist zu beachten, daß der Verlust an den zu bestimmenden Komponenten nach Möglichkeit klein gehalten wird.
   Diesen Nachreinigungsschritt bezeichnet man in der Literatur sehr oft als Clean-up-Verfahren.
   Oft werden dazu Säulenchromatographie-Verfahren mit entsprechenden Adsorbenzien wie z. B. Kieselgel, Florisil oder sonstigen Festphasenmaterialien eingesetzt.

Literatur

[8-1]   J. Bortlisz und L. Velten: Herstellung und Bestimmung der Trockenmasse von Klärschlämmen, Sedimenten und Böden mit Hilfe der Gefriertrocknung *Abwassertechnik* **4** (1991) 35-37.

[8-2]   H. Hein, H. Müller, I. Witte: Durchführung von Wasser- und Umweltanalysen mit dem UV/VIS-Spektrometer Lambda 2 *Perkin-Elmer Publikation*, 2.Auflage, 1992.

[8-3]   Methodenbuch, Band I: *Die Untersuchung von Böden* VDLUVA-Verlag, Darmstadt, 4. Auflage 1991.

[8-4]   L. Dunemann: Aufschlußmethoden für die Schwermetallanalytik (Marktübersicht), *Nachr. Chem. Tech. Lab.* **39** Nr. 10 (1991).

[8-5]   J. Baasner und W. Erler: Neues aus dem Bereich der Feststoffanalyse und Fließinjektion, Vortrag anläßlich der AAS-Anwenderseminare im Oktober 1992.

[8-6]   G. Knapp: Der Weg zu leistungsfähigen Methoden der Elementspurenanalyse in Umweltproben, *Fresenius Z. Anal. Chem.* **317** (1984) 213-219.

[8-7]   P. Schrammel, G. Lill und R. Seif: HF-Totalaufschluß im geschlossenen System für Element- und Spurenelementbestimmungen in Böden, Klärschlamm, Sedimenten und ähnlichen Proben, *Fresenius Z. Anal. Chem.* (1987) **326** 135-138.

[8-8]   L. Dunemann: Der Mikrowellenaufschluß zur Schwermetallanalytik im Vergleich zu anderen Aufschlußverfahren, in B. Welz (Hrsg.), *5. Colloquium Atomspektrometrische Spurenanalytik,* Bodenseewerk Perkin-Elmer, Überlingen (1989) 593-601 (Bezugsquelle siehe Abschnitt 4.12.9).

[8-9]   F. Panholzer, G. Knapp, P. Kettisch und A. Schalk: Erfahrungen in einem neuen, druckgeregelten Mikrowellen-Aufschluß-System, in B. Welz (Hrsg.), *6. Colloquium Atomspektrometrische Spurenanalytik,,* Bodenseewerk Perkin-Elmer, Überlingen (1991), 633-638 (Bezugsquelle siehe Abschnitt 4.12.9).

[8-10] S. E. Raptis, G. Knapp und A. P. Schalk: Novel method for the decomposition of organic and biological materials in an oxygenplasma excited at high frequency for elemental analysis, *Fresenius Z. Anal. Chem.* **316** (1983) 482.

[8-11] G. Schwedt und L. Dunemann: Probenaufschluß im Kaltplasma, *Labor Praxis,* (Juni 1990) 476.

[8-12] C. Feldmann: Behavor of traces of refractory minerals in the lithium metaborate fusion-acid dissolution procedure, *Anal. Chem.* **55** (1983) 2451.

[8-13] Gefährliche Arbeitsstoffe – GA13: Empfohlene Analysenverfahren für Arbeitsplatzmessungen (Dokumentation) *Schriftenreihe der Bundesanstalt für Arbeitsschutz* (Bezugsquelle siehe Abschnitt 4.13.8).

[8-14] K. Figge, W. Rabel und A. Wiek: Adsorptionsmittel zur Anreicherung von organischen Luftinhaltsstoffen: Experimentelle Bestimmung von spezifischen Retentions- und Durchbruchsvolumina, *Fresenius Z. Anal. Chem.* **327** (1987) 261-278.

[8-15] M. Tschickardt: Routineeinsatz des Thermodesorbers ATD-50 in der Gefahrenstoffanalytik, *Angewandte Chromatographie,* (1989) **48** (Perkin-Elmer).

[8-16] M. Tschickardt und R. Petersen: Bestimmung organischer Luftschadstoffe in Alveolarluft, *Angewandte Chromatographie*, **51** (1990) (Perkin-Elmer).

[8-17] Thermal desorption application notes, No 1-39, (Perkin-Elmer).

[8-18] B. Kolb (Hrsg.): *Applied Headspace Gas Chromatography*, Heyden and Son Ltd (1980).

[8-19] B. Kolb and P. Pospisil: Headspace Gas Chromatography of Volatile Halogeneted Hydrocarbons, *Angewandte Chromatographie*, **43 E**, (1985) (Perkin-Elmer).

[8-20] B. Kolb und P. Pospisil: Die Analyse flüchtiger Schadstoffe in der Luft durch Adsorption an Aktivkohle und anschließende gaschromatographische Dampfraumanalyse nach Desorption mit Benzylalkohol, Teil 2: Ein Beispiel für die Arbeitsweise zur quantitativen Analyse, *Angewandte Chromatographie*, **33** (1978) (Perkin-Elmer).

[8-21] H.-J. Neu, W. Ziemer und W. Merz : Ein neuartiges Derivatisierungsverfahren zur Bestimmung von Spuren polarer organischer Substanzen in Wasser mittels statischer Dampfraum-Gaschromatographie, *Fresenius J. Anal. Chem.* **340** (1991) 65-70.

[8-22] J. Brodesser und H. F. Schöler: Die Analyse von polychlorierten Biphenylen im Wasser im ng/L-Bereich. *Vom Wasser* **72** (1989) 145-150.

[8-23] H. Hein, B. Hensel, E. M. Keil und W. Gebhardt: Bestimmung von Pflanzenbehandlungs- und Schädlingsbekämpfungsmittel in Roh- und Trinkwasser mit HPLC, *Perkin-Elmer Publikation* (1991).

[8-24] *VDI-Richtlinie 3499*, Entwurf März 1990,
Messen von Emissionen – Messen von Rohstoffen – Messen von polychlorierten Dibenzodioxinen und -furanen im Rein- und Rohgas von Feuerungsanlagen mit der Verdünnungsmethode, Bestimmung von Filterstaub, Kesselasche und in Schlacken.

[8-25] Klärschlammverordnung (AbklärV) vom 15. April 1992, *Bundesgesetzblatt*, Jahrgang 1992, Teil I, Nr. 21, Anhang I: 1.3.3.1. Bestimmung der polychlorierten Biphenyle, 1.3.3.2. Bestimmung der polychlorierten Dibenzodioxine und polychlorierten Dibenzofurane.

[8-26] M. Lohleit, R. Hillmann and K. Bächmann: The use of supercritical-fluid extraction in environmental analysis, *Fresenius J. Anal. Chem.* **339** (1991) 470-474.

[8-27] K. Schäfer and W. Baumann: Supercritical fluid extraction of pesticides, *Fresenius Z. Anal. Chem.* (1989) **332** 884-889.

[8-28] J. H. Raymer and G. R. Velez: Development of a Flexible, On-Line Supercritical Fluid Extraction-Gas Chromatographic (SFE-GC) System, *Journal Chromatographic Science*, **29** November (1991), 467-475.

[8-29] H. G. Schaller: Online-Kopplung von SFE-GC *Labor Praxis* (Oktober 1991) 824-834.

9 Instrumentelle Analysenverfahren

Da in den Wasser-, Boden-, Abfall- und Luftbereich eine Vielzahl von umweltgefährdenden Stoffen mit zum Beispiel toxischen, karzinogenen und mutagenen Eigenschaften gelangen können, muß der Analytiker eine umfangreiche Palette an Untersuchungsverfahren einsetzen.

Je nach Problemstellung muß er sich selbst für ein geeignetes Analysenverfahren entscheiden oder es wird ihm durch entsprechende Gesetze, Verordnungen und Richtlinien vorgeschrieben. In Abb. 9-1 sind in einer Übersicht die Untersuchungsmethoden aufgeführt, die heute bevorzugt im Umweltanalytikbereich zum Einsatz gelangen [9-1].

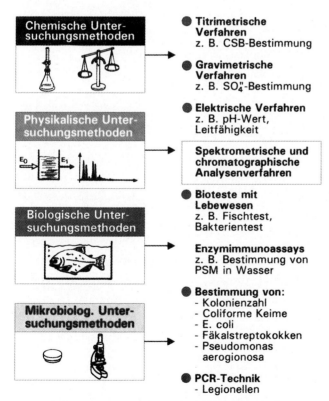

Abb. 9-1. Untersuchungsmethoden in der Umweltanalytik

Bei näherer Betrachtung umweltrelevanter Gesetze, Verordnungen und Richtlinien ist festzustellen, daß in immer größerem Umfang physikalische Untersuchungsverfahren vorgeschrieben werden. Abbildung 9-2 zeigt die wesentlichen physikalischen Analysenverfahren, die in einem gut ausgestatteten Umweltlabor zum Einsatz kommen.

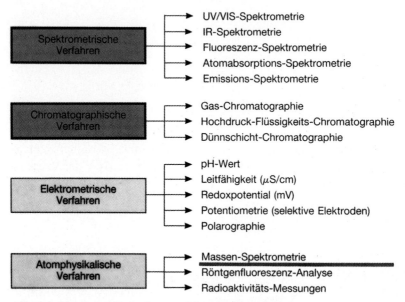

Abb. 9-2. Instrumentelle Analysenverfahren im Umweltlabor

Sehr oft werden Kombinationsmöglichkeiten von zwei unterschiedlichen Verfahren ausgenutzt, um so bei Vielstoffgemischen die Selektivität und Nachweisempfindlichkeit für Einzelstoffe zu verbessern.

So stellt die Massenspektrometrie in Kombination mit dem induktiv gekoppelten Plasma (ICP), beziehungsweise mit der Gaschromatographie ein sehr aussagekräftiges Instrumentarium für die Umweltanalytik dar. Gleiches gilt zum Beispiel auch für die Hochleistungs-Flüssigkeits-Chromatographie in Verbindung mit der UV- und Fluoreszenz-Spektrometrie, wenn es um die Bestimmung von organischen Schadstoffen im Konzentrationsbereich von ug/L bis ng/L geht.

Innerhalb der physikalischen Untersuchungen erlangen die spektrometrischen und chromatographischen Verfahren verstärkt an Bedeutung, da sie folgende wesentliche Vorteile haben:

– hohe Selektivität
– hohe Nachweisempfindlichkeit
– Multielementbestimmungen (AAS, AES, ICP, ICP-MS)
– Multikomponentenbestimmung (GC, HPLC)
– Kombinationsverfahren (HPLC-FLUO, GC-MS)
– Automatisierbarkeit

- On-Line-Datenverarbeitung
- Umweltfreundlichkeit
- vom Gesetzgeber vorgegebene Analysenverfahren
  * DIN-, EN- und ISO-Methoden
  * VDI-Richtlinien
  * EPA-Verfahren

Eine sehr kompakte Zusammenstellung der wesentlichen Grundlagen von Analysenmethoden stellt der „Taschenatlas der Analytik" von G. Schwedt dar [9-2]. Zahlreiche farbige Abbildungen erleichtern das rasche Einlesen in die Grundlagen der Methoden.

Literatur
[9-1]   H. Hein: Umweltschutz auf der Basis von Gesetzgebung und instrumenteller Analytik, *Labor 2000*, eine Sonderpublikation der Labor Praxis (1988).
[9-2]   G. Schwedt: *Taschenatlas der Analytik*, G. Thieme Verlag, Stuttgart (1992).

9.1   Spektrometrie

Spektrometrische Verfahren basieren auf der Messung von Absorptions- oder Emissionseigenschaften von Stoffen wie Metallen, Anionen, organischen Verbindungen usw.

Bei der Absorption wird die stoffspezifische Schwächung einer elektromagnetischen Strahlung zur quantitativen bzw. qualitativen Messung ausgenutzt.

Basis der Spektroskopie ist die Wechselwirkung von elektromagnetischen Wellen mit Molekülen. Ein Spektrum kommt dadurch zustande, daß bestimmte Wellenlängen bzw. Wellenlängenbereiche der auftreffenden Strahlung absorbiert werden und die daraus resultierende Differenz zwischen eingestrahlter und durchgehender Energie gegen die Wellenlänge oder Wellenzahl aufgetragen wird. Die aus dieser Energieabsorption resultierenden Anregungen der Moleküle lassen sich in folgende Arten unterteilen:

1. Ionisation von Molekülen durch Gamma- bzw. Röntgenstrahlen,
2. Anregung von Elektronen im UV- und sichtbaren Spektralbereich (VIS),
3. Molekülschwingungen im IR-Bereich,
4. Molekülrotationen durch Mikrowellen.

Die Energiebeträge, die den angegebenen Arten molekularer Anregung entsprechen, sind durch die Plank'sche Gleichung gegeben:

$$E_1 - E_2 = \Delta E = \frac{h \cdot c}{\lambda}$$

Darin bedeuten: E_1, E_2 – Energiezustände
                            ΔE – Energiedifferenz
                            h   – Plank'sches Wirkungsquantum
                            c   – Lichtgeschwindigkeit
                            λ – Wellenlänge

Bei der Absorption wird die stoffspezifische Schwächung der elektromagnetischen Strahlung zur quantitativen bzw. qualitativen Messung ausgenutzt.

Die Emissionsmessung beruht auf dem Prinzip der elektromagnetischen Strahlungsintensität, die an einer Analysenprobe durch Anwendung hoher Temperaturen erzeugt wird.

Die beiden Messgrundlagen sind in der Abbildung 9-3 nochmals bildlich dargestellt [9-3].

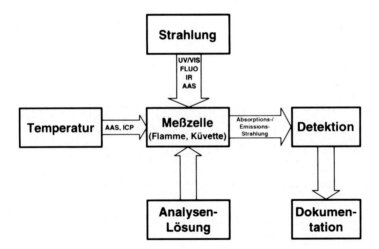

Abb. 9-3. Allgemeines Prinzip der Spektrometrie (UV/VIS, IR, AAS, ICP-AES)

Die unterschiedlichen spektrometrischen Analysenverfahren sind zusammen mit den wichtigsten mit ihnen bestimmbaren umweltrelevanten Parametern in der Abb. 9-4 aufgeführt.

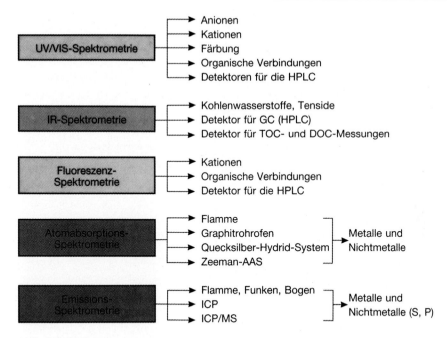

Abb. 9-4. Spektrometrische Analysenverfahren und zugehörige umweltrelevante Analysenparameter

Literatur
[9-3]   H. J. Hoffmann: Spektrometrische Verfahren im Rahmen der rechtlichen Wasseranalytik, *Labor Praxis (August 1992) 790-795.*

9.1.1   UV/VIS-Spektrometrie

9.1.1.1   Grundlagen der UV/VIS-Spektrometrie

Die UV/VIS-Spektrometrie beruht auf der spezifischen Absorption von Wellenlängenbe-
reichen zwischen λ = 200-400 nm (UV, ultravioletter Bereich) und λ = 400-800 nm (VIS,
sichtbarer Bereich). Hierbei stehen Strahlungsenergien zwischen 650-330 kJ/mol bzw. 330-
160 kJ/mol zur Verfügung. Dieser spezielle Teil des Spektrums der elektromagnetischen
Wellen ist nun in der Lage, energiereiche Valenzelektronen anzuregen. In Molekülen sind
dies die leichter anregbaren π-Elektronen von Doppelbindungen und freie Elektronenpaare
verschiedener Heteroatome.

Die resultierenden Übergänge vom jeweiligen Grundniveau auf den nächst höheren un-
besetzten Zustand sind die $\pi \rightarrow \pi^*$- bzw. $n \rightarrow \pi^*$- Übergänge.

Die Energie wird beim Übergang auf ein höheres Niveau von den Molekülen in Form von Quanten aufgenommen. Dadurch sollte nach der Plank'schen Gleichung (siehe Abschnitt 9.1) ein Linienspektrum entstehen, da ein definierter Energiebetrag einer bestimmten Wellenlänge entspricht. In der Praxis ergeben sich in der UV/VIS-Spektroskopie breite Banden, da sich durch die Aufspaltung, sowohl des Grundniveaus als auch des angeregten Niveaus durch sich ändernde Rotationen und Schwingungen der Moleküle, eine Reihe nahe beieinanderliegende Übergänge ergeben.

In Abbildung UV-1 ist das Zustandekommen eines solchen Bandenspektrums mit seinen charakteristischen Daten (A_{max} = Absorption im Maximum und λ_{max} = Wellenlänge des Maximums) aufgezeigt.

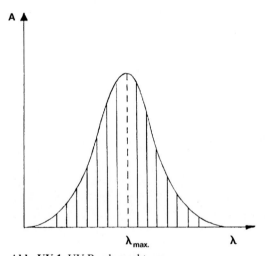

Abb. UV-1. UV-Bandenspektrum

Die aus solchen Messungen erhaltenen Absorptionsspektren können zur qualitativen und zur quantitativen Bestimmung der zugehörenden Substanzen herangezogen werden. Grundlage für diese Anwendung ist das Lambert-Beersche-Gesetz:

$$A = \log \frac{I_o}{i} = \varepsilon \cdot c \cdot d$$

A − Absorption

I_o − eingestrahlte Intensität

I − Intensität nach Probendurchgang

ε − spektraler Extinktionskoeffizient

c − Konzentration der Probe,

d − Schichtdicke der Meßküvette

Auf diese Weise läßt sich durch Messung der Absorption bei vorgegebener Konzentration der spektrale Extinktionskoeffizient bestimmen und bei bekanntem Extinktionskoeffizienten die Konzentration der zu untersuchenden Substanz ermitteln.

Abweichungen von der Linearität, d. h. vom Lambert-Beerschen-Gesetz, treten infolge chemischer Veränderungen (z. B. Dissoziation, Assoziation und Wechselwirkungen der lichtabsorbierenden Teilchen mit dem Lösungsmittel also „wahre" Abweichungen) bzw. physikalischer Einflüsse (z. B. Streulicht „scheinbare" Abweichung) auf. Durch die Aufstellung einer Kalibrierfunktion wird zugleich der lineare Meßbereich ermittelt, wie die folgende Abbildung UV-2 zeigt.

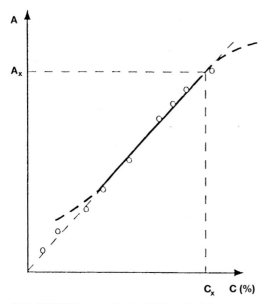

Abb. UV-2. Photometrische Kalibrierfunktion. A = Absorption, c = Konzentration

Für ein intensives Studium der UV/VIS-Spektroskopie wird auf entsprechende Literatur verwiesen [UV-1], [UV-2], [UV-3].

9.1.1.2 Analysentechnik

In einem UV/VIS-Spektralphotometer wird mit Hilfe eines Monochromators (Gitter oder Prisma) aus dem polychromatischen Licht einer Deuterium- und/oder Wolframlampe praktisch monochromatisches Licht erzeugt. Bei einem Zweistrahlphotometer wird, wie aus Abbildung UV-3 ersichtlich, der monochromatische Lichtstrahl abwechselnd durch die Vergleichsküvette (Blindlösung) und Meßküvette (Probe) geleitet bzw. durch eine rotierende Scheibe in Vergleichs- und Meßstrahl geteilt.

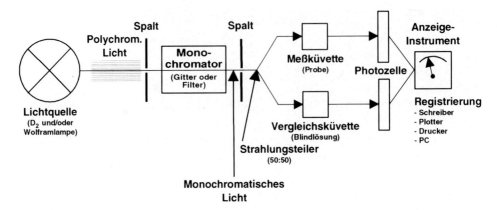

Abb. UV-3. Schematischer Aufbau eines UV/VIS-Spektralphotometer

Um nahezu monochromatisches Licht und damit die Gültigkeit des Lambert-Beerschen-Gesetzes über einen großen Konzentrationsbereich zu gewährleisten, ist eine geringe Spaltbreite nach dem Monochromator erforderlich.

Durch Veränderung der Breite des Spaltes nach dem Monochromator läßt sich die spektrale Bandbreite und damit die Auflösung eines Absorptionsspektrums beeinflussen, wie dies in Abbildung UV-4 am Beispiel von Benzol gezeigt wird.

Licht bestimmter Intensität gelangt hinter der Vergleichs- und Meßküvette auf eine Photozelle (Photomultiplier bzw. Photodiode) und wird dort in elektrische Signale umgewandelt und auf einem Anzeigeinstrument sichtbar gemacht. Zur Registrierung der Ergebnisse können Schreiber, Plotter, Drucker und Computer angeschlossen werden.

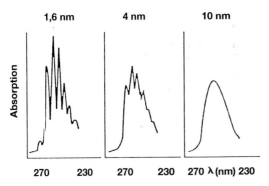

Abb. UV-4. Einfluß der spektralen Bandbreite (1,6 – 10nm) auf die Auflösung des Benzolspektrum

Abbildung UV-5 zeigt das UV/VIS-Spektrometer Lambda 2 (Perkin-Elmer), das für die gesamte Palette der umweltrelevanten UV/VIS-Messungen einsetzbar ist.

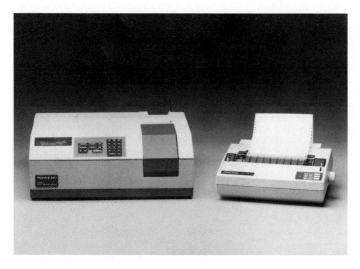

Abb. UV-5. UV/VIS-Spektralphotometer Lambda 2s (Perkin-Elmer)

Bei Spektralphotometern ist ein hoher Automatisierungsgrad durch den Einsatz eines Probengebers zu erzielen. In Kombination mit einem PC und entsprechender Software sind außerdem eine umfassende Datenverarbeitung und Dokumentation möglich. Mit Hilfe der Fließinjektionsanalyse (FIA) lassen sich UV/VIS-Analysenverfahren auch im Bereich der Probenvorbereitung automatisieren. Eine schematische Darstellung des Prinzips und die notwendigen Bausteine eines FIA-Systems zeigt Abbildung UV-6.

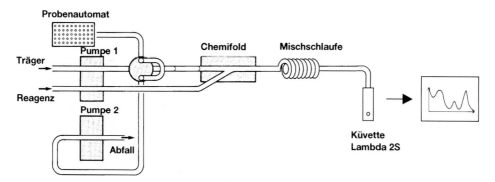

Abb. UV-6. Schematischer Aufbau eines FIA-Systems

Die Trägerlösung wird mittels eines Transportsystems in Richtung Detektor gepumpt. Auf dem Weg dorthin wird die Probe in den Trägerstrom injiziert und gelangt dann weiter in das Chemifold (Mischkammer), wo ein oder mehrere Reagenzien zugemischt werden. In der folgenden Reaktionsstrecke bildet sich aus Probe und Reagenz ein Reaktionsprodukt, das in einem Detektor gemessen werden kann. Eine Auswertung des Detektorsignals schließt die Analyse ab. Transport, Durchmischung und Reaktion finden in Teflonkapillaren mit einem Durchmesser zwischen 0,3 und maximal 1 mm statt.

Die Steuerung der einzelnen Bestandteile erfolgt von einem zentralen PC. Mit diesem Rechner erfolgt auch die Meßwertübernahme und die vollständige Auswertung [UV-7].

9.1.1.3   Einsatzbereiche in der Umweltanalytik

UV/VIS-Spektrometrische Verfahren werden recht umfangreich im Umweltanalytiklabor eingesetzt und zwar zur Bestimmung von
− Anionen,
− Kationen,
− Färbung,
− organischen Verbindungen und
− enzymatischen Reaktionen.

UV/VIS-Spektrometer eignen sich auch als Detektoren für die HPLC.

Hohe Bedienungsfreundlichkeit und niedrige Investitionskosten sind weitere positive Faktoren dieser Analysenverfahren.

Normen, Richtlinien, internationale Verfahren, Literatur usw.

Für die Analytik der verschiedensten Parameter in den unterschiedlichsten umweltrelevanten Matrizes gibt es bereits eine Fülle von nationalen und internationalen Analysenverfahren auf der Basis der UV/VIS-Spektrometrie.

In der Tabelle UV-1 sind die entsprechenden Analysenverfahren mit den zugehörigen Abkürzungen, wie z. B. DIN 38404 T1, VDI 3.8.8.4, BI.I, usw. aufgelistet.

Es sei hier vermerkt, daß diese Literaturzusammenstellung wegen der Fülle des Datenmaterials nicht vollständig sein kann.

Wichtige Literaturhinweise [ ], sind jeweils im Literaturanhang der spektrometrischen und chromatographischen Analysenverfahren aufgeführt.

Anmerkung: Bezugsquellen für einen Teil der aufgeführten Standardwerke sind unter 4.13 im Kapitel 4. Umweltgesetzgebung benannt.

Tabelle UV-1. Analysenverfahren in Form von Normen, Richtlinien usw.

Parameter	Gasförmige Proben				Unbelastetes Wasser	Belastetes Wasser	Feststoffe
	Abluft	Raumluft	Bodenluft	Stäube (usw.)	Trink-, Brauch-, Mineral-, Bade-, See-, Flußwasser, usw.	Abwasser, Sickerwasser, Eluate, usw.	Klärschlamm, Boden, Sedimente, Abfall, usw.
Physikalische Kenngrößen							
Färbung					[UV6] DIN 38404 T1 ISO 7887	[UV6] DIN 38404 T1 ISO 7887	
Bestimmung der Absorption im Bereich der UV-Strahlung					[UV6] DIN 38404 T2	[UV6] DIN 38404 T2	

T

Tabelle UV-1 (Fortsetzung).

Parameter	Gasförmige Proben				Unbelastetes Wasser Trink-, Brauch-, Mineral-, Bade-, See-, Flußwasser, usw.	Belastetes Wasser Abwasser, Sickerwasser, Eluate, usw.	Feststoffe Klärschlamm, Boden, Sedimente, Abfall, usw.
	Abluft	Raumluft	Bodenluft	Stäube (usw.)			
Metalle bzw. Kationen							
Aluminium					[UV6] DIN 38406 T9	[UV6] DIN 38406 T9	
Ammonium		[UV4]			[UV6] DIN 38406 T5 ISO 7150 - (1-2)	[UV6] DIN 38406 T5 ISO 7150 - (1-2)	
Arsen					ISO 6595 DIN 38405 T12	ISO 6595 DIN 38405 T12	
Blei		ASTM D3112					
Cadmium							
Chrom, gesamt							
Eisen					[UV6] DIN 38406 T1 ISO 6332	[UV6] DIN 38406 T1 ISO 6332	

Tabelle UV-1 (Fortsetzung).

Parameter	Gasförmige Proben				Unbelastetes Wasser	Belastetes Wasser	Feststoffe
	Abluft	Raumluft	Bodenluft	Stäube (usw.)	Trink-, Brauch-, Mineral-, Bade-, See-, Flußwasser, usw.	Abwasser, Sickerwasser, Eluate, usw.	Klärschlamm, Boden, Sedimente, Abfall, usw.
Kupfer							
Mangan					[UV6] DIN 38406 T2 ISO 6333	[UV6] DIN 38406 T2	
Nickel							
Selen							
Silber							
Uran							
Vanadium							
Zink							

Tabelle UV-1 (Fortsetzung).

Parameter	Gasförmige Proben				Unbelastetes Wasser Trink-, Brauch-, Mineral-, Bade-, See-, Flußwasser, usw.	Belastetes Wasser Abwasser, Sickerwasser, Eluate, usw.	Feststoffe Klärschlamm, Boden, Sedimente, Abfall, usw.
	Abluft	Raumluft	Bodenluft	Stäube (usw.)			
Nichtmetalle bzw. Anionen							
Borat					[UV6] DIN 38405 T17 ISO 9390	[UV6] DIN 38405 T17 ISO 9390	
Chlor		[UV4]			DIN 38408 T4 ISO 7393 - 2	DIN 38408 T4 ISO 7393 - 2	
Chromat		[UV4]			[UV6] DIN 38405 T24	[UV6] DIN 38405 T24	
Cyanid					[UV6] DIN 38405 T13+14 ISO 6703 - (1-4)	[UV6] DIN 38405 T13 ISO 6703 - (1-4)	
Fluorid					[UV6]	[UV6]	
Jodid					DEV - D3	DEV - D3	
Nitrat					[UV6] DIN 38405 T9 ISO 7890 - (1-3)	[UV6] DIN 38405 T9 ISO 7890 - (1-3)	[UV6]
Nitrit					[UV6] DIN 38405 T10 ISO 6777	[UV6] DIN 38405 T10 ISO 6777	

Tabelle UV-1 (Fortsetzung).

Parameter	Gasförmige Proben				Unbelastetes Wasser Trink-, Brauch-, Mineral-, Bade-, See-, Flußwasser, usw.	Belastetes Wasser Abwasser, Sickerwasser, Eluate, usw.	Feststoffe Klärschlamm, Boden, Sedimente, Abfall, usw.
	Abluft	Raumluft	Bodenluft	Stäube (usw.)			
Phosphorverbindungen					[UV6] DIN 38405 T11 ISO 6878 - 1	[UV6] DIN 38405 T11 ISO 6878 - 1	[UV6]
Rhodanid					DEV - D16	DEV - D16	
Sulfat					[UV6]	[UV6]	
gelöstes Sulfid					DIN 38405 T26	DIN 38405 T26	
Sulfidschwefel		[UV4]			DEV - D7 ISO 10530	DEV - D7 ISO 10530	
Schwefeldioxid		[UV6] ISO 4221					

T

Tabelle UV-1 (Fortsetzung).

Parameter	Gasförmige Proben				Unbelastetes Wasser	Belastetes Wasser	Feststoffe
	Abluft	Raumluft	Bodenluft	Stäube (usw.)	Trink-, Brauch-, Mineral-, Bade-, See-, Flußwasser, usw.	Abwasser, Sickerwasser, Eluate, usw.	Klärschlamm, Boden, Sedimente, Abfall, usw.
Sonstige anorganische Verbindungen							
Chlordioxid, Chlorit					[UV11] DIN 38408 T5	[UV11] DIN 38408 T5	
Hydrazin		[UV4]			DIN 38413 T1	DIN 38413 T1	
Kieselsäure					[UV6] DIN 38405 T21	[UV6] DIN 38405 T21	
Wasserstoffperoxid					DIN 38408 T15	DIN 38408 T15	
Ozon		[UV4]			[UV11]	[UV11]	
Testverfahren mit Wasserorganismen							
Chlorophyll a					DIN 38412 T16		

T

Tabelle UV-1 (Fortsetzung).

Parameter	Gasförmige Proben				Unbelastetes Wasser Trink-, Brauch-, Mineral-, Bade-, See-, Flußwasser, usw.	Belastetes Wasser Abwasser, Sickerwasser, Eluate, usw.	Feststoffe Klärschlamm, Boden, Sedimente, Abfall, usw.
	Abluft	Raumluft	Bodenluft	Stäube (usw.)			
Organische Verbindungen Formaldehyd		[UV4] [UV12]					
Harnsäure					[UV6] [UV8]	[UV6] [UV8]	
Humin- und Ligninsulfonsäuren					[UV9]	[UV9]	
Pyridin					DEV - H24	DEV - H24	
Phenol - Index					[UV6] DIN 38409 T16	[UV6] DIN 38409 T16	
Pflanzenbehandlungs- und Schädlingsbekämpfungsmittel					[UV6] [UV10]	[UV6] [UV10]	
Tenside					ISO 7875 - 1 DIN 38409 T20 DIN 38409 T23	ISO 7875 - 1 DIN 38409 T20 DIN 38409 T23	

9.1.1.4 Analytik gasförmiger Proben

Die in gasförmigen Matrizes wie Raumluft, Abluft, Bodenluft usw. vorhandenen gasförmigen, flüssigen (Aerosole) und festen (z. B. Staub) Stoffe können nach verschiedenen Probenahmetechniken abgetrennt und/oder angereichert werden. Siehe dazu Abschnitt 6.1, Probenahme von Gasen.

Zahlreiche Bestimmungsverfahren mit Hilfe der UV/VIS sind für gefährliche Arbeitsstoffe z. B. in der Schriftenreihe der Bundesanstalt für Arbeitsschutz unter dem Titel „Empfohlene Analysenverfahren für Arbeitsplatzmessungen" dokumentiert [UV-4]. Es finden sich dort kurze Angaben über die Methode, den Bestimmungsbereich und weitere Hinweise auf die Orginalvorschrift. Außerdem ist für den entsprechenden Gefahrstoff noch der MAK- bzw. TRK-Wert angegeben.

Eine Fundgrube für die Bestimmung von Stoffen in verschiedenen gasförmigen Proben stellen die VDI-Richtlinien dar [UV-5]. In den VDI-Handbüchern „Reinhaltung der Luft" sind in Band 4 und 5 auch einige Verfahren auf der Grundlage der UV/VIS-Spektrometrie beschrieben.

9.1.1.5 Analytik flüssiger Proben

In flüssigen Proben wie zum Beispiel
— Trink- und Brauchwasser,
— Mineral- und Tafelwasser,
— Badewasser,
— Ab- und Sickerwasser,
— Eluaten usw.
lassen sich zahlreiche **Anionen, Kationen und organische Verbindungen** mit der UV/VIS-Spektrometrie bestimmen.

Mit Hilfe organischer Reagenzien werden die entsprechenden Kationen bzw. Anionen in Verbindungen (z. B. organische Metallkomplexe) überführt, die bei einer definierten Wellenlänge im UV/VIS-Bereich ihr Absorptionsmaximum haben. Oft lassen sich Kationen und Anionen sehr selektiv und mit hoher Nachweisempfindlichkeit bestimmen, wie die Tabellen UV-2 und UV-3 zeigen.

Die bekannten DIN-Verfahren sowie Wasseranalysen mit dem „Spectroquant-Test" von Merck sind ausführlich in der Perkin-Elmer Publikation „Durchführung von Wasser- und Umweltanalysen mit dem UV/VIS-Spektrometer Lambda 2" beschrieben [UV-6].

Für den manuellen Betrieb sowie für den Einsatz des Super- oder Econo-Sipper sind die einzelnen Methoden jeweils auf einer Cassette gespeichert und damit sofort abrufbereit.

Tabelle UV-2. UV/VIS-Spektrophotometrische Analysenmethoden für die Bestimmung von Anionen in Trink-, Brauch- und Abwasser

Element bzw. Verb.	bestimmt als	Anwendungs-bereich (mg/L)	UV/VIS-spektrometrische Analysenmethode	Wellen-länge (nm)
Bor	BO_3^{3-}	0,01 - 1	mit Azomethin	414
Chlor	Cl^-	0,05 - 25	als Diethyl-p-phenylendiamin	Farbvergl.
Cyanid	CN^-	0,002 - 0,02	mit Barbitursäure-pyridin	578
Fluorid	F^-	0,02 - 2	mit Lanthanalizarinkomplexan	610
Iodid	I^-	0,001 - 0,007	durch katalytische Beeinflussung des Redoxsystems Ce (IV) / As (III)	520
Kieselsäure	SiO_3^{2-}	0,1 - 10	als Silikomolybdänsäure	720
Nitrat	NO_3^-	0,5 - 50	mit 2,6-Dimethylphenol	324
Nitrit	NO_2^-	0,001 - 0,3	mit Sulfanilamid und N-(1-Naphtyl)-ethylendiamin	530
Phosphat	PO_4^{3-}	0,002 - 0,6	als Phosphormolybdänblau	750
Thiocyanat	SCN^-	0,05 - 50	mit Pyridinbenzidin	491
Sulfat	SO_4^{2-}	2 - 60	als $BaSO_4$ in Gelatine-Lösung	490
Sulfid	S^{2-}	0,01 - 5	mit Dimethyl-p-phenylendiamin	670

Tabelle UV-3. UV/VIS-Spektrophotometrische Analysenmethoden für die Bestimmung von Kationen in Trink-, Brauch- und Abwasser

Element bzw. Verb.	bestimmt als	Anwendungs-bereich (mg/L)	UV/VIS-spektrometrische Analysenmethode	Wellen-länge (nm)
Aluminium	Al	0,01 - 0,6	mit Alzarinsulfonsäure-Dinatriumsalz	490
Arsen	As	0,002 - 0,1	mit Silberdiethyldithiocarbaminat	546
Ammonium	NH_4^+	0,005 - 2,0	als Indophenol	690
Blei	Pb	0,002 - 20	mit Dithizon	520
Cadmium	Cd	0,002 - 20	mit Dithizon	530
Chrom	Cr	0,005 - 10	mit Diphenylcarbazid	550
Eisen	Fe	0,01 - 4	mit 1,10-Phenanthrolin	510
Hydrazin	N_2H_4	0,005 - 1	mit 1,4-Dimethylaminobenzaldehyd	458
Kupfer	Cu	0,001 - 0,3	mit Zink-N, N-Dibenzyldithiocarbaminat	436
Mangan	Mn	0,01 - 5	mit Formaldoxim	480
Nickel	Ni	0,02 - 10	mit Diacetyldioxim	450
Selen	Se	0,001 - 0,25	als Piazselenol	334
Silber	Ag	0,05 - 2	mit Dithizon	470
Uran	U	$\approx$ 0,001 - 0,01	mit Arsenazo-III	665
Vanadium	V	0,05 - 40	mit N-Benzoyl-N-phenydroxylamin	546
Zink	Zn	0,004 - 20	mit Dithizon	530

Die Fließinjektionsanalyse (**f**low **i**njection **a**nalysis) FIA, ist eine relativ neue Technik, die bevorzugt zur Automatisierung von Verfahren eingesetzt wird. Man versteht darunter eine Technik, bei der eine flüssige Probe in einen kontinuierlichen Trägerstrom injiziert wird und so zu einem Detektionssystem gelangt. Auf dem Weg zum Detektor vermischt sich die Probe in der Probenzone mit der umgebenden Trägerlösung, die in der Regel ein Reagenz enthält. Das Reaktionsprodukt wird dann in der Durchflußzelle z. B. eines UV/VIS-Spektrometers gemessen. Auf ihrem Weg zum Detektor verteilt sich die injizierte Probe. Durch geeignete Wahl des injizierten Probevolumens, der Fließgeschwindigkeit, der

Reaktionsstreckenlänge und des Innendurchmessers der verwendeten Schläuche läßt sich die Dispersion der Probezone kontrollieren und den jeweiligen Anforderungen anpassen.

Durch Kombination der FIA mit einem UV/VIS-Spektralphotometer lassen sich herkömmliche Analysenverfahren automatisieren und außerdem der Reagenzienverbrauch minimieren [UV-7].

Für die Ammoniumbestimmung nach dem DIN-Entwurf 38406, T 23 wird eine besondere Variante der FIA eingesetzt, die Gasdiffusion.

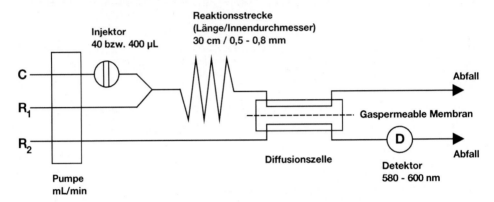

Abb.UV-7. Schematische Darstellung eines Fließinjektionssystems am Beispiel der Ammoniumbestimmung. C=Trägerlösung, R_1=Alkalische Reagenzlösung, R_2=Amoniak-Akzeptorlösung

Abbildung UV-7 zeigt das FIA-System zur Ammoniumbestimmung. Hierbei wird in der Analysenprobe mittels einer stark alkalischen Trägerlösung (R_1) aus dem Ammoniumion (NH_4^+) das leicht flüchtige Ammoniak (NH_3) freigesetzt. Dieses diffundiert nach einer kurzen Reaktionsstrecke in der speziellen FIA-Gasdiffusionszelle durch eine Teflonmembran in einen Akzeptorstrom (R_2). Der Akzeptorstrom enthält eine Indikatorlösung, die durch das sich einstellende Säure-Base-Gleichgewicht einer Farbänderung unterliegt, die bei 590 nm detektiert wird.

Die Vorteile des Verfahrens liegen in der hohen Selektivität und Analysengeschwindigkeit von ca. einer Bestimmung pro Minute.

Weitere DIN-Verfahren auf der Basis der FIA sind in Vorbereitung.

Organische Verbindungen

Die UV/VIS-Spektrometrie eignet sich auch für die Bestimmung organischer Verbindungen in wäßrigen Matrizes. Für Komponenten wie
− Harnsäure [UV-6], [UV-8],
− Humin- und Ligninsulfonsäuren [UV-9] und
− Pflanzenschutzmittel [UV-6], [UV-10]
gibt es entsprechende Publikationen bzw. DEV- und DIN-Vorschriften für die Bestimmung von

- Pyridin (DEV-H24),
- Phenolindex (DIN 38409 T 16) und
- Tensiden (DIN 38409 T 20 und 23).

Für die direkte Bestimmung von gelösten organischen Stoffen in Gegenwart von Trübungen (z. B. im Abwasser) wird bevorzugt die Derivativspektrometrie (Ableitungsspektrometrie) eingesetzt.

Trübungen zeigen im Normalspektrum im allgemeinen eine zu kürzeren Wellenlängen hin stetig zunehmende Extinktion und damit in der 1. und 2. Ableitung keine wesentliche spektrale Veränderung. Bei der Aufnahme von Ableitungsspektren absorbierender Materialien in Gegenwart von Trübung wird damit der durch die Trübung verursachte Extinktionshintergrund eliminiert. Bei quantitativen Bestimmungen sollte bei elektronischer Differenzierung die Trübung jedoch mäßig bleiben (Steulichteffekte).

Die Abbildungen UV-8 und UV-9 zeigen das Originalspektrum von Phenol in Wasser sowie dessen 1. bzw. 2. Ableitung im Spektralbereich zwischen 240-300 nm. In der 2. Ableitung wird die Lokalisierung der Schultern im Originalspektrum durch starke Minima besonders deutlich.

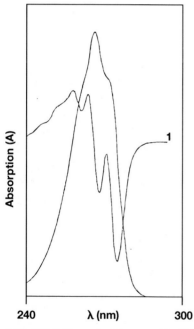

Abb. UV-8. Normalspektrum und 1. Ableitung (1) von 50 ppm Phenol in Wasser

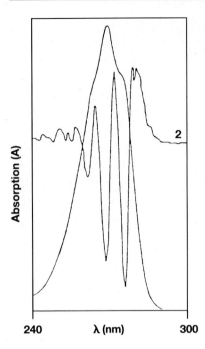

Abb. UV-9. Normalspektrum und 2. Ableitung (2) von 50 ppm Phenol in Wasser

Bei der quantitativen Auswertung von Ableitungsspektren wird die Extinktionsdifferenz eines Maximums zu einem Minimum herangezogen. Falls, wie in diesem Beispiel, mehrere solcher Differenzen existieren, wählt man zwei ausgeprägte Extrema größerer Differenz, z. B. Differenz A-B bzw. C-D in Abbildung UV-10.

Die Bestimmung von Phenol in Abwasser war eines der ersten praktischen Beispiele für die Anwendung der Ableitungsspektrometrie zur quantitativen Bestimmung eines Parameters in Gegenwart von Trübung. Abbildung UV-10 zeigt, daß die Auswertung von Ableitungsspektren 1. und 2. Ordnung dem Lambert-Beerschen Gesetz folgt und die Trübung keinen Einfluß auf die Linearität ausübt.

Detektor in der HPLC

Die UV/VIS-Spektrometrie spielt auch eine wesentliche Rolle als Detektionsverfahren in der Hochleistungs-Flüssigkeits-Chromatographie (siehe Abschnitt 9.2.2)

Hierzu bieten sich folgende Varianten an:
– Festwellenlängendetektor (z. B. 254 nm)
– Variabler Wellenlängendetektor (190-800 nm)
– Dioden-Array-Detektor (190-430 nm).

Der Dioden-Array-Detektor wird in der HPLC immer häufiger eingesetzt, da er im Vergleich zu den anderen Detektionssystemen mehrere entscheidende Vorteile hat. So kann während der Aufnahme eines HPLC-Chromatogrammes von jedem Substanzpeak das UV-Spektrum im Wellenlängenbereich von z. B. 190 bis 430 nm aufgenommen und abgespeichert werden. Mit Hilfe von abgespeicherten Referenzspektren der entsprechenden Substanzen lassen sich dann Komponenten mit gleicher Retentionszeit über die UV-Spektren auf mögliche Identität vergleichen. Dieses Verfahren hat sich bereits in der Praxis beim Nachweis von Pflanzenschutzmitteln in Trinkwasser mittels HPLC bewährt.

Die Bestimmung des Chlorophyll-a-Gehaltes nach DIN 38412 T 16 [UV-13] ist ein biologischer Test zur Überprüfung der Toxizität oder Produktivität von Wässern bzw. in Wasser gelösten Stoffen im Zusammenhang mit der Änderung der Algenbiomasse (Zellvermehrung).

Chlorophyll-a ist das bei allen grünen Pflanzen vorhandene essentielle Photosynthesepigment.

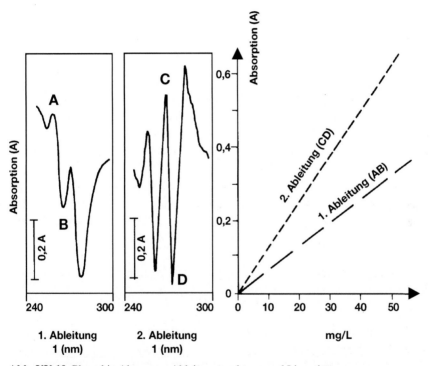

Abb. UV-10. Phenol in Abwasser; Ableitungsspektrum und Linearität

Der Chlorophyllgehalt einer Wasserprobe kann Aufschluß über den Trophiegrad eines Gewässers geben. Wenn dieser Wert auch nicht als absolutes Maß für die Phytoplanktonbiomasse gelten kann, gibt die Bestimmung des Chlorophyll-a-Gehaltes gemeinsam mit anderen Biomasse- und Bioaktivitätsparametern Auskunft über das mengenmäßige Vorkommen und die potentielle Stoffwechselleistung des Phytoplanktons in Gewässern.

9.1.1.6   Analytik fester Proben

Feste Proben wie z. B.
– Sedimente
– Böden
– Klärschlamm und sonstige Schlämme
– Abfälle
– Altlasten und Altlastablagerungen
müssen öfters auf Inhaltsstoffe wie
– Cyanide
– Fluoride
– Sulfate
– Nitrate
– Nitrite
– Ammonium,
– Phenole (als Phenolindex) usw.
überprüft werden.

Dazu werden in der Regel von den Feststoffen Eluate nach DIN 38414, Teil 4 hergestellt (siehe Abschnitt 8.2.2, Eluate). Im Eluat lassen sich die oben aufgeführten Stoffe nach den DIN-Verfahren für die Wasser- und Abwasseruntersuchung bestimmen.

In landwirtschaftlich genutzten Böden ist z. B. der Gehalt an pflanzenverfügbarem Phosphor und Nitrat (als N_{min}) von Bedeutung.

Entsprechende Analysenverfahren sind in der Literatur im Anhang des Abschnittes Probenvorbereitung, 8.2 beschrieben. In Klärschlämmen wird z. B. der Gehalt an Gesamtphosphor mittels UV/VIS-Spektrometrie bestimmt. Das gesamte Untersuchungsverfahren ist in DIN 38414, Teil 12 aufgeführt.

Literatur

[UV-1]   G. Gauglitz: *Praktische Spektroskopie*, Attempo Verlag GmbH, Tübingen (1983).

[UV-2]   B. Lange und Z. K. Vejdelk: *Photometrische Analyse*, Verlag Chemie, Weinheim (1980).

[UV-3]   H. H. Perkampus: *UV/VIS-Spektroskopie und ihre Anwendung*, Springer Verlag, Berlin, Heidelberg, New York, Tokio (1986).

[UV-4]   Gefährliche Arbeitsstoffe – GA 13, Empfohlene Analysenverfahren für Arbeitsplatzmessungen (Dokumentation), *Schriftenreihe der Bundesanstalt für Arbeitsschutz*, 4600 Dortmund. Bezugsquelle s. Abschn. 4.13.8.

[UV-5]   *VDI-Handbücher, Reinhaltung der Luft,* Band 4 und 5: Analysen und Meßverfahren, Beuth-Verlag, Burggrafenstr. 6, 10787 Berlin.

[UV-6]   H. Hein, H. W. Müller und I. Witte: Durchführung von Wasser- und Umwelt-
         analysen mit UV/VIS-Spektrometer Lambda 2, *Perkin-Elmer-Publikation B
         050-4057*, 2. überarbeitete Auflage 1992.

[UV-7]   H. W. Müller, B. Frey und B. Schweizer: Grundlagen und Techniken für FIA
         in der UV/VIS-Spektroskopie, *Perkin-Elmer-Publikation B 050-7755*
         (1992).

[UV-8]   W. Maurer und J. Storp: Die Anwendung der Derivatspektrophotometrie zur
         einfachen und direkten Bestimmung des Harnsäuregehaltes von Wasser/Ab-
         wasser, *GIT* **24** (1980) 124-126.

[UV-9]   R. Götz: Zur spektralphotometrischen Bestimmung von Ligninsulfonsäuren
         und Huminsäuren in Wässern, *Fresenius Z. Anal. Chem.* **296** (1979) 406-407.

[UV-10] P. Herzsprung, L. Weil, K. E. Quentin und I. Zombola: Bestimmung von
         Phosphorpestiziden und insektizide Carbamaten mittels Cholinesterasehem-
         mung, 2. Mitt.: Abschätzung und Nachweisgrenzen der Insektizidbestim-
         mung durch Anreicherung, Oxidation und Hemmwirkung, *Vom Wasser* **74**
         (1990) *S. 339-350*.

[UV-11] J. Hoigné und H. Bader,: Bestimmung von Ozon und Chlordioxid in Wasser,
         Vom Wasser **55** (1980) 261-279.

[UV-12] P. Bachhausen, N. Buchholz und H. Hartkamp: Bestimmung von Formal-
         dehyd in Luft mit Hilfe von Chromotropsäure, 1. Mitt.: Untersuchung zur
         Stabilität des Reagenzes, *Fresenius Z. Anal. Chem.* **320** (1985) 347-349.

[UV-13] DIN 38412 T 16, Bestimmung des Chlorophyll-a-Gehaltes von Oberflächen-
         wasser, Ausgabe Dezember 1985.

9.1.2   Fluoreszenz-Spektrometrie

9.1.2.1   Grundlagen der Fluoreszenz-Spektrometrie

Fluoreszenz-Spektrometrie beruht auf dem Effekt, daß Moleküle, deren Valenzelektronen
angeregt sind, die aufgenommene Energie als Lumineszenz emittieren.

Lumineszenz ist der Sammelbegriff für alle Emissionen von Lichtquanten, die von Stoffen nach der Anregung wieder abgegeben werden. Je nach Art der Anregung unterscheidet
man verschiedene Lumineszenzvorgänge.

Photolumineszenz ist nach der Energiezufuhr durch Absorption von ultraviolettem
(UV), sichtbaren (VIS) oder infrarotem Licht (IR) zu beobachten.

Fluoreszenz heißt die Photolumineszenz von Stoffen, bei der innerhalb von 10^{-10} bis 10^{-7}
Sekunden nach der Anregung die absorbierte Energie als Strahlung wieder abgegeben wird.

Die Fluoreszenzstrahlung tritt dann auf, wenn Elektronen aus dem Singulett-Grundzustand S_0 zunächst durch Absorption von Photonen (UV, VIS, IR-Licht) in einen angeregten Zustand S_1 (mit den Schwingungsniveaus 0,1,2, usw.) übergehen, wie Abbildung FL-1 schematisch zeigt.

Die so angeregten Elektronen kehren zunächst strahlungslos von der Schwingungsebene 1 von S_1 auf die Schwingungsebene 0 von S_1 zurück und von dort unter Aussendung von Fluoreszenzlicht F in den Grundzustand S_0.

Bei der Absorption des anregenden Lichts ohne Fluoreszenz erfolgt eine strahlungslose Desaktivierung, wobei durch eine interne Konversion (IK) elektronische Energie in Schwingungsenergie umgewandelt wird. Wenn angeregte Elektronen einen Übergang von S_1 in den Triplettzustand T_1, unter Spinumkehr, bevorzugen und von dort unter Abgabe von Energie in den Grundzustand S_0 zurückfallen, kommt es zur **Phosphoreszenz**strahlung P.

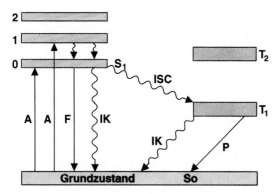

Abb. FL-1. Grundlagen der Fluoreszenz-Spektrometrie (vereinfachtes Termschema nach Jablonski)

Der Übergang von S_1 nach T_1 wird als intersystem crossing (ISC) bezeichnet.

Während die Fluoreszenz unmittelbar nach der Anregung durch Photonen auftritt, beansprucht die Phosphoreszenz wegen des S_1/T_1-Überganges mehr Zeit und ist in ganz seltenen Fällen noch nach dem Abschalten der Anregungsquelle meßbar (Lebensdauer der Phosphoreszenz $10^{-4} - 10^{-3}$ s)

Das Emissionsspektrum ist im Vergleich zum Anregungsspektrum zu längeren Wellenlängen hin verschoben, da nach dem Gesetz von Stokes die Elektronenübergänge zur Anregung bzw. Absorption mehr Energie erfordern als in Form von Strahlungsenergie wieder frei wird.

Die Absorption folgt dem Lambert-Beerschen-Gesetz; bei der emittierten Fluoreszenz ist die Emissionsintensität I der Intensität I_0 des eingestrahlten Lichtes (Anregung) proportional.

Es gilt folgender Zusammenhang (vereinfacht):

$$I = \varepsilon \cdot I_0 \cdot Q \cdot K$$

Darin bedeuten:

I   − Emissionsintensität (Fluoreszenz)
I$_0$ − Intensität des eingestrahlten Lichtes
ε   − Absorptionskoeffizient
Q   − Quantenausbeute
K   − Gerätekonstante

Weiterführende Literatur [FL-1], [FL-2].

9.1.2.2   Analysentechnik

Der prinzipielle Aufbau eines Fluoreszenz-Spektralphotometers geht aus Abbildung FL-2 hervor.

Für die Anregung der Fluoreszenzstrahlung kann man zur selektiven Anregung mono-chromatisches Licht verwenden.

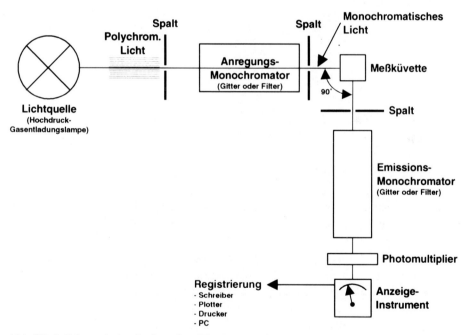

Abb. FL-2. Schematischer Aufbau eines Fluoreszenz-Spektralphotometers

Da die Strahlungsintensität der Fluoreszenz der Intensität des Anregungslichtes direkt proportional ist, empfiehlt sich die Verwendung von Anregungsquellen mit hoher Licht-dichte. Außerdem sind eine gleichmäßige Intensitätsverteilung und ein möglichst breiter Emissionsbereich wünschenswert.

Als Anregungsquellen werden Wolframlampen, vor allem aber Gasentladungslampen wie Quecksilberdampflampen, Xenon- oder Quecksilber-Xenon-Bogenlampen und Laser eingesetzt.

Für die Detektion wird ein Photomultiplier verwendet.

Da fluoreszenz-spektrometrische Analysen meist an Lösungen durchgeführt werden, benötigt man Lösungsmittel von hoher Reinheit.

Das Fluoreszenz-Spektrum zeigt die Intensität der Fluoreszenz als Funktion der Wellenlänge.

Mit modernen Fluoreszenz-Meßgeräten lassen sich die entsprechenden Anregungs- und Emissionsspektren einer fluoreszierenden Substanz aufnehmen.

Durch den Einsatz von Computerprogrammen besteht außerdem die Möglichkeit die Anregungs- und Emissionswellenlängen in einem dreidimensionalen Fluoreszenzspektrum mit der Fluoreszenz-Intensität zu verknüpfen, wie dies aus der Abbildung FL-3 zu ersehen ist.

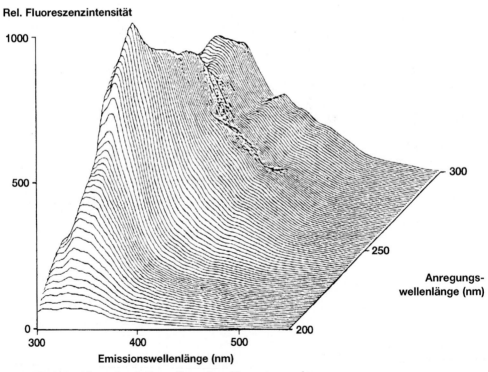

Abb. FL-3. Dreidimensionale Darstellung eines Fluoreszenzspektrums

9.1.2.3   Einsatzbereiche in der Umweltanalytik

Die Fluoreszenz-Spektrometrie wird für folgende umweltrelevante Untersuchungen angewendet:
- Anionen, wie z. B. Orthophosphat
- Kationen, wie z. B.
  * Aluminium
  * Beryllium
  * Selen
  * Uran
- organische Verbindungen wie
  * aromatische Kohlenwasserstoffe
  * halogenierte Kohlenwasserstoffe
  * polyzyklische aromatische Kohlenwasserstoffe
  * Pflanzenschutzmittel
  * Tenside
  * Chlorophyll
  * fluoreszierende Derivate
- als Detektor für die Hochleistungs-Flüssigkeits-Chromatographie.

Ein wesentlicher Vorteil der Fluoreszenz-Spektrometrie ist ihre hohe Selektivität und Nachweisempfindlichkeit (bis 10^{-18} g).

Normen, Richtlinien, internationale Verfahren, Literatur usw.

Die wichtigsten Standardwerte für Umwelt-Analysenverfahren sind im folgenden aufgelistet und haben für die Fluoreszenz-Spektrometrie Gültigkeit.

In der Tabelle FL-1 werden Analysenmethoden aus Standardwerken bzw. wichtige Literaturhinweise aufgeführt.

Tabelle Fl-1.   Analysenverfahren in Form von Normen, Richtlinien usw.

| Parameter | Gasförmige Proben | | | | Unbelastetes Wasser Trink-, Brauch-, Mineral-, Bade-, See-, Flußwasser, usw. | Belastetes Wasser Abwasser, Sickerwasser, Eluate, usw. | Feststoffe Klärschlamm, Boden, Sedimente, Abfall, usw. |
	Abluft	Raumluft	Bodenluft	Stäube (usw.)			
Anorganische Stoffe							
Orthophosphat					[FL5]		
Aluminium					[FL7]		
Beryllium					[FL8]		
Selen					[FL9]		
Uran					[FL6]		

Tabelle FI-1 (Fortsetzung).

| Parameter | Gasförmige Proben | | | | Unbelastetes Wasser Trink-, Brauch-, Mineral-, Bade-, See-, Flußwasser, usw. | Belastetes Wasser Abwasser, Sickerwasser, Eluate, usw. | Feststoffe Klärschlamm, Boden, Sedimente, Abfall, usw. |
	Abluft	Raumluft	Bodenluft	Stäube (usw.)			
Organische Stoffe							
Halogenierte Kohlenwasserstoffe					[FL14]		
Aromatische Kohlenwasserstoffe					[FL11] [FL12]	[FL11] [FL12]	
Polyzyklische aromatische Kohlenwasserstoffe	[FL3] [FL4]	[FL3] [FL4]			[FL11] [FL12]	[FL11] [FL12]	[FL13]
Pflanzenbehandlungsmittel					[FL15]		
Tenside					[FL16]	[FL16]	

Tabelle Fl-1 (Fortsetzung).

Parameter	Gasförmige Proben				Unbelastetes Wasser	Belastetes Wasser	Feststoffe
	Abluft	Raumluft	Bodenluft	Stäube (usw.)	Trink-, Brauch-, Mineral-, Bade-, See-, Flußwasser, usw.	Abwasser, Sickerwasser, Eluate, usw.	Klärschlamm, Boden, Sedimente, Abfall, usw.
Testverfahren mit Wasserorganismen							
Chlorophyll					DIN 38412 T33		

9.1.2.4 Analytik gasförmiger Proben

In gasförmigen Proben, wie z. B. Raumluft, Abgasen von Verbrennungsmotoren usw. ist die Ermittlung der Konzentration von polyzyklischen Aromaten (PAKs) von Bedeutung.

Hierzu werden die PAKs an Glasfaserfiltern gesammelt und anschließend mit n-Hexan extrahiert. Zur Durchführung der Fluoreszenz-Spektrometrie werden diese Extrakte eventuell einem Clean-up-Schritt an Silicagel unterzogen und nach möglichst vollständiger Entfernung von gelöstem Sauerstoff vermessen, wie Hellman gezeigt hat [FL-3].

9.1.2.5 Analytik flüssiger Proben

Bestimmung von Orthophosphat

Steinberg, Kühl und Schrimpf haben ein enzymatisches Verfahren für die Orthophosphatbestimmung im Flußwasser entwickelt [FL-5].

Die spezifische Messung beruht hierbei auf der kompetitiven Hemmung der hydrolytischen Spaltung von fluorogenen Phosphomonoestern durch Orthophosphat.

Aus der Palette der zur Verfügung stehenden Substanzen wurde 4-Methylumbelliferyl-Phosphat (4-MUP) (Firma Serva, Heidelberg) verwendet, dessen Reaktionsprodukt bei 360 nm eine maximale Anregung, bei 448 nm eine maximale Fluoreszenz besitzt und ausreichend empfindlich nachweisbar ist.

Das Verfahren ist für den Bereich von 0,5-100 µg PO_4 – P/L einsetzbar.

Bestimmung von Uran

Uran läßt sich als Uran-Tributylphosphatkomplex nach der Phosphoreszenz-Methode eines Fluoreszenz-Spektrometers mit hoher Selektivität in Konzentrationen weit unter 10 µg Uran/mL nachweisen [FL-6].

Bestimmung von Aluminium und Beryllium

Aluminium und Beryllium bilden Morinkomplexe, die einen quantitativen Nachweis dieser Elemente im ppm-Bereich erlauben [FL-7].

Yoshida, Ito und Murato haben ein Verfahren zur fluorimetrischen Bestimmung von Beryllium mit 4-Methyl-6-acetyl-7-hydroxicoumarin beschrieben [FL-8].

Bestimmung von Selen(IV)-Ionen

Die Abtrennung und Bestimmung von Selen(IV)-Ionen in umweltrelevanten Wasserproben wurde in einer umfangreichen Arbeit von Itoh, Nakayama, Chikuma und Tanaka publiziert [FL-9].

Bestimmung organischer Verbindungen

Die Fluoreszenz-Spektrometrie ist ein selektives und hoch empfindliches Verfahren für den Nachweis und die Quantifizierung von organischen Verbindungen oder Derivaten mit fluoreszierenden Eigenschaften. Es gibt eine Reihe von Publikationen [FL-10] für die Bestimmung von

— halogenierten Kohlenwasserstoffen [FL-14],
— aromatischen Kohlenwasserstoffen,
— Phenolen,
— polyzyklischen aromatischen Kohlenwasserstoffen (PAKs),
— Pflanzenbehandlungsmitteln [FL-15],
— Tensiden [FL-16].

Die Differenzierung von Ölverschmutzungen in Wasser und Böden mit Hilfe der mehrdimensionalen Fluoreszenzspektren-Darstellung bildet einen wichtigen Anwendungsbereich der Fluoreszenz-Spektrometrie.

Um den Verursacher einer Ölverschmutzung in Wasser und Boden zu ermitteln, ist es zunächst notwendig, das sichergestellte bzw. das aus dem Wasser oder Boden extrahierte Öl zu identifizieren; hierzu bietet sich das folgende Verfahren an.

Von der entsprechenden Ölprobe werden, eventuell nach Verdünnung mit Hexan, das Anregungs- und das Emissionsspektrum aufgenommen.

Das in Abbildung FL-4 gezeigte Lumineszenz-Spektrometer LS-50 mit entsprechendem Softwarepaket kann das Fluoreszenzverhalten der Ölprobe in einer isometrischen Projektion wiedergeben, wie aus Abbildung FL-5 ersichtlich ist. Legt man durch diese isometrische Projektion einen Höhenschnitt, so werden unterschiedliche Konturdarstellungen von verschiedenen Ölproben erhalten, wie Abbildung FL-6 zeigt. Durch Variation der Höhenschnitte in der Intensitätsrichtung ergeben sich unterschiedliche Konturdarstellungen, die eine sichere Differenzierung ermöglichen [FL-11],[FL-12].

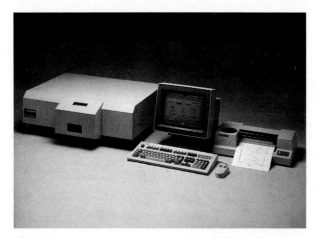

Abb. FL-4. Lumineszenz-Spektrometer LS-50 (Perkin-Elmer)

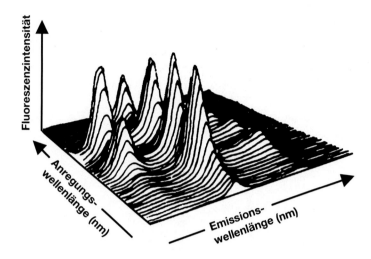

Abb. FL-5. Isometrische Projektion

Als selektives und hoch empfindliches Detektionssystem wird die Fluoreszenz-Spektrometrie in der Hochleistungs-Flüssigkeits-Chromatographie eingesetzt. Siehe dazu Abschnitt 9.2.2 Hochleistungs-Flüssigkeits-Chromatographie.

Die Bestimmung der polyzyklischen aromatischen Kohlenwasserstoffe in gasförmigen, flüssigen und festen Proben stellt einen wichtigen Einsatzbereich dieser instrumentellen Methode dar.

Daneben lassen sich weitere fluoreszierende Verbindungen wie z. B.
– Pflanzenbehandlungsmittel (z. B. Benomyl und Parathion),
– Phenole,
– fluoreszierende Derivate von organischen Verbindungen usw.
analytisch erfassen.

Ein weiteres wichtiges Einsatzgebiet der Fluoreszenz-Spektrometrie stellt die Chlorophyllmessung dar, wo sie sich durch eine hohe Nachweisempfindlichkeit hervorhebt. Die Hauptanwendungsbereiche der Chlorophyllmessungen liegen bei Eutrophierungsstudien, der Verfolgung der Algenblüte, Biomassenstudien und der Wirkung von Schadstoffeinleitung auf unterschiedliche Algen- und Bakterienspezies in Seen und Talsperren.

Verschiedene Algen und Bakterien lassen sich differenziert untersuchen, da sie unterschiedliche Gehalte von
– Chlorophyll a
– Chlorophyll b und
– Chlorophyll c
ausweisen.

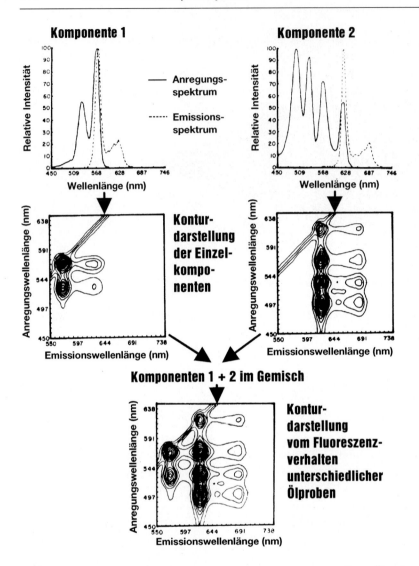

Abb. FL-6. Konturdarstellung vom Fluoreszenzverhalten unterschiedlicher Ölproben

Nach DIN 38412,T 33 [FL-17] ist die Bestimmung der nicht giftigen Wirkung von Abwasser gegenüber Grünalgen (Scenedemus-Chlorophyll-Fluoreszenztest) über Verdünnung möglich.

Aus dem Vergleich der Zellvermehrung unter den Versuchsbedingungen mit und ohne Einwirkung des Testguts ergibt sich die Hemmwirkung. Sie ist ein Maß für die Toxizität des Testguts gegenüber dem Testorganismus.

Nach 72stündiger Exposition der Testalgen in den Mischungen wird die Verdünnungsstufe der nicht giftigen Mischung bestimmt und zwar durch Vergleich der Algenbiomasseproduktion der Testalgen unter Einwirkung des Abwassers mit der Produktion in einer Mischung, die kein Abwasser enthält.

Als Maß für die Algenbiomasse gilt die in-vivo bei Licht mit einer Wellenlänge von 685 nm gemessene Chlorophyll-Fluoreszenz nach Anregung mit Licht im Wellenlängenbereich von 400 nm bis 500 nm (Maxima bei 435 nm und 485 nm).

Fluoreszierende Farbstoffe wie Rhodamin B, Rhodamin WT oder Uranin können zur Strömungsmessung kontinuierlich oder periodisch in das Untersuchungsgebiet eingebracht werden und so das Stömungsprofil anhand der Verdünnung des Farbstoffes gemessen werden.

Typische Anwendungsgebiete sind die
— Infiltration von Abwässern in das Grundwasser
— Strömungsmessung bei der Einleitung von Abwässern in Flüsse und Meere
— Lokalisierung von Zu- und Abläufen in Seen usw.

Enzymatische Tests für die Wasseranalytik wurden von Obst und Holzapfel-Pschorn beschrieben [FL-18].

Der Einsatz der Fluoreszenz-Spektrometrie für geohydrologische Markierungstechnik ist aus dem Buch von W. Käss zu entnehmen [FL-19].

9.1.2.6 Analytik fester Proben

Die Untersuchung von festen umweltrelevanten Matrizes wie
— Böden
— Sedimenten
— Klärschlämmen
— Abfällen
— Altlasten und Altablagerungen
setzt ein Herauslösen der fluoreszierenden Verbindungen mittels eines Extraktionsverfahrens voraus.

Geeignete Probenvorbereitungstechniken sind
— Soxhlet-Extraktion (siehe Abschnitt 8.3.6) und die
— Extraktion mit überkritischen Gasen (SFE) (siehe Abschnitt 8.3.7).

Bei der Soxhlet-Extraktion müssen in der Regel die erhaltenen Extrakte zusätzlich mit einem sich anschließenden Clean-up – Schritt aufgereinigt werden.

Die Analytik von polyzyklischen Aromaten in See-Sedimenten nach entsprechender Probenvorbereitung mit der Fluoreszenz-Spektrometrie haben Saber und Mitautoren ausführlich beschrieben [FL-13].

Literatur
[FL-1]   G. Schwedt: Fluometrische Analyse, Verlag Chemie, Weinheim (1980).
[FL-2]   I. Ringhardtz: Einführung in die Fluoreszenz-Spektrometrie, *Angewandte UV-Spektroskopie* Perkin-Elmer **4** (1981).
[FL-3]   H. Hellmann: Fluoreszenzspektroskopische Bestimmung in der Atmosphäre vorkommender polycyclischer aromatischer Kohlenwasserstoffe, *Fresenius Z. Anal. Chem.* **278** (1976) 257-262.
[FL-4]   R. Niessner, W. Robers and A. Krupp: A new analytical concept remote laser-induced and time-resolved fluorescence (LIF) of PAHs in aerosol or water, *Fresenius Z. Anal. Chem.* **333** (1989) 708-709.
[FL-5]   C. Steinberg, K. Kühl und A. Schrimpf: Eine Methode zur spezifischen Orthophosphat-Bestimmung und deren Automatisierung, *Z. Wasser-Abwasser-Forschung* **15**, Nr 1, (1982) 26-29.
[FL-6]   The determination of uranium using the model LS-30, Fluorescence Applications, No. FLA-22 Perkin-Elmer (1989).
[FL-7]   The determination of aluminium in water using the model LS-30, Fluorescence Applications, No. FLA-22 Perkin-Elmer (1989).
[FL-8]   H. Yoshida, T. Ito and A. Murata: Fluorimetric determination of beryllium with 4-methyl-6-acetyl-7-hydroxyccumarin, *Fresenius Z. Anal. Chem.* **338** (1990) 738-740.
[FL-9]   K. Itoh, M. Nakayama, M. Chikuma and H. Tanaka: Separation and Determination of Selenium (IV) in Environmental Water Samples by an Anion-Exchange Resin Modified with Bismuthiol-II and Diaminonaphthalene Fluorophotometry, *Fresenius Z. Anal. Chem.* **321** (1985) 56-60.
[FL-10] H. Hein: Spektrometrische und chromatographische Methoden in der Umweltanalytik, (Literaturdokumentation) Literatur über Fluoreszenz-Spektrometrie, *Ein Arbeitsmittel vom Umwelt Magazin,* Vogel-Verlag, Würzburg (1992) 21-27.
[FL-11] J. A. Siegel, P. D. J. Fischer, B. S. C. Gilna, B. S. A. Spadafora and D. Krupp: Fluorescence of Petroleum Produkts I. Tree-Dimensional Fluorescence Plots of Motor Oils and Lubricants, *Journal of Forensic Sciences* **30** No. 3 (1985) 741-759.
[FL-12] I. M. Warner, G. Patoney and M. P. Thomas: Multidimensional Luminiscence Measurements, *Analytical Chemistry* **57** No.3, (1985) 463-483.
[FL-13] A. Saber, G. Morel, L. Paturel, J. Jarosz, M. Martin-Bouyer and M. Vial: Application of the high-resolution low temperature spectrofluorometry to analysis of PAHs in lake sediments, marin intertidal sediments and organisms, *Fresenius Z. Anal. Chem.* **339** (1991) 716-721.
[FL-14] K. Okumura, Kawade and T. Una: Fluorimetric determination of chloroform in drinking water, *Analyst* **107** (1982) 1498-1502.
[FL-15] P. Krämer, W. Stöcklein und R. Schmid: Fließinjektions-Immuno-Analyse zum Nachweis von Pflanzenschutzmitteln, *Vom Wasser* **73** (1989) 345-350.

[FL-16]   S. Marhold, E. Koller, I. Meyer and O. S. Wolfbeis: A sensitive fluorimetric
          assay for cationic surfactants, *Fresenius Z. Anal. Chem.* **336** (1990) 111-113.

[FL-17]   DIN 38412, T 33: Bestimmung der nichtgiftigen Wirkung von Abwasser
          gegenüber Grünalgen (Scenedesmus-Chlorophyll-Fluoreszenztest) über
          Verdünnungsstufen, Ausgabe März 1991.

[FL-18]   U. Obst und A. Holzapfel-Pschorn: Enzymatische Tests für die Wasseranaly-
          tik, Ausgabe 1988, R.Oldenbourg Verlag, München.

[FL-19]   W. Käss: Geohydrologische Markierungstechnik, Ausgabe 1992, Gebrüder
          Bornträger, Berlin/Stuttgart.

9.1.3   Infrarot-Spektrometrie

9.1.3.1   Grundlagen der Infrarot-Spektrometrie

Die klassische Anwendung der IR-Spektrometrie ist die qualitative Substanzanalyse, die darauf
beruht, daß sich im IR-Spektrum Stoffeigenschaften als Funktion der Wellenlänge darstellen.

Durch Absorption von elektromagnetischer Strahlung (Licht) im Bereich von 0,8 bis 500 mm
($\triangleq$ 12500 bis 20 Wellenzahlen in cm^{-1}) werden in einem Molekül unterschiedliche mechani-
sche Schwingungen von Atomen oder funktionellen Gruppen angeregt, wie dies Abbildung
IR-1 zum Ausdruck bringen soll. Andererseits gehorchen Wechselwirkungen zwischen Infrarotstrahlung und Materie dem Bouguer-Lambert-Beerschen Gesetz, wonach die Stärke der
Infrarotabsorption als Maß für die Konzentration (bzw. Schichtdicke) gewertet werden kann
und damit eine quantitative Analysenaussage ermöglicht wird. Qualitative und quantitative
Analytik mittels IR-Spektrometrie erfordern demnach Absorptionsmessung in Abhängigkeit
von der Wellenlänge bei gleichzeitig hoher Ordinatengenauigkeit (IR-Spektrum).

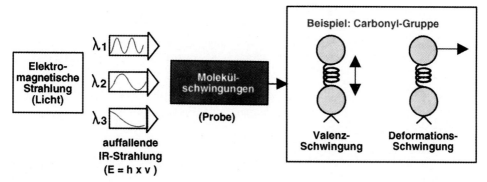

Abb. IR-1. Grundprinzip der Infrarotspektrometrie

Verschiedene instrumentelle Methoden zur Erfassung der Rotationsschwingungsspektren sind beschrieben worden. Allen gemeinsam ist eine – wenn auch unterschiedlich aufgebaute – apparative Einrichtung, mit deren Hilfe die Durchlässigkeit (Transmission, Transmittance) einer Probe für Infrarotstrahlung in Abhängigkeit von der Wellenlänge (bzw. Wellenzahl) gemessen werden kann. Ein derartiges Instrument wird als Infrarotspektrometer bezeichnet.

Obwohl eine Einteilung von Photometern nach den unterschiedlichsten Gesichtspunkten vorgenommen werden kann (vergl. DIN 58 960, Teil 2: Photometer für analytische Untersuchungen) wird eine Unterteilung der Infrarotspektrometer in der Praxis hauptsächlich nach der jeweiligen Methode zur Selektion der Wellenlänge vorgenommen. Man unterscheidet
– nicht-dispersive IR-Photometer,
– dispersive IR-Spektrometer und
– Fourier-Transform-IR-(FTIR)-Spektrometer.

Während bis vor kurzem dispersive IR-Spektrometer die dominierende Rolle gespielt haben, werden in jüngster Zeit immer mehr FTIR-Spektrometer mit ihren erweiterten Einsatzmöglichkeiten angetroffen.

Da die Beschreibung der wichtigsten Grundlagen der IR-Spektrometrie weit über den Rahmen dieses Buches hinausgehen würde, muß auf entsprechende weiterführende Literatur verwiesen werden [IR-1], [IR-2], [IR-3], [IR-4].

9.1.3.2 Analysentechnik

Prinzipiell läßt sich jedes dispersive IR-Spektralphotometer in einzelne Bauelemente mit typischen Funktionen unterteilen, die in ihrem Zusammenwirken die vom Anwender gewünschte Form des Meßergebnisses (z. B. Spektrum, Transmissions- bzw. Extinktionswert bei definierter Wellenzahl usw.) liefern.

Grundsätzlich finden wir
– eine Infrarot-Strahlungsquelle zur Erzeugung kontinuierlicher elektromagnetischer Strahlung im interessierenden Infrarot- Spektralbereich,
– einen Spektralapparat zur Selektion der Wellenlänge (bzw. Wellenzahl),
– einen Empfänger (Detektor) zur Umwandlung des optischen Signals in ein elektrisches Signal,
– ein optisches System für eine möglichst verlustfreie Übertragung der Strahlung von der Lichtquelle zum Empfänger und zur Aufnahme der Probe in den Meßstrahlengang,
– eine Meßwertausgabeeinheit mit Meßwertwandler (Prozessor, Rechner, Schreiber, Bildschirm usw.).

Der schematische Aufbau eines IR-Spektrometers mit den zugehörigen Bauelementen geht aus der Abbildung IR-2 hervor.

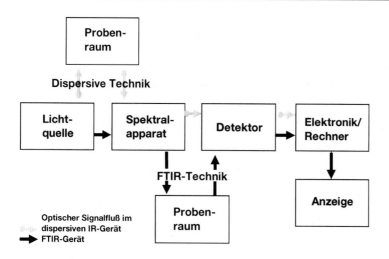

Abb. IR-2. Schematischer Aufbau eines IR-Spektrometers und die zugehörigen Bauelemente

In Fourier-Transform-IR-(FTIR)-Spektrometern ist ein Michelson-Interferometer der zentrale optische Baustein, anstelle des Monochromators der konventionellen dispersiven Spektrometer (siehe Abb. IR-3). Die Strahlung der Lichtquelle wird an einem halbdurchlässigen Strahlteiler aufgeteilt. Ein Teil wird auf einen festen Spiegel reflektiert, der andere Teil wird durchgelassen und fällt auf einen beweglichen Spiegel. Nach Reflexion interferieren diese beiden Teilstrahlen. Die Interferenzen werden von der Position des beweglichen Spiegels bestimmt, d. h. von der optischen Wegdifferenz der beiden Teilstrahlen. Es wird der Intensitätsverlauf am Detektor in Abhängigkeit von der Wegdifferenz, das sogenannte Interferogramm, registriert, das durch eine mathematische Operation, die Fourier-Transformation, in das Spektrum umgewandelt wird. Die Auflösung des FTIR-Spektrometers wird bestimmt durch die maximale Wegdifferenz der beiden Teilstrahlen; sie sollte daher möglichst groß sein. In kommerziellen Geräten sind Wegdifferenzen von bis zu einigen 10 cm realisiert. Dies führt zu spektralen Auflösungen von 0,05 cm^{-1} und besser. Diese endliche Wegstrecke verursacht bei der Transformation Fehler, die man durch Multiplikation des Interferogramms z. B. mit Dreieckfunktionen korrigiert (Apodisation). Die Position des beweglichen Spiegels wird anhand der Interferenzen eines Helium-Neon-Lasers (siehe Abb. IR-3) bestimmt, die auch den Takt für die Datenübernahme zur Fourier-Transformation und weitere Rechenoperationen geben. Mit kommerziellen FTIR-Geräten ist der gesamte Spektralbereich vom nahen IR-(10 000-4000 cm^{-1}) über den mittleren IR- (4000-400 cm^{-1}) bis zum fernen IR-Bereich (< 400 cm^{-1}) zugänglich [IR-5].

Weitere Details über Aufbau und Funktion von Infrarotspektrometern können der Publikation von Wachter entnommen werden [IR-6].

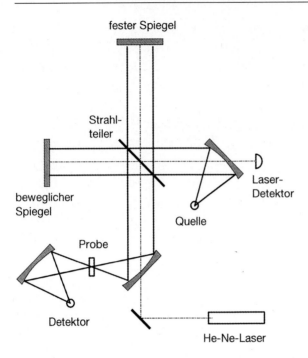

Abb. IR-3. Prinzipieller Aufbau eines FTIR-Spektrometers

9.1.3.3   Einsatzbereiche in der Umweltanalytik

Umweltanalytik heißt im allgemeinen Spurenanalytik. Die für das Erreichen der entsprechenden Nachweisgrenzen erforderlichen Empfindlichkeiten und Signal/Rausch-Verhältnisse sind mit der IR-Spektroskopie oft schwieriger zu erreichen, als mit anderen Methoden der instrumentellen Analytik, z. B. der Gaschromatographie oder der Fluoreszenz-Spektroskopie. Andererseits handelt es sich bei der IR-Spektroskopie um ein weit verbreitetes, universell einsetzbares und relativ preiswertes Analysenverfahren, das sehr spezifisch ist und darüber hinaus wertvolle strukturelle Informationen liefert. Man hat daher erfolgreich versucht, durch meß- und präparationstechnische Maßnahmen und durch spezielle Verfahren der rechnerischen Spektrenauswertung in den Bereich der Spurenanalyse vorzudringen. Dadurch ist es gelungen in gasförmigen, flüssigen und festen Proben verschiedene Komponenten ausreichend und selektiv zu bestimmen.

Normen, Richtlinien, Internationale Verfahren, Literatur usw.

Eine Zusammenstellung wichtiger Analysenmethoden aus Standardwerken und weiterführender Literatur ist in Tabelle IR-1 aufgelistet.

Tabelle IR-1. Analysenverfahren in Form von Normen, Richtlinien usw.

Parameter	Gasförmige Proben				Unbelastetes Wasser	Belastetes Wasser	Feststoffe
	Abluft	Raumluft	Bodenluft	Stäube (usw.)	Trink-, Brauch-, Mineral-, Bade-, See-, Flußwasser, usw.	Abwasser, Sickerwasser, Eluate, usw.	Klärschlamm, Boden, Sedimente, Abfall, usw.
Asbest und Quarzstaub	[IR7] [IR9] [IR26]	[IR7] [IR26]	[IR7]	[IR24] [IR25]			
Organische Lösungsmittel Dämpfe und Gase	[IR8]	[IR8]	[IR8]				
Kohlenwasserstoffe (Benzin, Mineralöl)					[IR16] [IR17] [IR21]	[IR16] [IR17] [IR21]	[IR18]
Tenside					[IR20]	[IR19] (IR2O)	
Pflanzenbehandlungs-mittel					[IR22] [IR23]		
Huminstoffe					[IR27] [IR28]	[IR27] [IR28]	
Kresole	[IR13]	[IR13]	[IR13]				
Dimethylformamid	[IR14]	[IR14]	[IR14]				

T

9.1.3.4   Analytik gasförmiger Proben

Ein einfacher Weg zur Steigerung der Empfindlichkeit ist die Erhöhung der Schichtdicke. So wird die Spurenanalytik von Gasen in Mehrfachreflexionsküvetten durchgeführt, deren optische Wellenlänge zwischen 1-20 m variabel einstellbar ist. Hierbei lassen sich z. B. für Schwefeldioxid und nitrose Gase Nachweisgrenzen von ca. 1 ppm erreichen [IR-7].

Die gute Auflösung von Hochleistungs-IR-Spektrometern, kombiniert mit digitalen Rauschfiltern und einem empfindlichen Thermoelement, ermöglicht das Erreichen der mit der gegenwärtigen Infrarot-Technologie erzielbaren Nachweisgrenzen. Hervorragend geeignet ist die IR-Spektroskopie in Verbindung mit Langweg-Gasküvetten für die Überprüfung von maximalen Arbeitsplatzkonzentrationen [IR-8], [UV-4].

Schon mit relativ einfachen Geräten und Küvetten läßt sich die qualitative und quantitative Zusammensetzung von Industrie- und Fahrzeugabgasen untersuchen. Die quantitative Analyse erfordert das Vorhandensein von Standards, die den zu erwartenden Analysen in der Zusammensetzung und im Konzentrationsbereich ungefähr entsprechen. Diese müssen selbst hergestellt werden, sind in manchen Fällen aber auch käuflich zu erwerben.

Verschiedene VDI-Richtlinien sind für die Messung gasförmiger Emissionen vorhanden [IR-10] bis [IR-14].

Die IR-spektrometrische Bestimmung von Asbeststaubkonzentrationen im strömenden Reingas ist ebenfalls in einer VDI-Richtlinie beschrieben [IR-9].

9.1.3.5   Analytik flüssiger Proben

Bei Analysen aus flüssiger und insbesondere wäßriger Phase ist eine Steigerung der Empfindlichkeit durch Erhöhung der Schichtdicke wegen der Eigenabsorption der Lösungsmittel nur in engen Grenzen möglich. Durch das Verfahren der rechnerischen Differenzspektroskopie, kombiniert mit empfindlichen Meßmethoden (elektronische Verhältnismessung und breite Spaltprogramme, Fourier-Technik), lassen sich Analysen mit niedrigeren Konzentrationen vielfach direkt aus der Lösung durchführen. So läßt sich z. B. Harnstoff in Wasser mit einer Nachweisgrenze von ca. 0,1% bestimmen [IR-15].

Für die Analyse organischer Bestandteile in Wasser im ppm-Bereich ist jedoch eine Anreicherung durch Extraktion mit einem geeigneten Lösungsmittel erforderlich. Hierzu wurde früher vielfach Tetrachlorkohlenstoff verwendet, das aber heute wegen dessen Toxizität durch das gesundheitlich unbedenkliche Freon 113 (1,1,2-Trichlortrifluorethan) ersetzt wird.

Die Bestimmung von Kohlenwasserstoffen ist ausführlich in DIN 38409 T 18 [IR-16] und [IR-17] beschrieben.

Durch Extraktion mit 1,1,2-Trichlortrifluorethan werden die Kohlenwasserstoffe aus dem Wasser abgetrennt. Die mitextrahierten Nicht-Kohlenwasserstoffe werden durch ein polares Adsorbens entfernt.

Für die quantitative Bestimmung von Kohlenwasserstoffen wird die charakteristische Absorption der CH$_3$-Gruppe bei 3,38 µm ($\overline{v}$ = 2958 cm$^-$1), der < CH$_2$-Gruppe bei 3,42 µm ($\overline{v}$ = 2924 cm^{-1}) und der CH-Gruppe der Aromaten bei 3,30 µm ($\overline{v}$ = 3030 cm^{-1}) benutzt, die aus Abbildung IR-5 ersichtlich sind.

Bei der quantitativen Bestimmung von Kohlenwasserstoffen aus dem Mineralölbereich hat man zu berücksichtigen, daß sich diese in drei Gruppen aufteilen lassen:

a) die Ottokraftstoffe mit hohem CH$_3$-Gruppen-Anteil
b) Produkte mit überwiegendem Aromatengehalt, wie Teeröl und Aromatenextrakt (bei dieser Gruppe überschreitet das Verhältnis der Extinktionen bei 3,30 µm den Wert von 0,23)
c) Mitteldestillate und alle übrigen Produkte mit überwiegendem CH$_2$-Gruppen-Anteil.

Für die Gruppe der Ottokraftstoffe (a) und die Gruppe der übrigen Produkte wie Dieselkraftstoffe, leichtes und schweres Heizöl und Schmieröl (c), werden in der DIN 38409, Teil 18 verschiedene Auswerteformeln angewandt.

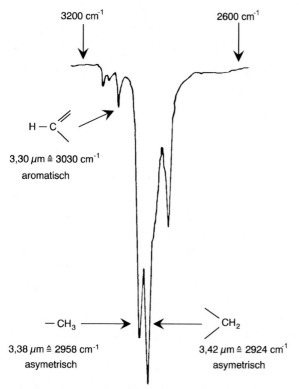

Abb. IR-4. Charakteristische Absorptionsbanden für die Kohlenwasserstoffbestimmung in Wasser (Lösungsmittel: 1,1,2,-Trichlortrifluorethan)

Nach einer Soxhlet-Extraktion mit 1,1,2-Trichlortrifluorethan lassen sich auch Feststoffe wie Böden und Abfälle auf Kohlenwasserstoffe als Summenparameter untersuchen [IR-18].

Arbeiten von H. Hellmann [IR-19], sowie Gaigalat, Rau und Oelichmann [IR-20] befassen sich intensiv mit der Analyse von
– anionischen Tensiden
– kationischen Tensiden und
– nichtionischen Tensiden.

Hierzu werden die Tenside zunächst durch Extraktion aus Wasserproben angereichert. Dann folgt mittels Dünnschicht-Chromatographie (DC) die Auftrennung in die drei unterschiedlichen Tensidtypen. Mit Hilfe der IR-Spektrometrie erfolgen anschließend die Identifizierung und Quantifizierung.

Bei Verschmutzung von Wasser durch Öl-Unfälle kann es aus forensischen Gründen wichtig sein, die Herkunft des Öls festzustellen, wobei rechnerische Methoden wie die Korrelationstechnik erforderlich sind [IR-21].

Sollen Gemische unbekannter Substanzen in Abwässern untersucht werden, so empfiehlt sich eine dünnschicht-chromatographische Trennung. Die isolierten Substanzflecken werden anschließend einschließlich dem Trägermaterial abgekratzt, mit Lösungsmittel extrahiert und dann IR-spektroskopisch untersucht. Dies kann durch Auftragen des Extrakts auf einem KRS-5-Kristall geschehen. Nach Verdampfen des Lösungsmittels erhält man ein Spektrum nach der Methode der inneren Vielfachreflexion (MIR). Auf diese Weise ließen sich z. B. Harnstoff-Herbizide in natürlichen Wässern mit einer Nachweisgrenze von ca. 40 ppm bestimmen [IR-22], [IR-23].

Ein weiteres wichtiges Einsatzgebiet stellt die Charakterisierung von Huminstoffen in Wasserproben dar [IR-27],[IR-28].

9.1.3.6 Analytik fester Proben

Die Untersuchung von Stoffen im festen Aggregatzustand spielt in der Umweltanalytik eine wichtige Rolle. So ist bekannt, daß mineralische Stäube in der Luft bei Langzeitbelastung eine erhebliche Toxizität besitzen. Die Stäube werden z. B. an einem Filter abgeschieden und als 13mm-KBr-Preßlinge präpariert (typische Probenmenge 1 mg). Handelt es sich um sehr geringe Mengen mit wenigen Mikrogramm Substanz, empfiehlt sich die Anwendung der Mikropreßtechnik [IR-3], [IR-4].

Mit geeigneten Rechenprogrammen können auch quantitative Mehrkomponentenanalysen von Gemischen durchgeführt werden [IR-15].

So lassen sich z. B. Quartz, Kavlin, Korund, Siliciumcarbid und Orthoklas in Stäuben von Mahlsteinen quantiv bestimmen. Die Bestimmung von Asbest- und Quartzstäuben ist arbeitsmedizinisch von großer Bedeutung [IR-24], [IR-25], [IR-26].

Literatur

[IR-1]   F.-M. Schnepel: Physikalische Methoden in der Chemie: Infrarotspektroskopie, *Chemie unserer Zeit* **13** (1979) 33.

[IR-2]   M. Hesse, H. Meier und B. Zeeh: Spektroskopische Methoden in der organischen Chemie, Thieme Verlag Stuttgart (1979).

[IR-3]   H. Guenzler und H. Böck: IR-Spektroskopie – eine Einführung, Taschentext
43/44, Verlag Chemie Weinheim (1975).

[IR-4]   G. Schwedt: *Taschenatlas der Analytik* (Infrarot- und Raman-Spektroskopie
S. 114-121), G.Thieme Verlag Stuttgart (1992).

[IR-5]   J. Oelichmann: Infrarot- und Raman-Spektroskopie, *Handbuch der indu-
striellen Meßtechnik,* 4. Auflage, Vulkan Verlag, Haus der Technik, Essen,
850-868.

[IR-6]   G. Wachter: Das Infrarotspektrometer – Aufbau und Funktion, *Angewandte
Infrarotspektrometrie* (Perkin-Elmer) **26** (1991).

[IR-7]   M. V. Zeller und P. P. Juszli: Vergleichsspektren von Gasen, *Angewandte Infrarotspektroskopie* (Perkin-Elmer), **11** (1974).

[IR-8]   M. V. Zeller und M. P. Juszli: IR Vergleichsspektren von Dämpfen an den
OSHA-Konzentrationsgrenzen (OSHA = Occupational Safety and Health
Administration, USA) mit variablen Langweg-Glasküvetten, *Angewandte
Infrarotspektroskopie* (Perkin-Elmer) **17** (1975).

[IR-9]   VDI-Richtlinie 3861 Bl. 1, Ausgabe 12.89
Messen faserförmiger Partikel; Manuelle Asbest-Staubmessung im strömenden Reingas; IR-spektrographische Bestimmung der Asbeststaub-Massen-
konzentration.

[IR-10]   VDI-Richtlinie 2460 Bl. 1, Ausgabe 3.73
Messung gasförmiger Emissionen; Infrarotspektrometrische Bestimmung
organischer Verbindungen; Grundlagen.

[IR-11]   VDI-Richtlinie 2460 Bl. 1 E, Ausgabe 4.92
Messung gasförmiger Emissionen; Infrarotspektrometrische Bestimmung
organischer Verbindungen; Grundlagen.

[IR-12]   VDI-Richtlinie 2459 Bl. 1, Ausgabe 11.80
Messen gasförmiger Emissionen; Messen der Kohlenmonoxid-Konzentra-
tion; Verfahren der nichtdispersiven Infrarot-Absorption.

[IR-13]   VDI-Richtlinie 2460 Bl. 3, Ausgabe 6.81
Messen gasförmiger Emissionen; Infrarotspektrometrische Bestimmung von
Kresolen.

[IR-14]   VDI-Richtlinie 2460 Bl. 2, Ausgabe 7.74
Messung gasförmiger Emissionen; Infrarotspektrometrische Bestimmung
von Dimethylformamid.

[IR-15]   K. Molt: Quantitative Analytik in Labor und Produktion mit Hilfe der rechnerunterstützten Infrarot-Spektoskopie, *Chemie-Technik* **11** (1982) 321-323.

[IR-16] DIN 38409, Teil 18, Bestimmung von Kohlenwasserstoffen, Ausgabe Februar 1981 (Überarbeitung in Vorbereitung).

[IR-17] R. Woltmann: Automatische Bestimmung von Kohlenwasserstoffen in Abwässern mit Hilfe der rechnerunterstützten Infrarot-Spektroskopie, Angewandte *Infrarotspektroskopie* (Perkin-Elmer) **18** (1982).

[IR-18] R. Petersen: Probenahme und Analytik auf mineralölverunreinigten Standorten, *WLB Wasser, Luft und Boden* **3** (1989) 60.

[IR-19] H. Hellmann: Nachweis und Bestimmung von Aniontensiden in Gewässern und Abwässern durch IR-Spektroskopie, *Fresenius Z. Anal. Chem.* **293** (1978) 359-363.

[IR-20] D. Gaigalat, A. Rau und J. Oelichmann: Bestimmung von Tensiden in Oberflächengewässern: Kombination der Dünnschichtchromatographie mit der Infrarot-Spektroskopie, *Applications of Infrared Spectroscopy* (Perkin-Elmer), IR-Appl. **25** (1987).

[IR-21] C. D. Bear and C. W. Brown: Identifying the source of Weathered Petroleum: Matching Infrared Spectra with Correlation Coefficients, *Applied Spectroscopy,* **31** No. 6 (1977) 524-527.

[IR-22] J. P. Bartelmemy et al.: Application de la spéctrometrie per reflexion totale attenuée multiple dans l'infrarouge à l'identification de résidus de plusieurs herbicides urées dans des eaux naturelles, *Talanta,* **26** (1979) 885-888.

[IR-23] R. C. Core, R. W. Hannah et al.: Infrared and Ultraviolet Spectra of Seventy-six Pesticides, *Journal of the AOAC* **54** No.5 (1971) 1040-1082.

[IR-24] J. L. Nieto: Infrared Determination of Quartz, Kavlin, Corundum, Silicon carbide and Orthoclase in Respirable Dust from Griding Wheels, *Analyst* **103** (1978) 128-133.

[IR-25] J. P. Coates: IR-analysis of toxic dust. Analysis of collected Samples of asbestos, *American Laboratory (December 1977).*

[IR-26] M. V. Zeller und S. C. Pattacini: Zur Bestimmung von Asbest- und Quartzstaub in der Luft, 1. Quantitative Bestimmung von Quartzstaub in der Atmosphäre. *Angewandte Infrarotspektroskopie* (Perkin-Elmer) **13** (1975).

[IR-27] G. Abbt-Braun und F. H. Frimmel: Alkalisierungsreaktionen als Schlüssel für die Charakterisierung isolierter aquatischer Huminstoffe, *Vom Wasser* **74** (1990) 307-324.

[IR-28] J. I. Kim, G. Buckau, G. H. Li, H. Duschner and N. Psarres: Charakterisation of humic and fulvic acids from Gorleben groundwater, *Fresenius Z. Anal. Chem.* **338** (1990) 245-252.

9.1.4   Atomabsorptions-Spektrometrie

9.1.4.1   Grundlagen der Atomabsorptions-Spektrometrie

Die Atomabsorptions-Spektrometrie (AAS) ist eines der gebräuchlichsten instrumentellen Analysenverfahren für den quantitativen Nachweis von Metallen und Halbmetallen im Prozentbereich bis hin zum Ultraspurenbereich.

Das Prinzip der Atomabsorption wurde schon von Kirchhoff und Bunsen Mitte des 19. Jahrhunderts erkannt und beschrieben. Bei ihren Versuchen fanden sie heraus, daß Atome, die sie aus Alkali- und Erdalkalisalzen in der Flamme eines Bunsenbrenners erzeugten, in der Lage sind, Licht zu absorbieren. Diese Befunde bestätigte später Planck in seinem Gesetz der gequantelten Emission und Absorption der Energie, das besagt, daß jedes Atom nur in bestimmten Energiezuständen existenzfähig ist.

Plancksche Gleichung : $E = E_2 - E_1 = h \cdot \gamma = \dfrac{h \cdot c}{\lambda}$

E   = Energiedifferenz
E1, E2 = Energiezustände
h   = Planksches Wirkungsquantum
c   = Lichtgeschwindigkeit
γ = Frequenz
λ = Wellenlänge
c   = Konzentration

Übergänge zwischen den einzelnen Energiezuständen E_1 und E_2 sind jeweils mit der Aufnahme bzw. Abgabe einer genau definierten Energiemenge E verbunden.

Aus der Erkenntnis Planks (1900), daß sich die Energie der Lichtquanten E proportional zu deren Frequenz γ, bzw. umgekehrt proportional zu ihrer Wellenlänge γ verhalten, muß gefolgert werden, daß Atome nur Licht ganz spezifischer Wellenlänge absorbieren bzw. emittieren können. Hierauf beruht die Spezifität der Elementbestimmung mit Hilfe der AAS.

Bei allen atomabsorptionsspektrometrischen Verfahren werden von einer für die Messung geeigneten Strahlungsquelle (siehe dazu 9.1.4.2 Analysentechnik) Spektrallinien des zu bestimmenden Elementes emittiert, deren Halbwertsbreiten kleiner sind, als die der zugehörigen Absorptionslinien. Die elementspezifische Wechselwirkung der Anregungsstrahlung mit den zu bestimmenden Atomen äußert sich in der konzentrationsabhängigen Schwächung der emittierten Spektrallinie mit definierter Wellenlänge γ, wie Abbildung AAS-1 zeigt.

**Strahlungs-
quelle**

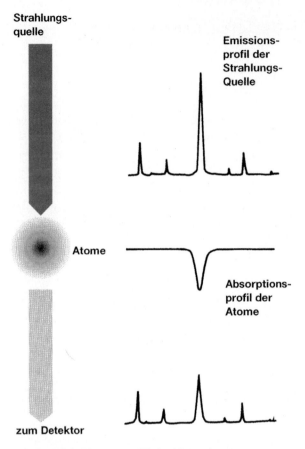

**Emissions-
profil der
Strahlungs-
Quelle**

Atome

**Absorptions-
profil der
Atome**

zum Detektor

Abb. AAS-1. Elementspezifische Absorptionsmessung

Durch die Messung der absorbierten Lichtmenge kann auf die Zahl der absorbierenden Atome zurückgeschlossen werden. Damit läßt sich die Atomabsorption als quantitatives Analysenverfahren für die Bestimmung von Metallen und Halbmetallen einsetzen.

Der Zusammenhang zwischen der Meßgröße Extinktion A, der Probenkonzentration c, der Schichtdicke d und dem dekadischen Extinktionskoeffizienten ist durch das Bouguer-Lambert-Beersche Gesetz gegeben.

$$A = \varepsilon \cdot c \cdot d$$

Da der Extinktionskoeffizient eine (streng wellenlängenabhängige) Stoffkonstante ist, die Schichtdicke in der AAS ebenfalls nicht als Variable auftritt, kann das Bouguer-Lambert-Beer'sche Gesetz in verkürzter Form wie folgt benutzt werden

$$A = c \cdot k$$

A   = Extinktion
c   = Konzentration
k   = Kalibrierfaktor

Der in der Praxis benutzte Spektralbereich reicht von der Arsen-Resonanzlinie $\lambda = 193{,}7$ nm bis zur Cäsium-Resonanzlinie $\lambda = 852{,}1$ nm. Er liegt also im UV-Bereich und dem sichtbaren Anteil des elektromagnetischen Spektrums.

Weiterführende Literatur siehe [AAS-1], [AAS-2].

9.1.4.2 Analysentechnik

Funktionsprinzip der AAS

Die Strahlungsquelle des AAS-Gerätes, Hohlkathodenlampe oder elektrodenlose Gasentladungslampe (EDL), sendet ein Linienspektrum aus, wie in Abbildung AAS-2 dargestellt.

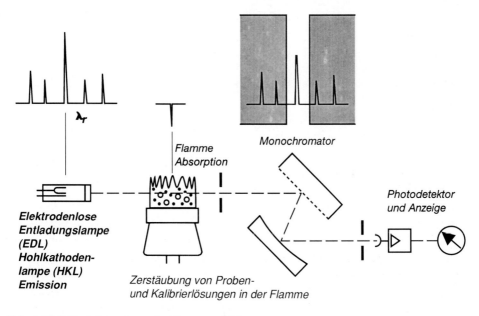

Abb. AAS-2. Funktionsschema der Flammen-AAS

Eine dieser Linien des Spekrums verwendet man als primäre Resonanzwellenlänge.

In den möglichen Atomisierungseinrichtungen wie
– Flamme,
– Graphitrohrofen oder
– Hydrid-Kaltdampf-Technik
sind die Atome des zu bestimmenden Elementes im Grundzustand enthalten. Dies geschieht durch Flammen- oder flammenlose Verfahren. Hierbei werden die Atome aus dem Mole-

külverband befreit und in Atomdampf überführt. Die von der Strahlungsquelle emittierten Spektrallinien durchstrahlen die Atomwolke in der Atomisierungseinrichtung. Je nach Konzentration des Elementes wird die Intensität der Spektrallinien geschwächt. Die Strahlung der Strahlungsquelle wird im Monochromator spektral zerlegt und nur die Resonanzlinie durch den Austrittsspalt ausgesondert.

Der Photodetektor wandelt das optische Signal in ein entsprechendes elektronisches Signal um. Dieses wird nach elektronischer Bearbeitung einer Anzeige zugeführt.

Für die Auswertung werden Datenverarbeitungssysteme verwendet.

Die Einsatzmöglichkeiten der AAS bezüglich der
— Analysenprobe
— des zu bestimmenden Elementes und
— des Konzentrationsbereiches
sind sehr stark von der Art der Atomisierung abhängig. Deshalb ist es erforderlich, die drei Varianten
— Flamme
— Graphitrohrofen und
— Hydrid-Kaltdampf-Technik
gesondert zu behandeln.

Ausführliche Informationen über die verschiedenen in der AAS auftretenden Störungen finden sich in [AAS-1].

Atomisierungseinrichtung: Flamme

Die bekannteste und mit Abstand am längsten routinemäßig verwendete Atomisierungseinrichtung der AAS ist die Luft-Acetylen-Flamme (Temperaturbereich 2125-2400°C). Sie bietet für zahlreiche Elemente eine günstige Umgebung und eine für die Atomisierung ausreichende Temperatur.

Für Elemente, die schwer schmelzbare Oxide bilden, bietet die Lachgas-Acetylen-Flamme (Temperaturbereich 2650-2800°C) günstige chemische, thermische und optische Voraussetzungen.

In der Flammen-AAS haben die Position des Brennerkopfes relativ zum Strahlengang und die Zusammensetzung des Brenngasgemisches einen erheblichen Einfluß auf die Richtigkeit, die Empfindlichkeit und den Arbeitsbereich des Verfahrens, wie Schlemmer in einer Publikation beschrieben hat [AAS-16]. Die sorgfältige Optimierung dieser Parameter kann zu einer deutlichen Verminderung von Gasphaseninterferenzen führen und den Meßbereich der Flammen-AAS um mindestens eine Größenordnung erweitern.

Weitere Einzelheiten, wie z. B. die recht komplexen chemischen Vorgänge in der Flamme, sind der entsprechenden Literatur zu entnehmen [AAS-1], [AAS-2].

Atomisierungseinrichtung: Graphitrohrofen

Die Hauptvorteile der Graphitrohrofen-Technik sind die im Vergleich zur Flammentechnik um zwei bis drei Zehnerpotenzen verbesserten Nachweisgrenzen. Außerdem besteht die Möglichkeit außer flüssigen Proben (µL-Bereich) auch feste Mikroproben zu analysieren.

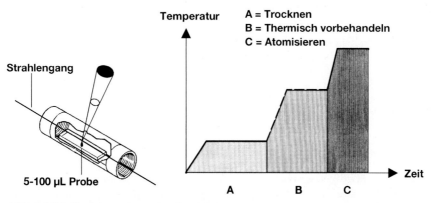

Abb. AAS-3. Funktionsschema der Graphitrohrofen-AAS

Wie aus der Abbildung AAS-3 zu ersehen ist, besteht die Graphitrohreinheit aus einem hohlen Graphitzylinder, welcher vom Lichtbündel der Hohlkathode durchstrahlt wird.

5 bis 100 µL Analysen- bzw. Kalibrierlösung werden mit einer Mikropipette bzw. mit einem automatischen Probengeber durch ein kleines Loch in das Graphitrohr gebracht. Das Graphitrohr kann aufgrund seines Widerstandes elektrisch bis auf Temperaturen von 3000°C aufgeheizt werden, wobei es von einem regulierbaren Argongasstrom umgeben und durchspült wird. Dieser hält den Sauerstoff vom Graphitrohr fern und verhindert somit ein Verbrennen des Rohres. Das Aufheizen des Graphitrohres erfolgt nach einem optimierten Zeit-Temperatur-Programm mit mindestens drei Temperaturstufen (siehe Abb. AAS-3). Für jede Stufe kann die Anstiegs- und Haltezeit der Temperatur unterschiedlich eingestellt werden. Durch stufenweise Temperaturerhöhung wird die Probe zunächst getrocknet, dann werden die Begleitsubstanzen (Matrix) weitgehend entfernt (Pyrolyseschritt) und schließlich das interessierende Element atomisiert.

Im Vergleich zur Flammen-AAS wird die Graphitrohrofen-AAS durch zahlreiche Interferenzen beeinflußt. Diese Störungen können prinzipiell in drei Gruppen zusammengefaßt werden:

– chemische Störungen
– physikalische Störungen und
– spektrale Störungen.

Chemische Störungen können während der Trocknung oder Pyrolyse in der kondensierten Phase oder durch Reaktionen an der Graphitoberfläche oder in der Gasphase des Graphitrohres während der Atomisierung auftreten.

Zu physikalischen Störungen kommt es durch den Einschluß des zu bestimmenden Elementes in der Matrix (Verhinderung der Atomisierung bzw. unvollständige Atomisierung) oder durch Mitverflüchtigung des Elementes mit einer leichtflüchtigen Matrix.

Chemische und physikalische Störungen lassen sich durch den Einsatz des Graphitrohrofens im thermischen Gleichgewicht weitgehend eliminieren oder stark reduzieren [AAS-3].

Spektrale Störungen werden durch unspezifische Lichtverluste hervorgerufen und lassen sich durch Untergrundkorrektur entweder mit einem Kontinuumstrahler oder unter Ausnutzung des Zeeman-Effekts korrigieren [AAS-4].

In einer umfangreichen Publikation hat Schlemmer den Weg der Graphitrohrofen-AAS zur absoluten Analyse beschrieben [AAS-5].

Atomisierungseinrichtung: Hydrid-Kaltdampf-Technik

Die Elemente Antimon, Arsen, Selen, Tellur, Wismut und Zinn sowie mit Einschränkungen auch Blei, Germanium und Phosphor sind in der Lage, mit naszierendem Wasserstoff kovalente gasförmige Hydride zu bilden. Diese sind bei Raumtemperatur zwar recht stabil, bei einigen hundert Grad Celsius dissoziieren sie unter dem Einfluß von Wasserstoffradikalen jedoch rasch in das Metall oder Halbmetall (in atomarer Form) und in Wasserstoff.

Als Reduktionsmittel verwendet man Natriumborhydrid ($NaBH_4$), welches zur Metallhydrid-Freisetzung den angesäuerten Analysenproben zugesetzt wird [AAS-6].

Die Bestimmung von Quecksilber ist zwar mit den gleichen Geräten möglich, basiert aber nicht auf der Verflüchtigung eines Hydrids, sondern des elementaren Quecksilbers (Kaltdampftechnik) bei der $NaBH_4$- bzw. $SnCl_2$-Reduktion. Die Notwendigkeit, oft in kleinsten Konzentrationen das toxische Element Quecksilber nachweisen zu müssen, hat dazu geführt, daß das freigesetzte Quecksilber vor der atomspektrometrischen Bestimmung angereichert wird. Dazu wird am häufigsten die „Amalgam-Technik" eingesetzt. Das über eine oder mehrere Minuten aus der Probenlösung langsam freigesetzte Quecksilber wird dabei z. B. über eine Goldnetzsäule geleitet, wo es sich mit dem Gold zu einer Amalgamverbindung umsetzt. Rasches Erhitzen dieser Goldnetzsäule auf 500°C bis 700°C setzt das Quecksilber infolge Amalgamzersetzung wieder frei; es entsteht ein schmales und wesentlich höheres Absorptionsignal, als bei einer Messung über die gesamte Dauer der Quecksilberbildung. Die Nachweisgrenze dieses Verfahrens liegt unter 0,1 ng absolut, was bei Verwendung einer 50 mL Probe einer relativen Nachweisgrenze von ca. 1 ng/L entspricht.

Eine ausführliche Darlegung der Hydrid-Kaltdampf-Technik ist im Buch „Atomabsorptionsspektrometrie" von Welz [AAS-1] auf Seite 240-266 zu finden.

Einsatzmöglichkeiten der Fließinjektionsanalyse (FIA) in der AAS

Die Fließinjektionsanalyse bringt einen beachtlichen Fortschritt hinsichtlich
− des Probendurchsatzes

– der Minimierung von Reagenz, Probe und Abfall
– sowie der Verbesserung der Präzision
in der Analytik.

Ruzicka und Hansen führten die Bezeichnung Fließinjektionsanalyse (FIA) im Jahr 1975 ein [AAS-18]. Die Abbildung AAS-4 zeigt schematisch das Prinzip der FIA.

> * **Die Fließ – Injektions – Analyse (FIA) wurde erstmals 1975 von Ruzicka und Hansen beschrieben.**

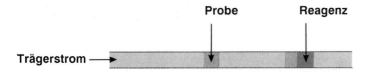

> * **Die Fließ – Injektion eignet sich hervorragend zur Kombination mit anderen Analysen – Techniken, wie zur Probenvorbereitung und – einführung in der AAS.**

Abb. AAS-4. Funktionsprinzip der Fließinjektion

In eine Trägerlösung können über ein Ventil genau definierte Mikromengen an Reagenzien oder Probelösung eingebracht werden. Durch entsprechende technische Ausführungsformen läßt sich auf dem Weg zur Detektionseinheit die gewünschte Probenvorbereitung für die Messung durchführen.

Varianten der FIA sind in der
– Flammen-AAS, sowie in der
– Graphitrohrofen- und
– Hydrid-Kaltdampf-Technik
einsetzbar.

– Kombinationen: FIA und Flammen-AAS

Durch den Einsatz der FIA in der Flammen-AAS sind folgende Einsatzbereiche erschlossen worden:
– Direkte Analyse von stark matrixbelasteten Proben (z. B. konz. Salzlösungen) [AAS-19]
– Metallbestimmungen in kleine Probevolumen
– Automatische On-Line-Probenverdünnung im erforderlichen dynamischen Konzentrationsbereich
– Quantifizierung niedriger Schwermetallkonzentrationen (μg/L-Bereich) nach Anreicherung der Metallochelate an einer Vorsäule (z. B. C_{18}-Material)

Sperling, Xu und Welz haben auf dieser Basis ein Verfahren für die Speziesanalytik von Cr^{3+} und Cr^{6+} in Wasser entwickelt [AAS-20].

– Kombination: FIA und Graphitrohrofen

Neuere Entwicklungsarbeiten haben gezeigt, daß es möglich ist, z. B. hydridbildende Elemente, wie Arsen, Selen und Wismut im Graphitrohrofen anzureichern und dadurch um den Faktor 50 empfindlicher zu detektieren [AAS-21].

Für die Bestimmung von Ultraspuren an Cadmium, Kupfer, Blei und Nickel in Meerwasser wurde mit der FIA zunächst eine Anreicherung der Metalle als Diethylammonium-N,N-diethyldithiocarbaminat (DDTC)-Komplexe an C_{18}-Material vorgenommen. Nach Elution der Metallkomplexe in dem Graphitrohrofen waren Metallkonzentrationen im ng/L-Bereich bestimmbar [AAS-22].

– Kombination: FIA und Hydrid-Kaltdampf-Technik

Sowohl für die Hydrid- als auch für die Kaltdampftechnik bringt der Einsatz der Fließinjektionstechnik eine Reihe signifikanter Verbesserungen mit sich. Hierzu gehören der geringe Verbrauch an Probe und Reagenzien, leichte Automatisierbarkeit und hohe Probenfrequenz bis zu 180 Bestimmungen pro Stunde. Außerdem ist das Kontaminationsrisiko im Spurenbereich durch Arbeiten im geschlossenem System und die Menge eingesetzter Reagenzien deutlich kleiner.

Da Reaktionsprodukte laufend abtransportiert werden und nicht im System verbleiben, sind die chemischen Störungen zum Teil um Größenordnungen geringer.

Als weiterer wichtiger Vorteil der Hydrid-Kaltdampf-Technik muß die Abtrennung des Analyten von der Hauptmenge der Probenmatrix angesehen werden, wodurch sich in vielen Fällen auch der Einsatz der Untergrundkompensation erübrigt.

Abbildung AAS-5 zeigt das Funktionsprinzip und den generellen Aufbau eines Perkin-Elmer Fließinjektions-Quecksilber-Hydridsystems, für dessen Steuerung ein frei programmierbarer PC verwendet wird.

Wesentliche Einsatzbereiche in der Umweltanalytik stellen die Bestimmung von Quecksilber und der Hydridbildner Arsen, Selen und Antimon in den unterschiedlichsten Umweltproben dar [AAS-23], [AAS-24].

9.1.4.3   Einsatzbereiche in der Umweltanalytik

Die wesentlichen Vorzüge der AAS sind hohe Spezifität und Selektivität und weitgehende Störfreiheit. Durch die drei unterschiedlichen Atomisierungseinrichtungen Flamme, Graphitrohrofen und Hydrid-Kaltdampf-Technik lassen sich Konzentrationsbereiche von Prozentgehalten bis zu den Ultraspuren (pg-Bereich) analytisch erfassen.

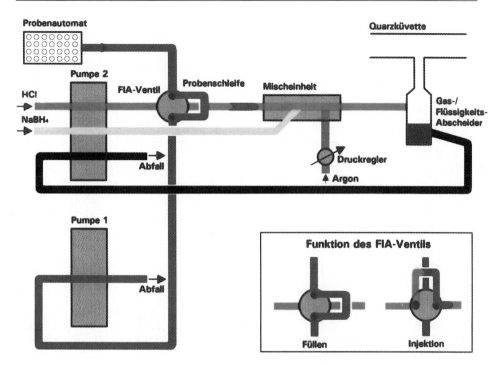

Abb. AAS-5. Fließschema für die Fließinjektions-Quecksilber-Hydrid-AAS

Fast 70 metallische Elemente sind in den unterschiedlichsten gasförmigen, flüssigen und festen Umweltproben damit quantitativ bestimmbar. Zahlreiche DIN-Vorschriften, VDI-Richtlinien und internationale Analysenverfahren gibt es auf der Basis der AAS.

Eine umfangreiche Zusammenfassung der Einsatzbereiche der AAS in der Umweltanalytik findet sich in einer Publikation von M. S. Cresser et al. [AAS-17]. 275 Literaturstellen über die Untersuchung in festen, flüssigen und gasförmigen Umweltmatrizes schließen sich dieser Veröffentlichung an.

Normen, Richtlinien, internationale Verfahren, Literatur usw.

In Tabelle AAS-1 sind für einige wichtige Metalle Analysenmethoden aus Standardwerken und weiterführender Literatur aufgeführt.

Literaturstellen für 36 metallische Elemente sind auch in den Literaturstellen [AAS-7] zu finden. Für die Schwermetallbestimmung in umweltrelevanten Feststoffen wie Böden, Sedimenten, Klärschlamm, Abfall usw. lassen sich nach entsprechenden Aufschlüssen bzw. für die Eluate die DIN-Vorschriften für unbelastete und belastete Wässer anwenden (siehe Tabelle AAS-1).

Tabelle AAS-1. Analysenverfahren in Form von Normen, Richtlinien usw.

Parameter	Gasförmige Proben				Unbelastetes Wasser (Trink-, Brauch-, Mineral-, Bade-, See-, Flußwasser, usw.)	Belastetes Wasser (Abwasser, Sickerwasser, Eluate, usw.)	Feststoffe (Klärschlamm, Boden, Sedimente, Abfall, usw.)
	Abluft	Raumluft	Bodenluft	Stäube (usw.)			
Aluminium		[UV4]					
Antimon		[UV4]		[AAS14] [AAS15]			
Arsen		[UV4]		[AAS14] [AAS15]			
Barium		[UV4]		[AAS13]			
Beryllium		[UV4]		[AAS13]			
Blei	[AAS8] [AAS9]	[UV4] ISO 8518		[AAS8] [AAS9] [AAS13]	DIN 38406 T 6 DIN 38406 T21 ISO 8288	DIN 38406 T 6 DIN 38406 T21 ISO 8288	DIN 38406 T 6
Bor							
Cadmium	[AAS9] [AAS10]	[UV4]		[AAS9] [AAS10] [AAS13]	DIN 38406 T19 DIN 38406 T21 ISO 8288 ISO 5961	DIN 38406 T19 DIN 38406 T21 ISO 8288 ISO 5961	DIN 38406 T19

Tabelle AAS-1 (Fortsetzung).

Parameter	Gasförmige Proben				Unbelastetes Wasser	Belastetes Wasser	Feststoffe
	Abluft	Raumluft	Bodenluft	Stäube (usw.)	Trink-, Brauch-, Mineral-, Bade-, See-, Flußwasser, usw.	Abwasser, Sickerwasser, Eluate, usw.	Klärschlamm, Boden, Sedimente, Abfall, usw.
Calcium		[UV4]			DIN 38406 T3 ISO 5961 ISO 7980	DIN 38406 T3 ISO 5961 ISO 7980	DIN 38406 T3
Cäsium							
Chrom		[UV4]		[AAS13]	DIN 38406 T10 ISO 9174	DIN 38406 T10 ISO 9174	DIN 38406 T10
Chromat							
Eisen		[UV4]					
Gold							
Kalium					ISO 9964 - 1	ISO 9964 - 1	
Kobalt		[UV4]		[AAS13]	ISO 8288 DIN 38406 T13 DIN 38406 T21	ISO 8288 DIN 38406 T13 DIN 38406 T21	DIN 38406 T13

Tabelle AAS-1 (Fortsetzung).

Parameter	Gasförmige Proben				Unbelastetes Wasser Trink-, Brauch-, Mineral-, Bade-, See-, Flußwasser, usw.	Belastetes Wasser Abwasser, Sickerwasser, Eluate, usw.	Feststoffe Klärschlamm, Boden, Sedimente, Abfall, usw.
	Abluft	Raumluft	Bodenluft	Stäube (usw.)			
Kupfer		[UV4]		[AAS13]	ISO 8288 DIN 38406 T 7 DIN 38406 T21	ISO 8288 DIN 38406 T 7 DIN 38406 T21	DIN 38406 T 7
Lithium					DEV-E15 (Emission)	DEV-E15 (Emission)	
Magnesium		[UV4]			DIN 38406 T3 ISO 7980	DIN 38406 T3 ISO 7980	DIN 38406 T3
Mangan		[UV4]					
Molybdän		[UV4]					
Natrium					ISO 9964 - 1 DIN 38406 T14	ISO 9964 - 1 DIN 38406 T14	DIN 38406 T14
Nickel		[UV4]		[AAS13]	ISO 8288 DIN 38406 T11 DIN 38406 T21	ISO 8288 DIN 38406 T11 DIN 38406 T21	DIN 38406 T11
Quecksilber		[UV4]			DIN 38406 T12 ISO 5666 - (1-3)	DIN 38406 T12 ISO 5666 - (1-3)	DIN 38406 T12

Tabelle AAS-1 (Fortsetzung).

| Parameter | Gasförmige Proben | | | | Unbelastetes Wasser Trink-, Brauch-, Mineral-, Bade-, See-, Flußwasser, usw. | Belastetes Wasser Abwasser, Sickerwasser, Eluate, usw. | Feststoffe Klärschlamm, Boden, Sedimente, Abfall, usw. |
	Abluft	Raumluft	Bodenluft	Stäube (usw.)			
Rubidium							
Selen		[UV4]		[AAS14] [AAS15]			
Silber					DIN 38406 T18 DIN 38406 T21	DIN 38406 T18 DIN 38406 T21	
Silicium							
Strontium				[AAS13]			
Tellur		[UV4]					
Thallium	[AAS11]			[AAS12]	DIN 38406 T21	DIN 38406 T21	
Uran							

T

Tabelle AAS-1 (Fortsetzung).

Parameter	Gasförmige Proben				Unbelastetes Wasser Trink-, Brauch-, Mineral-, Bade-, See-, Flußwasser, usw.	Belastetes Wasser Abwasser, Sickerwasser, Eluate, usw.	Feststoffe Klärschlamm, Boden, Sedimente, Abfall, usw.
	Abluft	Raumluft	Bodenluft	Stäube (usw.)			
Vanadium				[AAS13]			
Wismut					DIN 38406 T21	DIN 38406 T21	
Zinn							
Zink				[AAS13]	DIN 38405 T8 ISO 8288	DIN 38405 T8 ISO 8288	DIN 38405 T8
Platin							
Yttrium							
Zirkonium							

9.1.4.4 Analytik gasförmiger Proben

Die Schwermetallbestimmung an Partikeln aus der Außenluft und in emittierten Stäuben wird für folgende Elemente in den VDI-Richtlinien (siehe Literaturverzeichnis für die AAS) ausführlich beschrieben:

Blei	[AAS-8], [AAS-9]
Cadmium	[AAS-9], [AAS-10]
Thallium	[AAS-11], [AAS-12]
Barium	[AAS-13]
Beryllium	[AAS-13]
Cadmium	[AAS-13]
Kobalt	[AAS-13]
Chrom	[AAS-13]
Kupfer	[AAS-13]
Nickel	[AAS-13]
Blei	[AAS-13]
Strontium	[AAS-13]
Vanadium	[AAS-13]
Zink	[AAS-13]
Arsen	[AAS-14], [AAS-15]
Antimon	[AAS-14], [AAS-15]
Selen	[AAS-14], [AAS-15]

In diesen VDI-Richtlinien sind Bestimmungsverfahren für Flamme, Graphitrohrofen und Hydrid-Kaltdampf-Technik zu finden.

Eine Vielzahl von Analysenverfahren für toxische Schwermetalle und deren Verbindungen sind in der Schriftenreihe der Bundesanstalt für Arbeitsschutz unter dem Titel „Empfohlene Analysenverfahren für Arbeitsplatzmessungen" aufgeführt [siehe UV-4]. In dieser Publikation finden sich kurze Angaben über die Methode, den Bestimmungsbereich und weitere Hinweise auf die Originalvorschrift. Außerdem sind für toxisch relevante Schwermetalle noch die MAK-Werte aufgeführt.

9.1.4.5 Analytik flüssiger Proben

Für die Metallbestimmung in unbelasteten und belasteten Wasserproben spielt die AAS mit ihren drei unterschiedlichen Varianten seit mehr als drei Jahrzehnten eine dominierende Rolle. Wie aus der Tabelle AAS-1 zu ersehen ist, gibt es zahlreiche DIN- und ISO-Verfahren in denen die exakten Metallbestimmungen ausführlich beschrieben sind.

So ist in der Trinkwasser-Verordnung vom 5. Dezember 1990 (siehe 4. Umweltgesetzgebung Nr. 4.2.2), in der Mineral- und Tafelwasser-Verordnung vom 5. Dezember 1990 (siehe 4. Umweltgesetzgebung, Abschnitt 4.1) und in der Rahmen-Abwasser-VwV (zuletzt geändert am 29. Oktober 1992 – 4. siehe Umweltgesetzgebung, Abschnitt 4.4) die AAS für eine Vielzahl der Metallbestimmungen die Methode der Wahl bzw. per Gesetz sogar zwingend vorgegeben.

Für die Untersuchung belasteter Proben, wie z. B. Abwasser, Sickerwasser usw. sind vor der AAS-Analyse Aufschlüsse erforderlich, deren Ausführungen im Abschnitt 8.2.3.1 Naßaufschlüsse in offenen Systemen zu entnehmen sind.

Der Ultraschall-Aufschluß für die Quecksilberbestimmung in Wasser- und Abwasserproben (siehe 8.2.3.1) und die immer stärker an Bedeutung gewinnenden Aufschlußsysteme mit Mikrowellenanregung sind weitere Möglichkeiten, flüssige Umweltproben für die AAS vorzubereiten.

9.1.4.6   Analytik fester Proben

Die sehr oft inhomogene Verteilung von Schwermetallen in festen Proben läßt eine direkte Bestimmung, wie sie z. B. für einige Elemente mit dem Graphitrohrofen möglich wäre, riskant erscheinen.

Deshalb ist bisher der Metallbestimmung in
– Böden
– Sedimenten
– Klärschlämmen
– Abfällen
– Stäuben usw.
immer ein Aufschluß- oder Elutionsverfahren vorgeschaltet.

So ist nach der Klärschlamm-Verordnung vom 15. Juni 1992 (siehe 4. Umweltgesetzgebung, Abschnitt 4.6) für die Schwermetallbestimmung in Böden und Klärschlämmen zwingend der Königswasser-Aufschluß nach DIN 38414, Teil 7 vorgeschrieben.

Soll außerdem noch der Gehalt an pflanzenverfügbarem Kalium und Magnesium ermittelt werden, so sind Eluate von den Böden nach 8.2.2 für Kalium und Magnesium erforderlich.

Für die Ablagerung von Abfällen in Deponien ist die Bestimmung von Schwermetallen im Eluat nach DIN 38414, Teil 4 vorgeschrieben. Schwermetalle an Partikeln aus der Außenluft und in emittierten Stäuben lassen sich nach entsprechenden VDI-Richtlinien quantifizieren (siehe 9.1.4.4 Analytik gasförmiger Proben).

Müssen Altlasten oder Altablagerungen auf ihren Metallgehalt untersucht werden, so sind ebenfalls Aufschlüsse oder Eluate erforderlich.

Für die Element- und Spurenelementbestimmung in Böden, Klärschlämmen, Gesteinen und ähnlichen Proben haben Schrammel et.al. einen Flußsäure-Totalaufschluß in einem Druckaufschluß-System beschrieben (siehe 8.2.3.2).

Literatur

[AAS-1]   B. Welz: *Atom-Absorptions-Spektroskopie*, Verlag Chemie, Weinheim 3. Auflage (1983).

[AAS-2]   G. Schwedt: *Taschenatlas der Analytik*, Thieme Verlag Stuttgart (1992).

[AAS-3]   U. Völlkopf, Z. Grobenski und B. Welz: Wege zur interferenzfreien Bestimmung von Spurenelementen in Abwässern mit Graphitrohrofen-AAS, *GIT Fachz. Lab.* **26** (1982) 444-453.

[AAS-4]   U. Völlkopf und H. Schulze: Graphitrohrofen-AAS mit Zeeman-Effekt, Übersicht der Zeeman-Systeme (Teil I) und ihre analytische Leistungsfähigkeit (Teil II), *Labor Praxis* 410-415 (Teil I), Mai 1983, und *Labor Praxis* 544-552 (Teil II), Juni 1983.

[AAS-5]   G. Schlemmer: Graphitrohrofen-AAS: auf dem Weg zur absoluten Analyse, *Nachr. Chem. Tech. Lab.* **37**, Nr. 1, (1989) 1138-1149.

[AAS-6]   B. Welz und M. Melcher: Hydrid-AAS-Technik in der Spurenanalytik, (Spurenbestimmung von Antimon, Arsen, Selen, Tellur, Wismut und Zinn mit der Hydrid-AAS-Technik), *Labor Praxis* **3** Heft 11 (1979).

[AAS-7]   H. Hein: Spektrometrische und chromatographische Methoden in der Umweltanalytik (Literaturdokumentation), S. 35-78: Literatur über Atom-Absorptions-Spektrometrie, *Ein Arbeitsmittel vom Umwelt Magazin*, Vogel-Verlag, Würzburg (1991).

[AAS-8]   VDI-Richtlinie, 2267 Bl. 3, Stoffbestimmung an Partikeln in der Außenluft; Messen der Blei-Massenkonzentration mit Hilfe der Atomabsorptionsspektrometrie, 02.83.

[AAS-9]   VDI-Richtlinie, 2267 Bl. 4, Stoffbestimmung an Partikeln in der Außenluft; Messen von Blei, Cadmium und deren anorganischen Verbindungen als Bestandteile des Staubniederschlages mit der Atomabsorptionsspektrometrie, 03.87.

[AAS-10] VDI-Richtlinie, 2267 Bl. 6, Stoffbestimmung an Partikeln in der Außenluft; Messen der Cadmium-Massenkonzentration mit der Atomabsorptionsspektrometrie, 03.87.

[AAS-11] VDI-Richtlinie, 2267 Bl. 7, Stoffbestimmung an Partikeln in der Außenluft; Messen von Thallium und seinen anorganischen Verbindungen als Bestandteile des Staubniederschlages mit der Atomabsorptionsspektrometrie, 11.88.

[AAS-12] VDI-Richtlinie, 2268 BL. 3, Stoffbestimmung an Partikeln; Bestimmung des Thalliums in emittierten Stäuben mittels Atomabsorptionsspektrometrie, 12.88.

[AAS-13] VDI-Richtlinie, 2268 Bl. 1, Stoffbestimmung an Partikeln, Bestimmung der Elemente Ba, Be, Cd, Co, Cr, Cu, Ni, Pb, Sr, V, Zn in emittierten Stäuben mittels atomspektrometrischer Methoden, 04.87.

[AAS-14] VDI-Richtlinie, 2268 Bl. 2, Stoffbestimmung an Partikeln; Bestimmung der Elemente Arsen, Antimon und Selen in emittierten Stäuben mit Atomabsorptionsspektrometrie nach Abtrennung ihrer flüchtigen Hydride, 02.90.

[AAS-15] VDI-Richtlinie, 2268 Bl. 4, Stoffbestimmung an Partikeln; Bestimmung der Elemente Arsen, Antimon und Selen in emittierten Stäuben mittels Graphitrohr-Atomabsorptionsspektrometrie, 05.90.

[AAS-16] G. Schlemmer: Flammen-AAS wurde deutlich optimiert, *Chemische Rundschau* Nr. 7, 19. Februar 1993, 9-10.

[AAS-17] M. S. Cresser, L. C. Ebdon, C. W. McLeod and J. C. Burridge: Atomic Spectrometry Update-Environmental Analysis, *Journal of Analytical Atomic Spectrometry* **1** (1986) 1R-28R.

[AAS-18] J. Ruzicka und E. H. Hansen: *Anal. Chim. Acta* **78** (1975) 145.

[AAS-19] W. Schrader, F. Portala, D. Weber und F. Zang: Analyse von Spurenelementen in stark salzhaltigen Lösungen mit Hilfe der FI-Flammen-AAS, 5. Colloquium Atomspektrometrische Spurenanalytik, Herausgegeben von B. Welz, Bodenseewerk Perkin-Elmer GmbH, Überlingen (1989) 375-383.
(Bezugsquelle siehe 4.12.9)

[AAS-20] M. Sperling, S. Xu and B. Welz: Determination of Chromium (III) and Chromium (VI) in Water Using Flow Injection On-Line Preconcentration with Selektiv Adsorption on Aktivated Alumina and Flame Atomic Absorption Spectrometric Detection, *Analytical Chemistry* **64** No. 24 (1992) 3101-3108.

[AAS-21] I. Shuttler, M. Feuerstein and G. Schlemmer: Long-term Stability of a Mixed Palladium-Iridium Trapping Reagent for In Situ Hydride Trapping Within a Graphite Electrothermal Atomizer, *Journal of Analytical Atomic Spectrometry* **7** (December 1992).

[AAS-22] M. Sperling, X. Yin and B. Welz: Flow Injection On-line Seperation and Preconcentration for Electrothermal Atomic Absorption Spectrometry, Part 1 Determination of Ultratrace Amounts of Cadmium, Copper, Lead and Nickel in Water Samples, *Journal of Analytical Atomic Spectrometry* **6** (June 1991) 295-300.

[AAS-23] B. Welz und M. Schubert-Jakobs: Fließinjektion, die Innovation für die Hydrid-Kaltdampf-AAS-Techniken, 5. Colloquium Atomspektrometrische Spurenanalytik, 1989, S. 327-345, Herausgegeben von B. Welz, Bodenseewerk Perkin-Elmer GmbH, Überlingen (1989) 327-345.
(Bezugsquelle siehe 4.12.9)

[AAS-24] Empfohlene Analysenbedingungen für die Fließinjektions-Hydrid-Kaltdampf-Technik mit dem FIAS-200, *Analysentechnische Berichte* (Perkin-Elmer) Nr. TS AA-10 D (1991).

9.1.5 ICP-Atomemissions-Spektrometrie (ICP-AES)

9.1.5.1 Grundlagen der ICP-Atomemissions-Spektrometrie

Die Atomemission mit dem induktiv gekoppelten Plasma als Anregungsquelle (ICP-AES) hat sich in den letzten Jahren zu einer wichtigen Analysenmethode in der Elementanalytik entwickelt.

Im Gegensatz zur AAS liefert die ICP-AES ausgezeichnete Nachweisgrenzen für refraktäre Elemente wie U, B, P, Ta, Ti, Zr und W. Der Grund ist in der hohen Temperatur des Argonplasmas zu suchen, welches für die Anregung zur Atomemission eingesetzt wird.

Das induktiv gekoppelte Plasma (inductively coupled plasma = ICP) ist ein im Hochfrequenzfeld ionisiertes Gas (Argon), das als Atomisierungs- und Anregungsmedium für die eingesprühte, flüssige oder gelöste Probe dient. Das ICP kann in der Emissions-Spektroskopie mit verschiedenen optischen und elektronischen Systemen entweder zu simultanen oder sequentiellen Multielement-spektrometern kombiniert werden.

Das Funktionsprinzip der ICP beruht auf der Ionisierung eines Gases (Argon) im Feld der Induktionsspule eines Hochfrequenzgenerators, die um ein Quarzrohr gelegt ist. Abbildung ICPAES-1 zeigt den vereinfachten Querschnitt durch den ICP-Brenner.

Eine Besonderheit dieser ICP-Konstruktion ist, daß sich das Argon-Plasma ringförmig ausbildet und das im inneren Quarzrohr zugeführte Trägergas mit dem Probenaerosol axial in das Plasma eindringen kann. Durch die lange Verweilzeit der Probe im Inneren der Plasmafackel und durch die dort herrschenden hohen Temperaturen (6000 K-8000 K) wird mit dem ICP ein sehr hoher Anregungsgrad erzielt. Die im Plasma gebildeten angeregten Atome senden Licht mit charakteristischen Wellenlängen aus, das als Emissionsspektrum registriert wird [ICPAES-1], [ICPAES-2], [ICPAES-17].

Die ICP-Emissions-Spektroskopie ist eine leistungsfähige Analysenmethode, welche die Atomabsorptionsspektrometrie ergänzt, aber nicht ersetzt.

9.1.5.2 Analysentechnik

Ein ICP-Atomemissions-Spektrometer setzt sich aus mehreren Einheiten zusammen, wie aus der Abbildung ICPAES-2 zu entnehmen ist [ICPAES-1], [ICPAES-2], [ICPAES-17].

Auf die einzelnen Bausteine soll im folgenden kurz eingegangen werden.

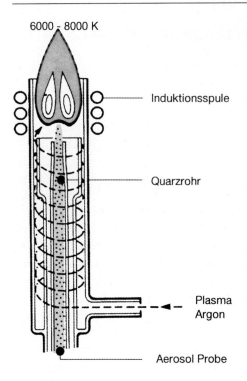

Abb. ICPAES-1. Querschnitt durch den ICP-Brenner

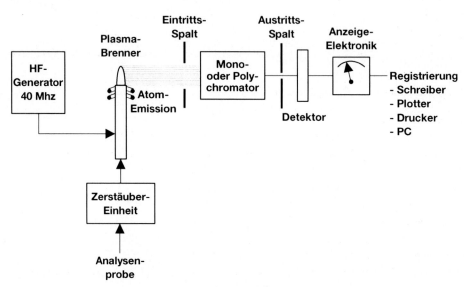

Abb. ICPAES-2. Schematischer Aufbau eines ICP-Atomemissions-Spektrometer

HF-Generator

Der Hochfrequenzgenerator liefert eine elektrische Leistung bestimmter Frequenz an die HF-Spule des Plasmabrenners. Viele HF-Generatoren arbeiten bei einer Frequenz von 40 MHz und einer Leistungsabgabe bis zu 1500 Watt.

Plasmabrenner

Ein Plasmabrennersystem setzt sich aus der Plasmafackel, der Sprüh- bzw. Mischkammer und aus einem Zerstäuber zusammen. Die Plasmafackel besteht wie aus Abbildung ICP-AES-1 ersichtlich, aus drei konzentrischen Quarzrohren. Im innersten Rohr wird die zerstäubte Probe von einem Argonstrom in das Plasma transportiert (Aerosol-Trägergas). Über das mittlere Rohr wird Argon als Hilfsgas (auxiliary gas) und im äußersten Rohr das Plasmagas zugeführt. Das Plasmagas übernimmt dabei sowohl die Funktion der Plasmabildung als auch die der Kühlung.

Bei der Analyse wäßriger Lösungen ist der Einsatz des Hilfsgases nicht erforderlich. Es wird nur beim Zerstäuben organischer Lösungen benötigt.

Zerstäubersysteme

Aufgabe des Zerstäubers ist es, ein möglichst fein verteiltes Aerosol zu erzeugen. Dabei ist jedoch die Ansaugrate durch die Leistung des Plasmagenerators und die Konstruktion des Plasmabrenners auf ca. 1-2 mL/min begrenzt, da sonst die Stabilität des Plasmas nicht mehr gewährleistet ist.

Der Weg zwischen Probe und Plasma läßt sich schematisch in die folgenden drei Phasen unterteilen:
a) Flüssigkeitstransport
b) Zerstäubung und
c) Aerosoltransport.

Für den Flüssigkeitstransport kann man entweder den Venturi-Effekt des Treibgases (d. h. freies Ansaugen) ausnutzen oder die Probe mit peristaltischer Pumpe dem Zerstäuber zuführen.

Die Zerstäubung kann entweder pneumatisch oder mit Ultraschall erfolgen.

Auf pneumatischer Basis arbeiten der
– Meinhard-Zerstäuber
– Cross-Flow-Zerstäuber und
– Babington-Zerstäuber.

Durch den Einsatz eines Ultraschallzerstäubers läßt sich die Nachweisgrenze um den Faktor 10 verbessern, wie Nölte für die Grenzwertüberwachung nach der Trinkwasser-Verordnung (siehe 4. Umweltgesetzgebung, Abschnitt 4.1) an 18 Elementen zeigen konnte [ICPAES-3].

Die Arbeitsweise des verwendeten Ultraschallzerstäubers wird im folgenden näher beschrieben.

Um die flüssige Probe in die Anregungsquelle (Plasma) einzubringen, muß diese zuvor in kleine Tröpfchen (Aerosol) überführt werden. Um eine solch hohe Stabilität des Plasmas und damit auch des resultierenden Analysensignals zu erhalten, müssen größere Tröpfchen entfernt werden. Dies geschieht in der Sprühkammer. Die Tröpfchenausbeute eines pneumatischen Zerstäubers in einem konventionellen Probeneinführungssystem beträgt ca. 1 bis 2 %.

Ein mit Ultraschall schwingendes Plättchen ist weitaus effizienter, um die erwünschten kleinen Tröpfchen zu erzeugen. Es gelangt viel mehr Probenmaterial in das Plasma, was zu einer erheblichen Empfindlichkeitssteigerung führt. Gleichzeitig wird aber auch mehr Matrix in das Plasma eingebracht. Dies führt zu einer Destabilisierung des Plasmas und somit des Signals. Um den Vorteil auszunutzen und dennoch den Nachteil auszugleichen, wird der störende Anteil „Lösungsmittel" entfernt. Dies erfolgt durch Eindampfen der Tröpfchen in einer Heizstrecke, an die sich eine Kondensationseinheit anschließt. Die Schemazeichnung (Abb. ICPAES-3) zeigt die Anordnung der funktionellen Teile.

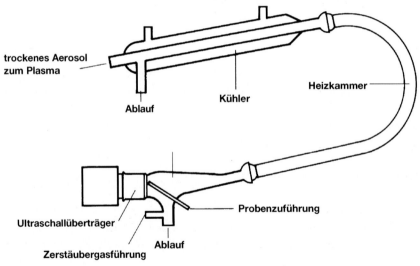

Abb. ICPAES-3. Schemazeichnung eines Ultraschallzerstäubers

Mono- und Polychromatoren

Mono- und Polychromatoren haben die Aufgabe, die für die Elementmessung ausgewählte Spektrallinie von den benachbarten Spektrallinien anderer Elemente abzutrennen, um so spektrale Interferenzen zu vermeiden.

Monochromatoren werden zur Einzelelementbestimmung oder zur sequentiellen Mehrelementbestimmung eingesetzt. Ihr dispergierendes Element ist ein Plangitter. Für den Aufbau eines Monochromators sind verschiedene technische Lösungen bekannt, wie z. B.

– der einfache Littrow-Monochromator
– der etwas aufwendigere Ebert-Monochromator und
– die modifizierte Czerny-Turner-Aufstellung.

Eine besondere Stellung nimmt der Echelle-Monochromator ein, dessen Aufbau aus der Abbildung ICPAES-4 ersichtlich ist.

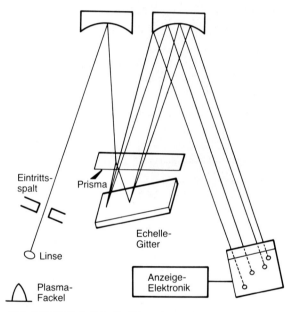

Abb. ICPAES-4. Echelle-Monochromator

Das verwendete Gitter hat nur ca. 50 Striche pro mm. Um eine gute Auflösung zu erhalten, erfolgen die Messungen auf Linien höherer Ordnung (40. bis 120. Ordnung). Störungen durch Linien niedriger Ordnung werden durch ein vor dem Gitter angeordnetes Prisma ausgeschaltet.

Mit einem modifizierten Echelle-Aufbau wurde im ICP-Spektrometer Optima 3000 von Perkin-Elmer eine Auflösung von 6 pm (Picometer) im unteren UV-Bereich erreicht. Sie liegt damit in der Größenordnung der natürlichen Linienbreite von 1,5 bis 6 pm.

Dieses in Abbildung ICPAES-5 gezeigte ICP-AES-Gerät nimmt Abschied von der klassischen Unterteilung in Sequenz- und Simultanspektrometer (siehe Polychromatoren). Es vereint vielmehr die Vorteile beider Varianten: die Stabilität und Geschwindigkeit von simultanen und die Flexibilität und optische Auflösung von sequentiellen Spektrometern.

Polychromatoren werden zur simultanen Mehrelementbestimmung eingesetzt. Ihr dispergierendes Element ist ein Konkavgitter, mit dem der Eintrittsspalt bei den verschiedenen Wellenlängen nebeneinander abgebildet wird. Heute bildet im wesentlichen die Konkavgitteraufstellung nach Runge und Paschen die Grundlage von Simultangeräten.

Eintrittsspalt, Gitter und bis zu 60 Austrittsspalte (Kanäle) sind fest auf dem sogenannten Rowland-Kreis montiert wie aus Abbildung ICPAES-6 zu ersehen ist. Hierbei dient das verwendete Konkavgitter gleichzeitig zum Dispergieren und Fokussieren.

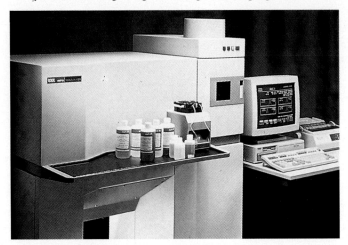

Abb. ICPAES-5. ICP-Gerät Optima 3000

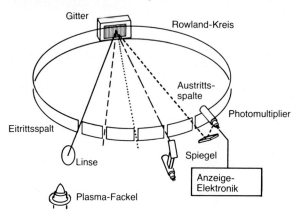

Abb. ICPAES-6. Polychromatorsystem

Photomultiplier und Anzeigeelektronik

Die in ICP-AES-Spektrometern verwendeten Photomultiplier verfügen über eine lichtempfindliche Kathode, aus der bei Bestrahlung mit Lichtenergie Elektronen austreten. Über ein System nachgeschalteter Dynoden wird der primär erzeugte Photostrom innerhalb der Photozelle um den Faktor 10^6 bis 10^9 verstärkt. Der entstehende Elektrostrom ist ein Maß für die Intensität der gemessenen Spektrallinie.

Die Steuerung von ICP-Geräten, sowie die Signalverarbeitung, Datenspeicherung und Darstellungsvarianten der gewonnenen spektralen Informationen geschieht heute mit leistungsstarker Software auf Personalcomputern.

9.1.5.3 Einsatzbereiche in der Umweltanalytik

Die ICP-AES ist nach dem heutigen Stand der Analysentechnik die Methode der Wahl, wenn es darum geht, mehrere Elemente in einer umweltrelevanten Probe zu bestimmen. Dies gilt besonders dann, wenn die zu bestimmenden Konzentrationen der Elemente noch im Anwendungsbereich dieses Verfahrens liegen.

Der nutzbare Wellenlängenbereich von ICP-AES-Spektrometern liegt zwischen 160-800 nm, wobei der Bereich zwischen 160 und 190 nm, in dem sehr empfindliche und störungsfreie Linien für Schwefel, Phosphor, Bor usw. liegen, durch Spülung des Optikteiles mit Stickstoff zugänglich werden.

Besonders geeignet ist dieses Analysenverfahren für die Bestimmung von refraktären Elementen wie B, Si, Ta, Ti, Zr, W, U usw.

Die Nachweisgrenzen vieler refraktärer Elemente liegen mit der ICP-AES in vielen Fällen unter denen, die mit der Graphitrohrofentechnik erreicht werden.

Normen, Richtlinien, internationale Verfahren, Literatur usw.

In den letzten Jahren sind besonders auf dem Gebiet der Umweltanalytik eine Vielzahl von Publikationen für die Multielementbestimmung mit ICP-AES erschienen.

Eine Zusammenstellung praxisrelevanter Analysenmethoden aus Standardwerken und aktueller Literatur, ist in der Tabelle ICPAES-1 zu finden.

Tabelle ICPAES-1. Analysenverfahren in Form von Normen, Richtlinien usw.

| Parameter | Gasförmige Proben | | | | Unbelastetes Wasser | Belastetes Wasser | Feststoffe |
	Abluft	Raumluft	Bodenluft	Stäube (usw.)	Trink-, Brauch-, Mineral-, Bade-, See-, Flußwasser, usw.	Abwasser, Sickerwasser, Eluate, usw.	Klärschlamm, Boden, Sedimente, Abfall, usw.
Aluminium				[ICP7]	DIN 38406 T22	DIN 38406 T22	
Antimon					DIN 38406 T22 [ICP3]	DIN 38406 T22	
Arsen				[ICP6]	DIN 38406 T22	DIN 38406 T22	
Barium				[ICP7]	DIN 38406 T22 [ICP3]	DIN 38406 T22	
Beryllium					DIN 38406 T22	DIN 38406 T22	
Blei				[ICP6]	DIN 38406 T22 [ICP3]	DIN 38406 T22	DIN 38406 T22
Bor				[ICP7]	DIN 38406 T22 [ICP3]	DIN 38406 T22	
Cadmium				[ICP6]	DIN 38406 T22 [ICP3]	DIN 38406 T22	DIN 38406 T22

Tabelle ICPAES-1 (Fortsetzung).

Parameter	Gasförmige Proben			Stäube (usw.)	Unbelastetes Wasser Trink-, Brauch-, Mineral-, Bade-, See-, Flußwasser, usw.	Belastetes Wasser Abwasser, Sickerwasser, Eluate, usw.	Feststoffe Klärschlamm, Boden, Sedimente, Abfall, usw.
	Abluft	Raumluft	Bodenluft				
Calcium				[ICP7]	DIN 38406 T22	DIN 38406 T22	DIN 38406 T22
Chrom				[ICP5] [ICP6] [ICP7]	DIN 38406 T22 [ICP3]	DIN 38406 T22	DIN 38406 T22
Eisen				[ICP6] [ICP7]	DIN 38406 T22 [ICP3]	DIN 38406 T22	
Kalium					DIN 38406 T22	DIN 38406 T22	DIN 38406 T22
Kobalt				[ICP6]	DIN 38406 T22	DIN 38406 T22	
Kupfer				[ICP5] [ICP6] [ICP7]	DIN 38406 T22 [ICP3]	DIN 38406 T22	DIN 38406 T22
Lithium					DIN 38406 T22	DIN 38406 T22	
Magnesium				[ICP7]	DIN 38406 T22	DIN 38406 T22	DIN 38406 T22

Tabelle ICPAES-1 (Fortsetzung).

Parameter	Gasförmige Proben				Unbelastetes Wasser	Belastetes Wasser	Feststoffe
	Abluft	Raumluft	Bodenluft	Stäube (usw.)	Trink-, Brauch-, Mineral-, Bade-, See-, Flußwasser, usw.	Abwasser, Sickerwasser, Eluate, usw.	Klärschlamm, Boden, Sedimente, Abfall, usw.
Mangan				[ICP5] [ICP6] [ICP7]	DIN 38406 T22 [ICP3]	DIN 38406 T22	
Molybdän					DIN 38406 T22	DIN 38406 T22	
Natrium					DIN 38406 T22	DIN 38406 T22	
Nickel				[ICP5] [ICP6] [ICP7]	DIN 38406 T22 [ICP3]	DIN 38406 T22	DIN 38406 T22
Phosphor					DIN 38406 T22	DIN 38406 T22	DIN 38406 T22
Schwefel					DIN 38406 T22 [ICP9]	DIN 38406 T22	
Selen					DIN 38406 T22	DIN 38406 T22	
Silber					DIN 38406 T22	DIN 38406 T22	

Tabelle ICPAES-1 (Fortsetzung).

Parameter	Gasförmige Proben				Unbelastetes Wasser Trink-, Brauch-, Mineral-, Bade-, See-, Flußwasser, usw.	Belastetes Wasser Abwasser, Sickerwasser, Eluate, usw.	Feststoffe Klärschlamm, Boden, Sedimente, Abfall, usw.
	Abluft	Raumluft	Bodenluft	Stäube (usw.)			
Silizium				[ICP7]	DIN 38406 T22	DIN 38406 T22	
Strontium				[ICP7]		DIN 38406 T22	
Titan					DIN 38406 T22	DIN 38406 T22	
Uran						[ICP14]	
Vanadium				[ICP6] [ICP7]	DIN 38406 T22	DIN 38406 T22	
Wismut					DIN 38406 T22	DIN 38406 T22	
Wolfram					DIN 38406 T22	DIN 38406 T22	
Zink				[ICP5] [ICP6] [ICP7]	DIN 38406 T22 [ICP3]	DIN 38406 T22 [ICP3]	DIN 38406 T22

T

Tabelle ICP AES-1 (Fortsetzung)

| Parameter | Gasförmige Proben | | | | Unbelastetes Wasser | Belastetes Wasser | Feststoffe |
	Abluft	Raumluft	Bodenluft	Stäube (usw.)	Trink-, Brauch-, Mineral-, Bade-, See-, Flußwasser, usw.	Abwasser, Sickerwasser, Eluate, usw.	Klärschlamm, Boden, Sedimente, Abfall, usw.
Zinn					DIN 38406 T22	DIN 38406 T22	
Zirkonium					DIN 38406 T22	DIN 38406 T22	
Quecksilber				[ICP6]			

9.1.5.4 Analytik gasförmiger Proben

Für die Multielementbestimmung an Partikeln aus der Außenluft und in emittierten Stäuben ist die ICP-AES ein geeignetes Analysenverfahren, wie Dannecker [ICPAES-5], Koelling et al. [ICPAES-6], sowie Spuziak-Salzenberg und Thiemann [ICPAES-7] aufgezeigt haben.

Nach einem Teil- oder Totalaufschluß (siehe Abschnitt 8.2) von Stäuben, Schlacken usw. läßt sich die weitere Bestimmung nach DIN 38406; Teil 22 [ICPAES-4] durchführen.

Luftstaubuntersuchungen unter Berücksichtigung der TA-Luft (siehe 4. Umweltgesetzgebung, Abschnitt 4.11) mittels ICP-AES, ICP-MS und GF-AAS auf 29 Elemente wurden von Meyberg, Krause und Dannecker beschrieben [ICPAES-16].

9.1.5.5 Analytik flüssiger Proben

Von den 21 Elementen, die nach der Trinkwasser-Verordnung vom 5. Dezember 1990 (4. Umweltgesetzgebung, Abschnitt 4.1) zu bestimmen sind, lassen sich mit der ICP-AES für 18 Elemente Grenzwertüberwachungen durchführen. Voraussetzung für diese Analytik im untersten µg/L-Bereich ist der Einsatz eines Ultraschallzerstäubers wie Nölte experimentell nachweisen konnte.

Im Flußwasser-Standardreferenzmaterial NIST 1643 c wurden die Elemente Ag, Al, B, Ba, Cd, Cr, Cu, Fe, Mn, Ni, Pb und Zn nach diesem Verfahren analysiert und gute Übereinstimmung mit den zertifizierten Werten gefunden [ICPAES-3].

Grundsätzlich läßt sich die DIN 38406, Teil 22 [ICPAES-4] für die Grenzwertüberwachung nach der Trinkwasser-Verordnung für die Elemente Al, B, Ba, Ca, Cr, Cu, Fe, K, Mg, Mn, Na, Ni, P (als PO_4^{3-}), S (als SO_4^{2-}) und Zn anwenden.

Weitere Hinweise sind den beiden Publikationen von Frimmel, Brauch, Raue und Nölte zu entnehmen [ICPAES-8], [ICPAES-9].

In der Rahmen-Abwasser-VwV (4. Umweltgesetzgebung, Abschnitt 4.4) sind für alle im Abwasser relevanten Parameter Analysen- und Meßverfahren vorgegeben, die immer wieder aktualisiert werden.

Für die Bestimmung von Al, Sb, Ba, Cr, Co, Fe, Cu, Ni, Ag, Tl. V, Zn, Sn, und Ti ist die ICP-AES nach DIN 38406, Teil 22 vorgeschrieben.

Die Analyse von Abwässern auf die Elemente Al, Ba, Cd, Cr, Cu, Fe, Ni, P, Pb, Sn, Zr und U wurde praxisrelevant von Schrader publiziert [ICPAES-14].

9.1.5.6 Analytik fester Proben

Im Königswasseraufschluß nach DIN 38414, Teil 7 lassen sich die wichtigsten Elemente in Böden und Klärschlämmen bestimmen, wie Schrader, Nölte und Hein [ICPAES-10], [ICPAES-11], sowie Jäger [ICPAES-12] beschrieben haben.

Ein Vergleich zwischen Königswasser- und Totalaufschluß für die Elementbestimmung in Klärschlamm und Böden wurde von Schrammel et al. durchgeführt [ICPAES-13].

Nach der novellierten Klärschlamm-Verordnung vom 1. April 1992 (siehe 4. Umweltgesetzgebung, Abschnitt 4.8) ist für die Bestimmung der Elemente Pb, Cd, Ca, Cr, K, Cu, Mg, Ni, P und Zn in Klärschlamm, sowie der Elemente Pb, Cd, Cr, Cu, Ni und Zn in Böden die DIN 38406, Teil 22 als Analysenverfahren vorgeschrieben.

Ideal eignet sich auch die ICP-AES, wenn es um Multielementbestimmung in Eluaten von Abfällen geht.

Ein weiterer wichtiger Einsatzbereich ist die Untersuchung von Altlasten und Altablagerungen auf toxikologisch relevante Schwermetalle. Berger entwickelte ein ICP-AES-Messprogramm für die Elemente As, Cd, Cr, Cu, Ni, Pb und Zn für Bodenproben von kontaminierten Standorten [ICPAES-15].

Literatur

[ICPAES-1]   W. Schrader, Z. Grobenski und H. Schulze: Einführung in die AES mit dem induktiv gekoppelten Plasma, *Angewandte Atom-Spektroskopie* (Perkin-Elmer) **28** (1981).

[ICPAES-2]   W. Schrader: Prinzip, apparative Aspekte und Anwendungsmöglichkeiten der ICP-Atom-Emissions-Spektroskopie (ICP-AES), *GIT Fachz. Lab.* **26** (1982) 324-334, 429-440.

[ICPAES-3]   J. Nölte: ICP-OES-Analyse mit Ultraschallzerstäuber, Toxikologisch relevante Elemente im Trinkwasser, *Labor Praxis* (Februar 1993) 46-50.

[ICPAES-4]   DIN 38406; Teil 22: Bestimmung der 33 Elemente Ag, Al, As, B, Ba, Be, Bi, Ca, Cd, Co, Cr, Cu, Fe, K, Li, Mg, Mn, Mo, Na, Ni, P, Pb, S, Sb, Se, Si, Sn, Sr, Ti, V, W, Zn und Zr, Deutsche Einheitsverfahren zur Wasser-, Abwasser- und Schlammuntersuchung, *DEV,* 20. Lieferung März 1988.

[ICPAES-5]   W. Dannecker: Anwendung der Atomspektroskopie zur Beurteilung chemischer und ökotoxischer Eigenschaften von Stäuben aus Emissionen und Immissionen in B. Welz: *Atomspektrometrische Spurenanalytik,* Verlag Chemie, Weinheim (1982) 187-211.
             (Bezugsquelle siehe 4.12.9)

[ICPAES-6]   S. Koelling, J. Kunz und C. Tauber: Bestimmung von As, Cd, Co, Cu, Fe, Hg, Mn, Ni, Pb, V und Zn in Kohlen, Additiven, Flugaschen und Impaktorfilterstäuben aus Kohlekraftwerken, *Fresenius Z. Anal. Chem.* **332** (1988) 776-780.

[ICPAES-7]   D. Spuziak-Salzenberg und W. Thiemann: Zur Untersuchung der Grundwassergefährdung durch abgelagerten Flugstaub aus Steinkohlekraftwerken, II. „Das Auslaugverhalten einiger Haupt- und Spurenelemente von Flugstaub bei Mehrfachauslaugungen für verschiedene Szenarien", *Z. Wasser-Abwasser-Forschung* **22** (1989) 203-212.

[ICPAES-8] B. Raue, H. J. Brauch und J. Nölte: Wasseranalytik – Multielementbe-stimmung in Trink- und Grundwässern mit der sequentiellen ICP-AES, *Labo* **21** (9) (1990) 78-82.

[ICPAES-9] B. Raue, H. J. Brauch and F. H. Frimmel: Determination of Sulphate in Natural Water by ICP-OES-Comperative Studies with Ion Chromato-graphy, *Fresenius. J. Anal. Chem.* **340** (1991) 395-389.

[ICPAES-10] W. Schrader, H. Hein: ICP-AES-Analyse für Klärschlamm und Böden, *Labor Praxis* **7** Heft 1,2; (1983).

[ICPAES-11] J. Nölte und W. Schrader: Bestimmung von Klärschlamm nach DIN 38406, Teil 22, Angewandte Atomspektrometrie, Nr. 4.4.D, Perkin-Elmer (1988).

[ICPAES-12] W. Jäger: Praktische Erfahrungen mit der Plasma-Emission-Technik (ICP) in der Routineuntersuchung von Abwasser-, Schlamm- und Bo-denproben, *Z. Wasser-Abwasser-Forschung* **16,** Nr. 6, (1983) 231-233.

[ICPAES-13] P. Schrammel, X. Li-Quiang, A. Wolf, S. Hasse: ICP-Emissionsspek-troskopie: Ein analytisches Verfahren zur Klärschlamm- und Boden-überwachung in der Routine, *Fresenius. Z. Anal. Chem.* **313** (1982) 213-216.

[ICPAES-14] W. Schrader: Analyse von Abwässern mit der ICP-AES, *AS Lab Notes* 41/D (Perkin-Elmer) (1982).

[ICPAES-15] H. Berger: Atomspektrometrische Spurenanalytik bei der Erkundung kontaminierter Standorte, 5. Colloquium Atomspektrometrische Spu-renanalytik, herausgegeben von B. Welz, Überlingen (1989) 675-695. (Bezugsquelle siehe 4.12.9)

[ICPAES-16] F. Meyberg, P. Krause und W. Dannecker: Luftstaubuntersuchungen unter Berücksichtigung der TA-Luft mittels ICP-AES, ICP-MS und GF-AAS, 6. Colloquium Atomspektrometrische Spurenanalytik, Herausgegeben von B. Welz, Überlingen (1991) 707-723. (Bezugsquelle siehe 4.12.9)

[ICPAES-17] A. Montaser and D. W. Golightly: Inductively Coupled Plasmas in Analy-tical Atomic Spectrometry, VCH – Verlagsgesellschaft, Weinheim, ISBN 3–527–28339–0.

9.1.6   ICP-Massenspektrometrie (ICP-MS)

9.1.6.1   Grundlagen der ICP-Massenspektrometrie

Die induktiv gekoppelte Plasma-Massenspektrometrie (ICP-MS) zeichnet sich besonders durch
– ihre enorme Nachweisempfindlichkeit
– eine hohe Analysengeschwindigkeit und

– einen sehr großen dynamischen Arbeitsbereich (Linearität) aus. Diese Eigenschaften werden heutzutage praktisch in jedem größeren Umweltlabor dringend benötigt, denn bekannterweise nehmen die Anzahl der zu analysierenden Proben und das Spektrum der zu analysierenden Elemente täglich zu. Die Konzentrationsunterschiede der Elemente sind von Probe zu Probe oft enorm. Die Ergebnisse möglichst umfassender Übersichts-analysen sollen in kürzester Zeit vorliegen. Aufgrund dieser Notwendigkeit wächst ins-besondere das Interesse der Umweltanalytiker an der ICP-MS sehr schnell. Wurden die ersten kommerziellen ICP-MS-Systeme noch bevorzugt im Bereich der Geowissenschaf-ten eingesetzt (die ICP-MS zeichnet sich durch exzellente Bestimmungsgrenzen für sel-tene Erdelemente aus), so verlagert sich der Anwendungsschwerpunkt derzeit eindeutig in Richtung der Umweltanalytik.

Bei der ICP-MS werden die in einem Argon-Plasma erzeugten Ionen (siehe ICP-AES) einem sehr empfindlichen Detektor – dem Quadrupol-Massenspektrometer – zugeführt. Das Quadrupol-Massenspektrometer besteht aus vier parallel angeordneten, runden, ca. 20 cm langen Stabelektroden, die auf einem Kreis in gleichem Abstand zueinander angeordnet sind, wie aus dem Schema in Abbildung ICPMS-1 ersichtlich ist.

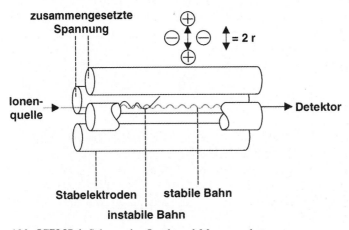

Abb. ICPMS-1. Schema des Quadrupol-Massenspektrometers

An die gegenüberliegenden Stäbe wird eine aus Gleichspannung und einer hochfrequen-ten Wechselspannung zusammengesetzte Spannung angelegt.

Die im ICP-Brenner erzeugten Ionen fliegen nach dem Passieren eines Interface-Systems in einer Spiralbahn durch das Stabsystem. Hierbei erreichen nur Ionen mit begrenzter Schwingungsamplitude (siehe stabile Bahn in Abb. ICPMS-1) den Detektor am Ausgang des Massenfilters.

Ionen, deren Amplituden sich während dieses Vorganges aufschaukeln (instabile Bahn), prallen auf die Stabelektroden oder auf das Gehäuse und gehen somit für die Messung verloren. Das am Detektor auftreffende Ion erzeugt einen elektrischen Impuls. Jeder ge-zählte Impuls wird mit Hilfe eines Vorverstärkers verstärkt und anschließend dem Vielkanalpufferspeicher zugeführt. In diesem werden die Intensitäten, die während des schnellen Massenscans erfaßt werden, zwischengespeichert, bevor sie an den Steuerrechner weitergeleitet werden.

Die Auflösung moderner Quadrupol-Massenspektrometer beträgt typischerweise zwischen 0,5 und 1,0 Masseneinheiten. Hiermit läßt sich das gesamte Periodensystem der Elemente in einem Massenspektrum von Lithium bis zum Uran darstellen. Bei Bedarf können allerdings auch die Transurane bestimmt werden.

Außer der sehr schnellen Multielementbestimmung erlaubt die ICP-MS zusätzlich die Bestimmung der Isotopenverhältnisse eines Elementes.

Für weitere Details wird auf entsprechende Literatur verwiesen [ICPMS-1], [ICPMS-2], [ICPMS-3].

9.1.6.2 Analysentechnik

Wie aus der Abbildung ICPMS-2 hervorgeht, gliedert sich ein ICP-MS-System in die drei wesentlichen Bereiche **Plasma, Interface** und **Quadrupol-Massenspektrometer** auf.

Das Interface stellt in einem ICP-MS-Gerät eine wichtige Komponente dar, weil hier die Kopplung zwischen dem induktiv gekoppeltem Plasma als Ionenquelle und dem Massenspektrometer stattfindet. Über das Interface müssen die im Plasma erzeugten Ionen der Analysenprobe in das Massenspektrometer eingebracht werden.

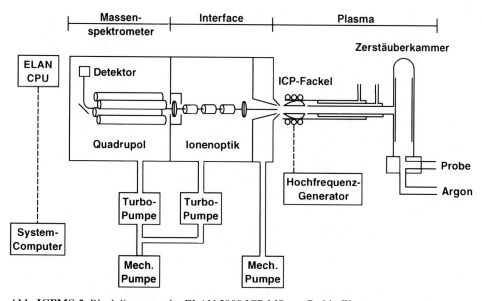

Abb. ICPMS-2. Blockdiagramm des ELAN 5000 ICP-MS von Perkin-Elmer

Durch zwei hintereinander gesetzte Metallkegel (Konen) mit jeweils einer kleinen Bohrung (Durchmesser 1 mm) an der Spitze gelangen die Ionen aus dem bei Normaldruck betriebenen Plasma über eine bei geringem Druck (1-2 mbar) betriebene Zwischenstufe in die Ionenoptik des Interfaces.

In der Ionenoptik werden die Lichtquanten aus dem Plasmabrenner abgeblockt, während die Ionen zu einem dünnen Strahl gebündelt in das Quadrupol-Massenspektrometer gelangen. Sowohl in der Ionenoptik als auch im Massenspektrometerteil liegt hierbei ein Hochvakuum von etwa 10^{-5} mbar vor. Das Quadrupol-Spektrometer trennt die eintretenden Ionen nach ihrem Masse-Ladungs-Verhältnis auf. Anschließend erfolgt die Messung der Ionen mit einem Kanal-Elektronen-Vervielfacher (channel electron multiplier).

Außerdem gehören als periphere Geräte ein Personal-Computer für die Steuerung des Massenspektrometers und zur Auswertung der Analysen, sowie als Ausgabeeinheit ein Drucker bzw. ein Plotter zum System [ICPMS-1].

9.1.6.3   Einsatzbereiche in der Umweltanalytik

Die ICP-MS ist ein sehr schnelles Analysenverfahren zur Bestimmung von 75 Elementen [ICPMS-1].

Der absolute Vorteil ist in der sehr niedrigen Nachweisgrenze zu sehen, die für 65 Elemente im Bereich von 0,1 µg/L und darunter liegt. Dazu kommen die schnelle Multielementbestimmung (typisch: 10-20 Elemente/min) und ein großer dynamischer Bereich von über fünf bis sieben Größenordnungen.

Niedrige Nachweisgrenzen, Multielementbestimmungen und der große dynamische Bereich vereinen sich in der ICP-MS wie sonst bei keiner anderen spektrometrischen Elementbestimmungsmethode. Der Einsatz in der Umweltanalytik ist deshalb so aktuell, weil sich viele Elemente ohne Anreicherungsverfahren im unteren ppb- bis sub-ppb-Bereich quantifizieren lassen [ICPMS-6].

Für die Probenzufuhr können alle Erfahrungen genutzt werden, in diesem Punkt schon bei der ICP-AES gemacht worden sind, da beide Verfahren hier identisch sind.

So lassen sich gasförmige Proben aus der Kaltdampf-Hydrid-Technik bestimmen, sowie Flüssig-Gas-Aerosole aus den Zerstäubersystemen untersuchen, die von der ICP-AES bekannt sind. Für spezielle Aufgaben läßt sich das System mit der Fließinjektions-Analyse (FIA) koppeln [ICPMS-9], [ICPMS-10].

Normen, Richtlinien, internationale Verfahren, Literatur usw.

Für die ICP-MS gibt es im Bereich Umweltanalytik weder DIN-Verfahren noch VDI-Richtlinien.

Analytische Erfahrungen sind ausschließlich der Literatur zu entnehmen.

In der Tabelle ICPMS sind einige wichtige, umweltrelevante Literaturzitate zu finden.

Tabelle ICPMS-1. Analysenverfahren in Form von Normen, Richtlinien usw.

Parameter	Gasförmige Proben				Unbelastetes Wasser	Belastetes Wasser	Feststoffe
	Abluft	Raumluft	Bodenluft	Stäube (usw.)	Trink-, Brauch-, Mineral-, Bade-, See-, Flußwasser, usw.	Abwasser, Sickerwasser, Eluate, usw.	Klärschlamm, Boden, Sedimente, Abfall, usw.
Aluminium				[ICPMS4]	[ICPMS8]	[ICPMS3]	[ICPMS3]
Antimon				[ICPMS4]	[ICPMS8] [ICPMS3]		[ICPMS3]
Arsen				[ICPMS4]	[ICPMS3]	[ICPMS3]	[ICPMS3]
Barium				[ICPMS4]	[ICPMS8] [ICPMS3]	[ICPMS3]	[ICPMS3]
Beryllium				[ICPMS4]	[ICPMS3]		[ICPMS3]
Blei				[ICPMS4] [ICPMS5]	[ICPMS8] [ICPMS3]	[ICPMS3]	
Bor					[ICPMS8] [ICPMS3]		
Cadmium				[ICPMS4] [ICPMS5]	[ICPMS8] [ICPMS3]	[ICPMS3]	[ICPMS3]

T

Tabelle ICPMS-1 (Fortsetzung).

Parameter	Gasförmige Proben			Unbelastetes Wasser	Belastetes Wasser	Feststoffe
	Abluft	Raumluft	Bodenluft	Stäube (usw.)	Trink-, Brauch-, Mineral-, Bade-, See-, Flußwasser, usw.	Abwasser, Sickerwasser, Eluate, usw.	Klärschlamm, Boden, Sedimente, Abfall, usw.
Calcium				[ICPMS4]	[ICPMS8] [ICPMS3]	[ICPMS3]	[ICPMS3]
Chrom				[ICPMS4] [ICPMS5]	[ICPMS8] [ICPMS3]	[ICPMS3]	[ICPMS3]
Eisen				[ICPMS4]	[ICPMS8] [ICPMS3]	[ICPMS3]	[ICPMS3]
Kalium				[ICPMS4]	[ICPMS8] [ICPMS3]	[ICPMS3]	[ICPMS3]
Kobalt				[ICPMS4]	[ICPMS8] [ICPMS3]	[ICPMS3]	[ICPMS3]
Kupfer				[ICPMS4] [ICPMS5]	[ICPMS8] [ICPMS3]	[ICPMS3]	[ICPMS3]
Lithium					[ICPMS3]	[ICPMS3]	[ICPMS3]
Magnesium				[ICPMS4]	[ICPMS8] [ICPMS3]	[ICPMS3]	[ICPMS3]

Tabelle ICPMS-1 (Fortsetzung).

| Parameter | Gasförmige Proben | | | Unbelastetes Wasser | Belastetes Wasser | Feststoffe |
	Abluft	Raumluft	Bodenluft	Stäube (usw.)	Trink-, Brauch-, Mineral-, Bade-, See-, Flußwasser, usw.	Abwasser, Sickerwasser, Eluate, usw.	Klärschlamm, Boden, Sedimente, Abfall, usw.
Mangan				[ICPMS4] [ICPMS5]	[ICPMS8] [ICPMS3]	[ICPMS3]	[ICPMS3]
Molybdän				[ICPMS4]	[ICPMS8] [ICPMS3]	[ICPMS3]	[ICPMS3]
Natrium				[ICPMS4]	[ICPMS8] [ICPMS3]	[ICPMS3]	[ICPMS3]
Nickel				[ICPMS4] [ICPMS5]	[ICPMS8] [ICPMS3]	[ICPMS3]	[ICPMS3]
Phosphor				[ICPMS4]	[ICPMS8]	[ICPMS3]	[ICPMS3]
Quecksilber					[ICPMS3]	[ICPMS3]	[ICPMS3]
Schwefel				[ICPMS4]	[ICPMS8]		
Selen				[ICPMS4]		[ICPMS3]	

Tabelle ICPMS-1 (Fortsetzung).

| Parameter | Gasförmige Proben | | | | Unbelastetes Wasser | Belastetes Wasser | Feststoffe |
	Abluft	Raumluft	Bodenluft	Stäube (usw.)	Trink-, Brauch-, Mineral-, Bade-, See-, Flußwasser, usw.	Abwasser, Sickerwasser, Eluate, usw.	Klärschlamm, Boden, Sedimente, Abfall, usw.
Silber					[ICPMS8] [ICPMS3]	[ICPMS3]	[ICPMS3]
Silicium							
Strontium				[ICPMS4]	[ICPMS8] [ICPMS3]	[ICPMS3]	[ICPMS3]
Titan				[ICPMS4]			[ICPMS3]
Thallium				[ICPMS5]	[ICPMS8] [ICPMS3]		[ICPMS3]
Vanadium				[ICPMS4] [ICPMS5]	[ICPMS8]		[ICPMS3]
Wismut				[ICPMS4]			[ICPMS3]
Wolfram				[ICPMS4]			[ICPMS3]

Tabelle ICPMS-1 (Fortsetzung)

| Parameter | Gasförmige Proben | | | | Unbelastetes Wasser | Belastetes Wasser | Feststoffe |
	Abluft	Raumluft	Bodenluft	Stäube (usw.)	Trink-, Brauch-, Mineral-, Bade-, See-, Flußwasser, usw.	Abwasser, Sickerwasser, Eluate, usw.	Klärschlamm, Boden, Sedimente, Abfall, usw.
Zink				[ICPMS4] [ICPMS5]	[ICPMS8] [ICPMS3]	[ICPMS3]	
Zinn				[ICPMS4]	[ICPMS8]	[ICPMS3]	
Uran					[ICPMS8] [ICPMS3]	[ICPMS3]	
Cäsium					[ICPMS8] [ICPMS3]	[ICPMS3]	
Chlorid					[ICPMS8]		
Rubidium					[ICPMS3]	[ICPMS3]	
Thorium					[ICPMS3]	[ICPMS3]	

9.1.6.4   Analytik gasförmiger Proben

Meyberg, Krause und Dannecker haben in einer umfangreichen Arbeit Luftstaubuntersuchungen unter Berücksichtigung der TA-Luft (siehe 4. Umweltgesetzgebung, Abschnitt 4.11) mittels ICP-AES, ICP-MS und GF-AAS auf 29 Elemente beschrieben [ICPMS-4]. Das eingesetzte ICP-MS-Meßprogramm erlaubt die Bestimmung der Elemente Al, As, Ba, Be, Bi, Ca, Cd, Co, Cr, Cu, Fe, K, Mg, Mn, Mo, Na, Ni, P, Pb, S, Sb, Se, Sn, Sr, Te, Ti, V, W und Zn.

Im NBS Referenzmaterial Urban Particulate (NBS-SRM 1648) wurden von Völlkopf die Elemente Cd, Cr, Cu, Mn, Ni, Pb, Ti, V und Zn bestimmt, wobei trotz großer Konzentrationsunterschiede die Bestimmung aus einer Analysenlösung durchgeführt wurde [ICPMS-5].

Als interner Standard wurde Rhodium verwendet, um eventuell matrixbedingte Drifteffekte auf ein Minimum zu begrenzen.

9.1.6.5   Analytik flüssiger Proben

Der Einsatz der ICP-MS zur schnellen Multielementbestimmung von Makro- und Mikrokomponenten aus Wasserproben in einem Arbeitsgang wird von Laschka und Brückner beschrieben [ICPMS-8]. Insgesamt wurden 29 Elemente vom µg/L bis mg/L-Bereich analytisch erfaßt, wobei als interner Standard je nach Elementkombination Sc, Rh oder Lu zum Einsatz gelangt.

Die gesamte Thematik der Trinkwasseranalytik mittels ICP-MS ist in der Perkin-Elmer Publikation „Ultraspurenanalytik mit der ICP-MS" beschrieben [ICPMS-7].

Eine quantitative Multielementanalyse von Müllsickerwasser wurde für die Elemente Ba, Be, Ca, Cr, Co, Cu, Fe, Ga, In, Mn und Ni von Völlkopf durchgeführt [ICPMS-5].

Erfahrungen und Untersuchungen an Quell- und Oberflächenwasser, Abwasser, Gewässersedimenten und Klärschlämmen mit der ICP-MS publizierten Herzog und Dietz in einer umfangreichen Arbeit [ICPMS-3].

9.1.6.6   Analytik fester Proben

Die ICP-MS ist ein ideales Screening- und Bestimmungsverfahren für Schwefel, Phosphor, Chlorid und metallische Elemente in den umweltrelevanten Matrizes
– Boden
– Klärschlamm
– Abfall
– Altlasten
– Ablagerungen usw.

Der Vorteil liegt hierbei in der Vielzahl der zu bestimmenden Elemente, im großen dynamischen Bestimmungsbereich und in der niedrigen Nachweisgrenze.

Die Analytik von Sedimenten und Klärschlämmen wurde von Herzog und Dietz in einer umfangreichen Publikation ausführlich beschrieben [ICPMS-3].

Literatur

[ICPMS-1] J. Luck: ICP-MS, Möglichkeiten und Grenzen in der Spurenelementanalytik, Herausgegeben von B. Welz, Überlingen 4. Colloquium Atomspektrometrische Spurenanalytik, 99-113 (1987). (Bezugsquelle siehe 4.12.9)

[ICPMS-2] H.-M. Kuß: Spurenelementbestimmung mit der induktiv gekoppelten Plasma-Massenspektrometrie ICP-MS, *CLB Chemie im Labor und Biotechnik* **42** Heft 3 (1991) 130-137.

[ICPMS-3] R. Herzog und F. Dietz: ICP-Massenspektrometrie – Erfahrungen mit einer neuen Analysenmethode in der Wasseruntersuchung, *Vom Wasser* **73** (1989) 67-109.

[ICPMS-4] F. Meyberg, P. Krause und W. Dannecker: Luftstaubuntersuchungen unter Berücksichtigung der TA-Luft mittels ICP-AES, ICP-MS und GF-AAS", Herausgegeben von B. Welz, Überlingen, 6. Colloquium Atomspektrometrische Spurenanalytik (1991) 707-723. (Bezugsquelle siehe 4.12.9)

[ICPMS-5] U. Völlkopf: Einsatz der ICP-MS zur schnellen Multielementbestimmung in umweltrelevanten Probenmaterialien, Teil 1: Abwasser, Staub (NBS-SRM 1648) und Flußsediment (NBS-SRM 1645), *Angewandte ICP-Massenspektrometrie* (Perkin-Elmer) Nr. 2 D (1988).

[ICPMS-6] U. Völlkopf und M. Paul: The Analysis of Enviromental Samples by ICP-MS, *Applied ICP-Mass Spectrometry* (Perkin-Elmer) Nr. 4 E (1988).

[ICPMS-7] Ultraspurenanalytik mit der ICP-MS (Einführung und Beispiele aus der Trinkwasseranalytik, Perkin-Elmer Schrift 2819/1.88 (1988).

[ICPMS-8] D. Laschka und P. Brückner : Einsatz der ICP-MS zur schnellen Multielementbestimmung von Makro- und Mikrokomponenten im Wasser in einem Analysengang, Angewandte ICP-Massenspektrometrie (Perkin-Elmer) Nr. 9 D (1991).

[ICPMS-9] A. Stroh, U. Völlkopf and E. Denoyer: Analysis of Samples Containing Large Amounts of Dissolved Solids Using Microsampling Flow Injection Inductively Coupled Plasma Mass Spectrometry, *Journal of Analytical Atomic Spectrometry* **7** (1992).

[ICPMS-10] A. Stroh and U. Völlkopf: Analysis of Difficult Samples by Flow Injection Inductively Coupled Plasma Mass Spectrometry, Fourth Surrey Conference on Plasma Source Mass Spectrometry, *Analytical Proceedings* **29** (1992).

9.2   Chromatographie

In immer größerem Umfang müssen in den Umweltkompartimenten Wasser, Feststoffe und Luft organische Gefahrstoffe bestimmt werden. Gesetzliche Vorgaben und Literaturstudien zeigen, daß sich hierfür besonders die chromatographischen Verfahren
– Gaschromatographie (GC)
– Hochleistungs-Flüssigkeits-Chromatographie (HPLC) und
– Dünnschicht-Chromatographie (DC) eignen.

Chromatographische Verfahren haben drei ganz wesentliche Vorteile:
1. Durch den chromatographischen Prozeß wird zunächst im Idealfall eine Auftrennung der zu bestimmenden Komponenten erreicht.
2. Für die drei chromatographischen Techniken GC, HPLC und DC stehen nachweisstarke und teilweise hochselektive Detektionssysteme zur Verfügung.
3. Sehr oft lassen sich eine größere Anzahl von Stoffen in einem Analysengang über einen großen dynamischen Bereich quantitativ bestimmen.

Die Gaschromatographie wird in der Umweltanalytik bevorzugt für thermisch stabile und unzersetzt verdampfbare Stoffe eingesetzt.

Auch thermisch labile Verbindungen lassen sich mit der GC untersuchen, wenn diese in entsprechend thermisch stabile und verdampfbare Derivate überführt werden.

Bevorzugte Einsatzgebiete für die Hochleistungs-Flüssigkeitschromatographie sind die Analytik thermisch labiler Komponenten, die Untersuchungen von Stoffen mit größerem Molekulargewicht (> 500), sowie die Bestimmung von Stoffklassen die sich besonders selektiv und empfindlich mit HPLC-Detektoren nachweisen lassen.

Im „Taschenatlas der Analytik" von G. Schwedt [9.2.-1] sind die chromatographischen Verfahren, ergänzt durch eine Vielzahl farbiger Abbildungen, in einer übersichtlichen und informativen Art beschrieben.

Literatur

[9.2.-1]   G. Schwedt: *„Taschenatlas der Analytik"* G. Thieme Verlag, Stuttgart (1992).

9.2.1 Gaschromatographie (GC)

9.2.1.1 Grundlagen der Gaschromatographie

Die Gaschromatographie (GC) ist ein Trennverfahren zur qualitativen und quantitativen Analyse von Stoffgemischen, deren zu bestimmende Komponenten sich ohne Zersetzung verdampfen lassen.

Unter dem Begriff Gaschromatographie werden physikalisch-chemische Trennmethoden zusammengefaßt, deren Effekt auf der unterschiedlichen Verteilung von Substanzen zwischen zwei nichtmischbaren Phasen – einer stationären und einer mobilen Phase – beruht.

Bei der Gaschromatographie ist die mobile Phase gasförmig. Die stationäre Phase kann fest oder flüssig sein. In den meisten Fällen versteht man unter der GC die Gas-Flüssig-Chromatographie.

Die beiden wichtigsten Komponenten gaschromatographischer Systeme sind Trennsäule und Detektor.

In der Trennsäule lösen sich die verschiedenen, in einem Einlaßteil verdampften Stoffe (im Beispiel A und B) zum Teil in der stationären Phase, teils befinden sie sich auch in der mobilen Phase (Trägergas) wie aus der Abbildung GC-1 zu ersehen ist.

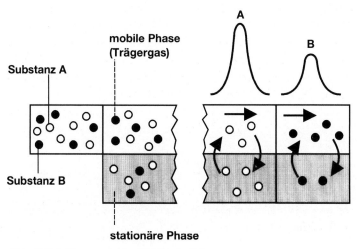

Abb. GC-1. Vorgang in der GC-Trennsäule

Dieser Verteilungsprozeß wird durch den Koeffizienten (K) beschrieben.

$$K = \frac{\text{Konzentration in der stationären Phase}}{\text{Konzentration in der Gasphase}}$$

Der Koeffizent *K* gibt an, zu welchem Anteil sich ein Stoff in der stationären Phase, im Vergleich zur Gasphase löst. K ist eine stoffspezifische Größe.

Der Anteil eines Stoffes, der sich in der stationären Phase befindet, wird vom Trägergas nicht erfaßt und wandert daher nicht im Strom der mobilen Phase. Unterschiedliche Verteilungskoeffizienten von Substanzen bedingen unterschiedliche Wanderungsgeschwindigkeiten und führen zur chromatographischen Trennung.

Die aufgetrennten Stoffe gelangen nacheinander mit dem Trägergas in den Detektor. Dieser bildet von jeder Komponente ein elektrisches Signal, welches von einem Registriersystem, wie z. B. Schreiber, Integrator oder Datenverarbeitungssystem aufgezeichnet wird.

Das „Protokoll" einer gaschromatographischen Trennung wird als Chromatogramm bezeichnet.

Abbildung GC-2 zeigt die gaschromatographische Trennung von leichtflüchtigen halogenierten Kohlenwasserstoffen (LHKW) auf einer Kapillarsäule.

Für die Detektion wurde ein ECD (Elektroneneinfangdetektor) verwendet, der für diese Stoffklasse die optimale Nachweisempfindlichkeit liefert.

Weiterführende Informationen sind unter [GC-1], [GC-2], [GC-3] beschrieben.

Perkin Elmer HS-101, 8700 GC; 50 m × 0.32 mm Quarzkapillarsäule, Permaphase PVMS/54, 2 μm; 50°C (5 min), 4°C/min, 80°C, 3°C/min, 100°C (10 min); He, 143 kPa; ECD: 0.4 %, × 2, Argon/Methan: 60 mL/min; Probe: 10 mL, 35 min bei 60°C; Dosierung: splitlos 0.05 min

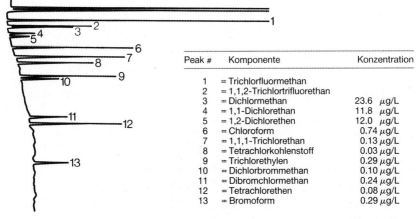

Peak #	Komponente	Konzentration
1	= Trichlorfluormethan	
2	= 1,1,2-Trichlortrifluorethan	
3	= Dichlormethan	23.6 μg/L
4	= 1,1-Dichlorethan	11.8 μg/L
5	= 1,2-Dichlorethen	12.0 μg/L
6	= Chloroform	0.74 μg/L
7	= 1,1,1-Trichlorethan	0.13 μg/L
8	= Tetrachlorkohlenstoff	0.03 μg/L
9	= Trichlorethylen	0.29 μg/L
10	= Dichlorbrommethan	0.10 μg/L
11	= Dibromchlormethan	0.24 μg/L
12	= Tetrachlorethen	0.08 μg/L
13	= Bromoform	0.29 μg/L

Abb. GC-2. Leichtflüchtige halogenierte Kohlenwasserstoffe nach DIN 38407, Teil 5 mittels Headspace-GC

9.2.1.2 Analysentechnik

Der Aufbau eines gaschromatographischen Systems (Gaschromatograph) gliedert sich im wesentlichen in die Komponenten

– Trägergasversorgung,
– Probenaufgabesystem,
– chromatographischer Trennprozeß,
– Detektion,
– Registriersystem mit Datenspeicherung,
wie der Abbildung GC-3 zu entnehmen ist.

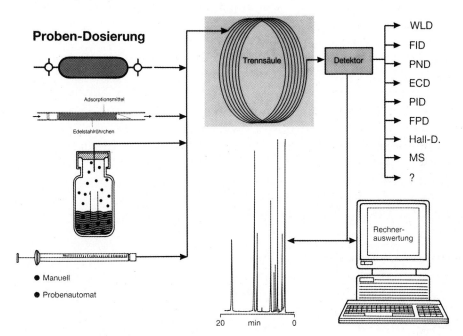

Abb. GC-3. Gaschromatographie in der Umweltanalytik

Trägergasversorgung

Für den chromatographischen Trennprozeß benötigt man als mobile Phase ein Gas, das mit konstanter Strömung das im Probenaufgabesystem vorliegende gasförmige Substanzgemisch durch die Trennsäule zum Detektor transportiert. Als Gase eignen sich Helium, Stickstoff, Wasserstoff und Argon/Methan.

Der Trägergasstrom läßt sich mit Druck- und/oder Strömungsregelung auf einen konstanten Wert einstellen.

Probenaufgabesystem

Der gaschromatographische Trennprozeß setzt voraus, daß die zu analysierende Probe gasförmig in der Trennsäule vorliegen muß.

Je nach den zu bestimmenden Substanzen ist deshalb das Probenaufgabesystem auf eine Temperatur einzustellen, bei der die eingeführte Probe möglichst rasch und vollständig verdampft. Mit Hilfe einer Gasmaus, bzw. durch Kombination mit einem Dampfraumanalysator (siehe Abschnitt 8.3.3 Dampfraumanalyse) oder der thermischen Desorption (siehe Abschnitt 8.3.1.1 Anreicherung von gasförmigen Stoffen an Adsorptionsmaterialien) mit dem Gaschromatographen werden dem Aufgabesystem bereits verdampfte Stoffgemische zugeführt. Dagegen müssen gelöste Proben, Extrakte, Eluate usw. mit entsprechenden Mikroliterspritzen manuell bzw. automatisch injiziert werden.

Chromatographischer Trennprozeß

Der in Abbildung GC-1 schematisch dargestellte Trennvorgang setzt eine Trennsäule voraus, die sich in einem Säulenofen befindet. Da der gaschromatographische Trennprozeß temperaturabhängig ist, muß der Säulenofen entweder bei konstanter Temperatur oder mit einem zeitlich fixierten Temperaturprogramm zu betreiben sein.

Je nach durchzuführender Analyse sind entsprechende Trennsäulen einzusetzen, die sich wie in Abbildung GC-4 dargestellt, in drei Säulentypen einteilen lassen.

1. Gepackte Säulen

Das mit einer stationären Flüssigkeit in Mengen von 0,1 bis 25 Gewichtsprozent belegte Trägermaterial wird in Röhren aus Stahl oder Glas mit Innendurchmessern von 1-5 mm und mit Längen von 0,5-10 m eingefüllt (siehe Abb. GC-4, Nr. 1). Wichtig ist hierbei eine homogene Packung ohne Zerstörung der empfindlichen Kornstruktur. Im Bereich Umweltanalytik werden gepackte Säulen z. B. noch für Gasanalysen (z. B. Deponiegase auf Hauptkomponenten) eingesetzt. In vielen EPA-Vorschriften sind gepackte Trennsäulen vorgeschrieben.

2. Dünnfilm-Trennkapillaren

In der gaschromatographischen Umweltanalytik werden bevorzugt Dünnfilm-Trennkapillaren aus Quarzglas eingesetzt. Diese Quarzkapillaren sind außen mit einem Polyimidfilm versehen und deshalb mechanisch sehr robust. Quarzkapillaren mit einer Länge von 10 bis 200 m und einem Innendurchmesser 0,1-0,5 mm sind auf ihrer inneren Oberfläche mit der stationären Flüssigkeit benetzt, wobei die Filmdicke in mm angegeben wird (siehe Abb. GC-4, Nr. 2). Dünnfilm-Trennkapillaren sind für ein weites Anwendungsspektrum am Markt erhältlich.

3. Dünnschicht- oder SCOT-Trennsäulen

Wie aus der Abbildung GC-4, Nr. 2 zu ersehen ist, werden auf den Wandungen der Kapillaren mit einem Innendurchmesser von 0,3-0,5 mm „Trägerschichten" in den geeigneten kleinen Korngrößen aufgetragen, die mit der stationären Flüssigkeit getränkt sind (siehe Abb. GC-4b). Die Trennleistung dieser Säulen liegt zwischen der von gepackten- und Dünnfilm-Trennsäulen.

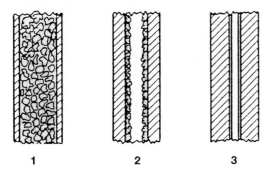

Abb. GC-4. Aufbau der drei wichtigsten Säulentypen: 1 = gepackte bzw. mikrogepackte Trennsäule, 2 = Dünnschicht- oder SCOT-Trennsäule, 3 = Dünnfilm-Trennkapillare

Detektion

Umweltanalytik mit Gaschromatographie setzt außer der guten Trennleistung des chromatographischen Systems eine präzise, empfindliche und möglichst selektive Komponentenerkennung voraus. Wegen der Vielzahl der mit GC bestimmbaren Stoffe in umweltrelevanten Proben kommen alle bewährten Detektionssysteme zur Anwendung.

In der folgenden Tabelle GC-1 sind die wichtigsten Detektoren und ihre Einsatzbereiche in der Umweltanalytik aufgeführt.

Tabelle GC-1. GC-Detektoren und ihre Einsatzbereiche in der Umweltanalytik

Detektion	Kurzform	Substanzen
Wärmeleitfähigkeits-Detektor	WLD	* Bodenluft * Deponiegase * Biogase
Flammenionisations-Detektor	FID	* Kohlenwasserstoffe * Lösemittel * BTXE * VC
Phosphor-Stickstoff-Detektor	PND	* PSM * NTA
Elektroneneinfang-Detektor	ECD	* LHKW * PSM * Phenole nach Derivatisierung * SHKW * PCB
Photoionisations-Detektor	PID	* aromatische Kohlenwasserstoffe
Kombination von GC mit FTIR	FTIR	* Kohlenwasserstoffe

Tabelle GC-1. (Fortsetzung)

Detektion	Kurzform	Substanzen
Kombination von GC mit Massen-Spektrometer (Universaldetektor, Identifizierung durch Bibliotheksuche)	MS	* Dioxine + Furane * PSM, PCB, usw.

BTXE	=	Benzol, Toluol, Xylol, Ethylbenzol
VC	=	Vinylchlorid
LHKW	=	Leichtflüchtige halogenierte Kohlenwasserstoffe
SHKW	=	Schwerflüchtige halogenierte Kohlenwasserstoffe
PSM	=	Pflanzenbehandlungsmittel
PCB	=	Polychlorierte Biphenyle
NTA	=	Nitrolotriessigsäure

Eine umfangreiche Marktübersicht von gaschromatographischen Detektoren ist in „Nachrichten aus Chemie, Technik und Laboratorium" Band 35, Heft 5 (1987) (VCH-Verlagsgesellschaft, Weinheim) zu finden.

Registriersystem mit Datenspeicherung

In Abhängigkeit von der Analysenzeit liefert das Registriersystem kontinuierlich das gemessene Detektorsignal oder nach Zwischenspeicherung und Ablauf der Analyse das komplette Chromatogramm.

Die vom Detektor abgegebenen Rohdaten werden heute von Datenverarbeitungssystemen gespeichert und mit optimalen Auswertemethoden weiter verarbeitet. Der Analysenreport besteht in der Regel aus dem Chromatogramm mit namentlicher Komponentenzuordnung und einem Bericht mit nummerischen Werten, d. h. mit Zahlen für Retentionszeiten und Flächen bzw. Höhenangaben aller oder speziell ausgewählter Peaks (charakteristisches Konzentrationsprofil einer detektierten Komponente im Analogchromatogramm). Außerdem gibt das System die nach einer Kalibrationsmethode erhältlichen Konzentrationsangaben für die ausgewerteten Stoffe aus.

Mit PC-gesteuerten Registriersystemen lassen sich alle angefallenen Rohdaten und die Analysenreporte speichern.

9.2.1.3   Einsatzbereiche in der Umweltanalytik

Mit der GC lassen sich in gasförmigen, flüssigen und festen Umweltproben alle thermisch stabilen und unzersetzt verdampfbaren Stoffe bestimmen, wie aus Abb. GC-5 hervorgeht.

Thermisch labile Verbindungen können, nach entsprechender Derivatisierung zu stabilen Reaktionsprodukten, ebenfalls untersucht werden.

Wichtige Bereiche der GC-Analysenmethode stellen Probenahme und Probenvorbereitung dar.

Die Probenvorbereitung für die Bestimmung von Stoffen in Umweltproben mit chromatographischen Verfahren hat folgende zwei wichtigen Ziele:

1) Abtrennung des zu untersuchenden Stoffes oder Stoffgemisches von störenden Begleitsubstanzen.
2) Anreicherung der zu bestimmenden Komponente aus der entsprechenden Probe.
   Sehr oft folgt dieser Anreicherung noch ein Clean-up-Schritt zur Abtrennung weiterer störender Stoffe.

Für die Probenvorbereitung bieten sich folgende bewährte Methoden an:
– Flüssig-Flüssig-Extraktion z. B. mit n-Pentan, Cyclohexan
– Festphasenanreicherung mit C_{18}
– Dampfraumanalyse für leichtflüchtige Verbindungen und Derivate
– Adsorption an festen Materialien z. B. Aktivkohle, Tenax; Anschließend thermische Desorption oder Extraktion
– Soxhlet-Extraktion von festen Proben
– Extraktion mit überkritischen Fluiden (SFE-SFC)

Einige dieser Techniken, wie z. B. Dampfraumanalyse und thermische Desorption, können bereits zusätzlicher Bestandteil eines Gaschromatographen sein.

In Abschnitt 8.3 Abtrennungs- und Anreicherungsverfahren sind die einzelnen Techniken beschrieben.

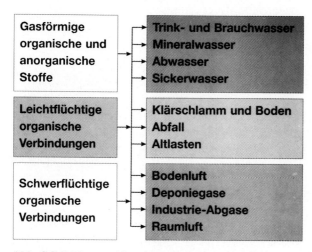

Abb. GC-5. Einsatzgebiete der GC im Umweltbereich

Normen, Richtlinien, internationale Verfahren, Literatur usw.

Die Bestimmung von umweltrelevanten organischen Stoffen ist in verschiedenen DIN-Verfahren und VDI-Richtlinien ausführlich beschrieben.

Daneben gibt es zahlreiche EPA-Verfahren, die schon seit vielen Jahren in der Praxis eingesetzt werden. Fast täglich erscheinen in den entsprechenden Fachzeitschriften Publikationen über den Einsatz der GC in der Umweltanalytik.

Zahlreiche Hinweise über aktuelle Gaschromatographie-Literatur für die Umweltanalytik findet sich in der Literaturdokumentation „Spektrometrie und chromatographische Methoden in der Umweltanalytik" [GC-55].

Eine Zusammenfassung praxisrelevanter Analysenmethoden aus Standardwerken und neuerer Literatur sind aus der Tabelle GC-2 zu ersehen.

9.2.1.4   Analytik gasförmiger Proben

Für die Analytik gasförmiger Proben mit der GC ist die Probenahme von besonderer Bedeutung.

Im Abschnitt 6.1 Probenahme von Gasen wird diese Thematik ausführlich behandelt.

Die Probenahme beinhaltet in der Regel auch die Anreicherung der zu untersuchenden Komponenten.

Eine Vielzahl von Bestimmungsverfahren für gefährliche organische Stoffe sind z. B. der Schrift „Empfohlene Analysenverfahren für Arbeitsplatzmessung" zu entnehmen.

Für den entsprechenden Gefahrenstoff sind außerdem noch die MAK- und TRK-Werte angegeben [GC-6].

Eine sehr empfindliche Methode stellt die Probenahme und Anreicherung der zu bestimmenden Komponenten an Adsorptionsmaterialien dar (siehe Abschnitt 6.1.4). Nach einer thermischen oder chemischen Desorption lassen sich die Komponenten mit der GC untersuchen.

Die thermische Desorption ist ausführlich in der Literatur beschrieben [GC-30], [GC-31], [GC-32].

Die chemische Desorption mit Benzylalkohol und anschließender Dampfraumanalyse wurde von Kolb und Pospisil untersucht [GC-29]. Das Messen gasförmiger Immissionen und Emissionen, die Analytik von Innenraum- und Bodenluft, sowie an Abgasen von PKW-Otto- und Dieselmotoren ist in zahlreichen VDI-Richtlinien ausführlich dargelegt [GC-7] bis [GC-28].

Tabelle GC-2. Analysenverfahren in Form von Normen, Richtlinien usw.

Parameter	Gasförmige Proben				Unbelastetes Wasser Trink-, Brauch-, Mineral-, Bade-, See-, Flußwasser, usw.	Belastetes Wasser Abwasser, Sickerwasser, Eluate, usw.	Feststoffe Klärschlamm, Boden, Sedimente, Abfall, usw.
	Abluft	Raumluft	Bodenluft	Stäube (usw.)			
Aliphatische Kohlenwasserstoffe	[GC 8] [GC27]	[GC6] [GC8] ISO 9487 ASTM 2820					[GC48]
Aromatische Kohlenwasserstoffe	[GC 9] [GC11]	[GC 6] [GC 9] [GC11]			[GC36]	[GC36]	[GC48] [GC49]
Polyzyklische aromatische Kohlenwasserstoffe (PAK)	[GC23] [GC24]	[GC6]					[GC48]
Leichtflüchtige halogenierte Kohlenwasserstoffe		ISO 9486 [GC6] ISO 8762		[GC21] [GC22]	[GC34] [GC35] [GC37]	[GC34] [GC35] [GC37]	[GC49] [GC50]
Schwerflüchtige halogenierte Kohlenwasserstoffe		[GC6]			[GC33]	[GC33]	[GC48]
Polychlorierte Biphenyle		[GC6]			[GC46]	[GC46]	[GC43] [GC44] [GC45] [GC48]
Dioxine und Furane	[GC18]			[GC18]	ASTM P 217 ASTM P 219		

T

Tabelle GC-2 (Fortsetzung).

Parameter	Gasförmige Proben				Unbelastetes Wasser Trink-, Brauch-, Mineral-, Bade-, See-, Flußwasser, usw.	Belastetes Wasser Abwasser, Sickerwasser, Eluate, usw.	Feststoffe Klärschlamm, Boden, Sedimente, Abfall, usw.
	Abluft	Raumluft	Bodenluft	Stäube (usw.)			
Phenole		[GC6]			[GC41] [GC42] ISO 8165 -1	[GC41] [GC42] ISO 8165 -1	
Chlorphenole					[GC41] [GC42] [GC47]	[GC41] [GC42] [GC47]	
Nitrophenole		[GC6]			[GC56]	[GC56]	
Nitrosamine		[GC6]					
Nitrile	[GC19] [GC20]	[GC6]					
Aminoverbindungen		[GC6]			[GC56]	[GC56]	
Organische Säuren		[GC6]					
Pflanzenbehandlungs- und Schädlingsbekämpfungsmittel (PBSM)		[GC6]			[GC39] [GC40] [GC33]	[GC39] [GC40] [GC33]	[GC48] [GC51] [GC52] [GC53] [GC54]

Tabelle GC-2 (Fortsetzung).

Parameter	Gasförmige Proben				Unbelastetes Wasser (Trink-, Brauch-, Mineral-, Bade-, See-, Flußwasser, usw.)	Belastetes Wasser (Abwasser, Sickerwasser, Eluate, usw.)	Feststoffe (Klärschlamm, Boden, Sedimente, Abfall, usw.)
	Abluft	Raumluft	Bodenluft	Stäube (usw.)			
Metallorganische Verbindungen		[GC6]					
Explosivstoffe					[GC56]	[GC56]	
Anorganische Gase		[GC6] ISO 8186					
Organische Gase		[GC6]					

9.2.1.5   Analytik flüssiger Proben

Flüssige Umweltmatrizes lassen sich in schwach und stark belastete Wasserproben unterteilen. Zu den schwach belasteten Wässern zählen
— Trink- und Brauchwasser
— Tafel- und Mineralwasser sowie
— Badewasser.
  Der Gruppe der stark belasteten Wässer sind
— Abwasser
— Sickerwasser und
— stark belastete Grundwässer
  zuzuordnen.
  Mit Hilfe der GC lassen sich in diesen unterschiedlichen Wasserproben leicht- und schwerflüchtige thermisch stabile Komponenten analytisch erfassen. Voraussetzung ist oft eine Abtrennung der Matrixwässer und damit verbunden eine gleichzeitige Anreicherung der nachzuweisenden Gefahrstoffe.
  Die in der GC bevorzugten Abtrenn- und Anreicherungsmethoden sind im Abschnitt 8.3 näher erläutert.

Analytik von schwach belasteten Wassserproben

In der Trinkwasser-Verordnung (TVO) und Mineralwasser-Verordnung (siehe 4. Umweltgesetzgebung, Abschnitte 4.1 und 4.2) sind vom Gesetzgeber die Bestimmung von
— leichtflüchtigen halogenierten Kohlenwasserstoffen
— Planzenbehandlungs- und Schädlingsbekämpfungsmitteln (PBSM) und
— polychlorierten und polybromierten Bi- und Terphenylen
  vorgeschrieben.
  Neben den leichtflüchtigen halogenierten Kohlenwasserstoffen kann auch noch die Bestimmung von Vinylchlorid (VC), sowie von Benzol und seinen Derivaten(BTXE) von Bedeutung sein.
  In der Abbildung GC-6 sind die entsprechenden DIN-Verfahren aufgeführt, die für die Analytik leichtflüchtiger organischer Verbindungen zur Anwendung kommen.
  Als ideales Verfahren hat sich hierfür die Dampfraumanalyse (siehe Abschnitt 8.3.3) erwiesen, da hierbei die Probennahme (in Dampfraumfläschchen) und die Probenvorbereitung (Einstellen eines Verteilungsgleichgewichtes bei erhöhter Temperatur) Bestandteil des Verfahrens sind.
  Die Dosierung erfolgt durch Druckabbau in der Probeflasche über das Trennsystem, wobei die Dosierzeit ein Maß für das injizierte gasförmige Probevolumen darstellt.

Kühlt man bei diesem Vorgang den Anfangsteil der Kapillarsäule mit flüssigem Stickstoff, so kommt es bei verlängerter Dosierzeit zu einem Anreicherungseffekt, der als Kryofokussierung bezeichnet wird.

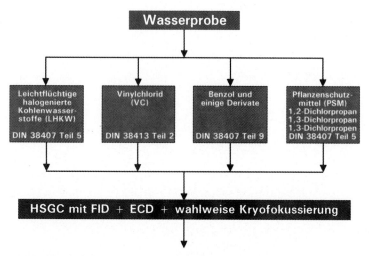

Abb. GC-6. Analytik von leichtflüchtigen organischen Verbindungen

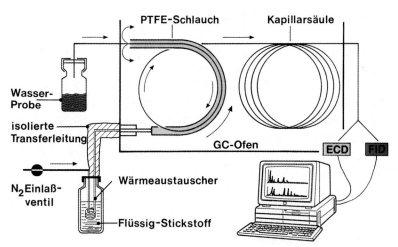

Abb. GC-7. Anwendung der Kryofokussierung in Zusammenhang mit der Dampfraum-Gaschromatographie

Wie aus der Abbildung GC-7 zu ersehen ist, können durch den Einsatz eines Splitters am Ende der Kapillarsäule die getrennten Substanzen gleichzeitig am ECD und FID detektiert werden.

Ein typisches Chromatogramm von 13 leichtflüchtigen halogenierten Kohlenwasserstoffen (LHKW) ist der Abbildung GC-2 zu entnehmen.

Dieses Verfahren beinhaltet alle LKHW, die nach der Trink- und Mineralwasser-Verordnung zu bestimmen sind [GC-35].

Die Bestimmung der Haloforme muß nach der Trinkwasser-Verordnung in mit Chlor desinfiziertem Trinkwasser durchgeführt werden.

Abbildung GC-8 zeigt den Unterschied zwischen einem Rohwasser und dem Wasser nach Desinfizierung mit Chlor.

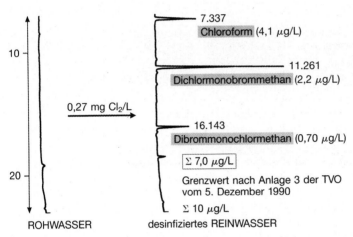

Abb. GC-8. Haloforme in desinfiziertem Trinkwasser (Chromatogrammausschnitt)

Für die Bestimmung von LHKW kann auch die Flüssig-Flüssig-Extraktion als Probenvorbereitungsverfahren eingesetzt werden. Das Verfahren ist im Abschnitt 8.3.4 beschrieben. Der Nachteil dieses Verfahrens nach DIN 38407, Teil 4 [GC-34] ist in der problematischen Bestimmung des Dichlormethans zu sehen.

Ein weiteres Einsatzgebiet der Dampfraumanalyse ist der Nachweis von Benzol und einigen Derivaten nach DIN 38407, Teil 9 [GC-36].

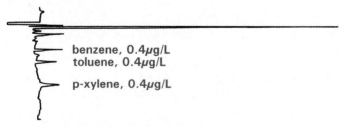

Perkin-Elmer 8500 GC, HS-40 Automatic Headspace Sampler;
25m x 0,53mm i.d. f.s.c., Permaphase DMS, 1µm, + flow restrictor;60°C isothermal;
carrier gas: He, 220kPa; detector: PID;
headspace conditions: sample 5mL, 20min at 60°C,
sampling: splitless, 0,12min, press. 2min.

Abb. GC-9. Dampfraumanalyse von Benzol und einigen Derivaten in Wasser mit einem PID als Detektor

Wie aus Abbildung GC-9 hervorgeht, wurde zur Steigerung der Nachweisempfindlichkeit anstelle des üblichen Flammenionisations-Detektors (FID) ein Photoionisations-Detektor (PID) verwendet.

Grundsätzlich läßt sich die Dampfraumanalyse für die Bestimmung von leichtflüchtigen organischen Stoffen in den unterschiedlichsten Materialien einsetzen.

Leichtflüchtige organische Verbindungen lassen sich auch mit guter Wiederauffindung mit dem Purge- und Trapverfahren analytisch erfassen (siehe Abschnitt 8.3.2 Purge- und Trapverfahren). Diese Methode wird in den USA von der EPA sehr oft als Bestimmungsverfahren vorgegeben.

In hoher Aktualität ist die Analytik von Pflanzenbehandlungs- und Schädlingsbekämpfungsmitteln (PBSM) einschließlich ihrer toxischen Hauptabbauprodukte, für die in der Trinkwasser-Verordnung ein Grenzwert von 0,1 µg/L je Einzelsubstanz bzw. 0,5 µg/L für die Summe aller PBSM festgeschrieben ist.

In einer Empfehlung des Bundesgesundheitsamtes zum Vollzug der Trinkwasser-Verordnung sind in vier Tabellen die aktuellen PBSM aufgelistet (siehe 4. Umweltgesetzgebung, Abschnitt 4.1).

In der Abbildung GC-10 ist der Stand der DIN-Normung für die PBSM-Analytik wiedergegeben.

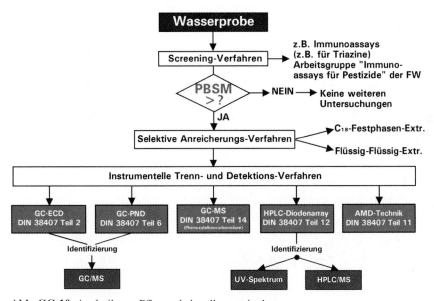

Abb. GC-10. Analytik von Pflanzenbehandlungsmitteln

Neben den zwei DIN-Entwürfen für die Gaschromatographie sind noch zu normende Verfahren mit der Hochleistungs-Flüssigkeits-Chromatographie und der Dünnschicht-Chromatographie (AMD-Technik, siehe Abschnitt 9.3 Dünnschicht-Chromatographie) in Vorbereitung.

Allen Verfahren ist eine Festphasenanreicherung der PBSM aus der Wasserprobe um den Faktor 1000 vorangestellt.

Dies Anreicherungsverfahren ist in Abschnitt 8.3.5 Festphasen-Extraktion ausführlich dargestellt.

Abbildung GC-11 zeigt einige wichtige PBSM-Herbizide detektiert mit einem Phosphor-Stickstoff-Detektor (PND) im N-mode (hohe Selektivität und Nachweisempfindlichkeit für Stickstoffverbindungen).

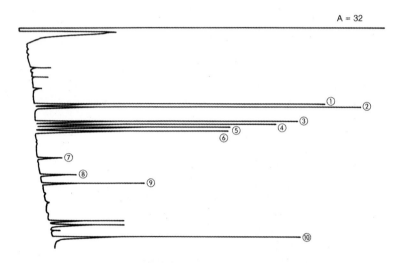

① Desisopropyl atrazin, ② Desethyl atrazin, ③ Simazin, ④ Atrazin,
⑤ Propazin, ⑥ Terbutylazin, ⑦ Vinclozolin, ⑧ Metolachlor,
⑨ Metazachlor, ⑩ Hexazinon

DIN 38407 Teil 6 – Entwurf

10 m x 0,32 mm F.S.C., Permaphase DMS, 1.0 μm (Id. Nr. B069-8498);
100°C, 20°C/min, 150°C, 6°C/min, 170°C, 20°C/min, 250°C (5 min);
He, 90 kPa; Detektor: NPD, 15 pA, x 32, Make-up Gas: He; Injektion: splitlos,
1 μL Lösung in Toluol, 1 ng jeder Komponente. Bei einer Anreicherung von
1:1000 entspricht jeder Peak einer Konzentration von 1 μg/L.

Abb. GC-11. Stickstoffhaltige Herbizide

Phosphorhaltige Pestizide lassen sich dagegen sehr empfindlich mit dem PND im P-mode (hohe Selektivität und Nachweisempfindlichkeit für Phosphorverbindungen) detektieren, wie aus Abbildung GC-12 ersichtlich ist.

Der Nachweis von polychlorierten Biphenylen (PCB) in Trinkwasser wurde in einer umfangreichen Arbeit von Brodesser und Schöler beschrieben [GC-46].

Die Bestimmung ausgewählter Phenole in Wasserproben kann nach zwei unterschiedlichen DIN-Verfahren erfolgen [GC-41], [GC-42].

Für die äußerst geruchsintensiven Chlorphenole wurde von Schlett und Pfeifer ein empfindliches GC-Verfahren entwickelt [GC-47].

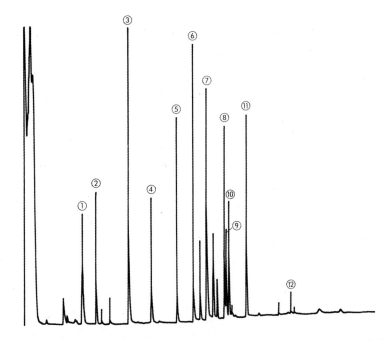

① Methamidophos, ② Dichlorvos, ③ Diazinon, ④ Phosphamidon,
⑤ Parathion-methyl + Chlorpyriphos-methyl,
⑥ Parathion-ethyl + Chlorpyriphos + Fenthion, ⑦ Bromophos-methyl,
⑧ Bromophos-ethyl + Methidathion, ⑨ Tetrachlorvinphos,
⑩ Ditalimfos, ⑪ Ethion

50 m x 0.32 mm F.S.C., Permaphase PVMS/54, 0.3 μm (Id. Nr. B069-8356);
100°C, 20°C/min, 290°C (hold); N2, 0.9 bar; NPD: 15 pA. x 32, Make-up Gas:
N2, 16 mL/min; splitlose Injektion: 2 μL Lösung in Aceton/Heptan (1:1),
Konzentration 0.1 ng für jede Verbindung (≙ 0,2 μg/L bei 1:1000)

Abb. GC-12. Phosphorhaltige Pestizide

Analytik von stark belasteten Wasserproben

Für belastete Wasserproben, wie z. B. Abwasser, werden in der Rahmen-Abwasser VwV,
Stand 29. Oktober 1992 (siehe 4. Umweltgesetzgebung, Abschnitt 4.4) für organische
Schadstoffe wie z. B. leichtflüchtige halogenierte Kohlenwasserstoffe (LHKW), Benzol
und einige Derivate (BTXE), sowie für einige Pestizide die DIN-Verfahren 38407, Teil 4
[GC-34] 38407, Teil 9 [GC-36] und 38407, Teil 2 [GC-33] vorgegeben.

Die Bestimmung Nitrilotriessigsäure in Abwasser kann nach einer DEV-Methode erfolgen [GC-38].

Sehr oft bereitet die Matrix in den belasteten Wasserproben große Schwierigkeiten bei
der Analytik. Deshalb müssen, je nach Problemstellung die bekannten GC-Verfahren entsprechend modifiziert werden.

Analytik von sonstigen flüssigen Proben

Für die Bestimmung von polychlorierten Biphenylen (PCB) in Mineralölerzeugnissen existiert seit Mai 1987 die DIN 51527, Teil 1 [GC-43].

Die in einer Ölprobe gegebenenfalls enthaltenen sechs PCB-Kongenere (PCB 25, 52, 101, 138, 153 und 180) werden bei diesen Verfahren (nach einem Clean-up-Schritt durch Festphasenextraktion) unter Verwendung eines Elektroneneinfang-Detektors (ECD) gaschromatographisch bestimmt.

Die Quantifizierung kann nach der Methode des externen oder internen Standards (PCB 209) erfolgen [GC-44].

Aus der Abbildung GC-13 ist die PCB-Bestimmung in einer Altölprobe zu entnehmen. Der ermittelte PCB-Gehalt nach DIN 51527, Teil 1 lag bei 6,27 mg/kg Altöl.

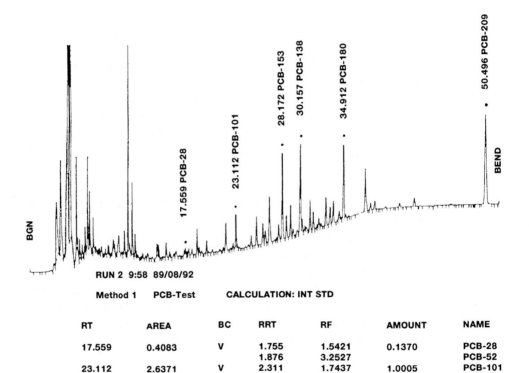

RUN 2 9:58 89/08/92

Method 1   PCB-Test   CALCULATION: INT STD

RT	AREA	BC	RRT	RF	AMOUNT	NAME
17.559	0.4083	V	1.755	1.5421	0.1370	PCB-28
			1.876	3.2527		PCB-52
23.112	2.6371	V	2.311	1.7437	1.0005	PCB-101
28.172	8.0854	V	2.817	1.0119	1.7801	PCB-153
30.157	9.4138	V	3.015	1.0282	2.1060	PCB-138
34.912	7.6511	V	3.491	0.7514	1.2509	PCB-180
50.496	15.3050	V	5.049	1.0000	3.3300	PCB-209

5 GROUP   1 PEAKS   TOTAL AMOUNT 6.2746

Abb. GC-13. PCB-Bestimmung in einer Altölprobe nach DIN 51527, Teil 1

9.2.1.6 Analytik fester Proben

Zahlreiche für die Umweltbelastung verantwortliche organische Stoffe lassen sich mit der GC in festen Umweltproben wie
− Boden
− Klärschlamm
− Abfall
− Altlasten und
− Altablagerungen mit guter Selektivität und entsprechendem Nachweisvermögen quantifizieren.

So lassen sich leichtflüchtige halogenierte und aromatische Kohlenwasserstoffe nach einer Extraktion von Boden- und Schlammproben mit einer Methylglykollösung anschließend mit der Dampfraum-GC quantitativ erfassen.

Entsprechende Verfahren wurden von Preuß und Attig [GC-49], sowie von Hagendorf et al. [GC-50] publiziert.

Der Nachweis von PBSM in Böden im Einzugsbereich von Trinkwassergewinnungs-Anlagen stellt eine wichtige analytische Aufgabe dar.

Hierzu werden die PBSM mittels Soxhletextraktion oder durch Extraktion mit überkritischen Gasen (siehe Abschnitt 8.3.7) aus Böden, Altlasten und Altablagerungen angereichert und in der Regel noch einem oder mehreren Clean-up-Schritten unterworfen.

Verschiedene GC-Verfahren sind in der Literatur für die PBSM-Bestimmung in festen Proben beschrieben [GC-51], [GC-52], [GC-53], [GC-54].

Nach der Klärschlamm-Verordnung (siehe 4. Umweltgesetzgebung, Abschnitt 4.8) sind polychlorierte Biphenyle, sowie Dioxine und Furane in Klärschlämmen für die Landwirtschaft auf Grenzwertüberschreitungen zu überprüfen.

Im Anhang I dieser Verordnung ist in Abschnitt 1.3.3.1 die Bestimmung der polychlorierten Biphenyle mit der GC ausführlich beschrieben, wobei die Probenvorbereitung einen hohen Stellenwert einnimmt, wie aus der Abbildung GC-14 zu ersehen ist.

Eine analytische Herausforderung ersten Ranges stellt die in der Klärschlamm-Verordnung im Abschnitt 1.3.3.2 beschriebene Bestimmung der Dioxine und Furane in Klärschlamm dar. Hierbei wird die Analytik mit der GC in Anlehnung an die VDI-Richtlinie 3499 BL.1 [GC-18] durchgeführt. Eine Darstellung des Analysenganges geht aus der Abbildung GC-15 hervor.

Auch bei diesem Analysenverfahren stellt die Probenvorbereitung einen wichtigen Analysenschritt dar.

Die quantitative Auswertung der massenspektrometrisch erfaßten 17 PCDD- und PCDF-Kongeneren erfolgt über die zugesetzten ^{13}C-markierten Standards, wobei für jeden Chlorierungsgrad identische Responsfaktoren für alle PCDD/PCDF-Isomere angenommen werden.

Grundsätzlich läßt sich sagen, daß die GC/MS-Kombination in der Umweltanalytik immer mehr an Bedeutung gewinnt, da mit ihrer Hilfe eindeutige Substanzidentifizierungen möglich sind.

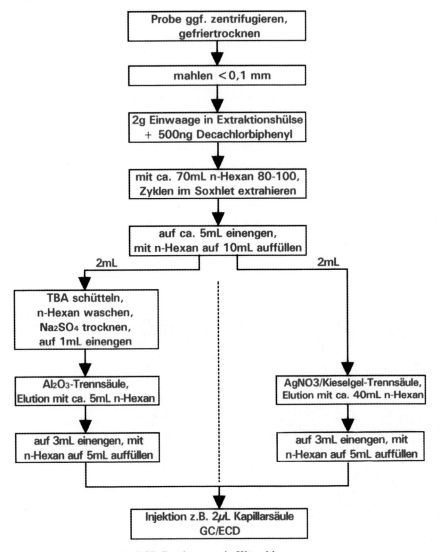

Abb. GC-14. Schema der PCB-Bestimmung in Klärschlamm

Probenahme nach DIN 38414 Teil 1

↓

Gefrier-Trocknung

↓

Vorbehandlung nach DIN 38414 Teil 7

↓

Zusatz von ^{13}C -markierten PCDD- und PCDF-
Standards und Soxhlet-Extraktion mit Toluol

↓

Säulenchromatographische Reinigung
- Aluminiumoxid/Natriumsulfat-Säule
- gemischte Säule aus Kieselgel, Kieselgel/NaOH,
  Kieselgel, Kieselgel/H$_2$SO$_4$, Kieselgel,
  Kieselgel/AgNO$_3$
- Bio-Beads S-X3

↓

Zusatz von ^{13}C -1,2,3,4-TCDD (interner Standard)
Gaschromatographische Bestimmung
nach VDI-Richtlinie 3499 (Entwurf März 1990)

Abb. GC-15. Polychlorierte Dibenzodioxine und -furane in Klärschlamm

In Abbildung GC-16 ist ein für diese Art von Umweltanalytik geeigneter Gaschromato-graph, kombiniert mit einem massenspektrometrischen Detektionssystem auf Quadrupol-basis, dargestellt.

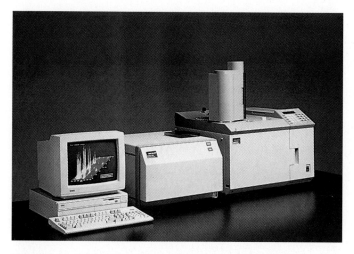

Abb. GC-16. GC/MS-Kombination für die Umweltanalytik
(Q-Mass 910 Quadropol-Massenspektrometer mit AutoSystem GC von Perkin-Elmer)

Eine Fundgrube für analytische Verfahren zum Nachweis von organischen Gefahrstoffen in Abfällen, Altlasten, Altablagerungen usw. bildet eine umfangreiche Methodenzusam-menstellung, die 1988 im Ministerialblatt von Nordrhein-Westfalen erschienen ist [GC-48].

In dieser Literaturzusammenstellung sind auch Hinweise für die Probenvorbereitung zu finden.

Eine Überarbeitung dieser Methodensammlung mit Stand Dezember 1992 ist vom LWA Nordrhein-Westfalen herausgegeben worden (siehe 4.13.12)

Literatur

[GC-1]   G. Schomburg: Gaschromatographie, 2. Auflage, VCH Verlagsgesellschaft, Weinheim (1986).

[GC-2]   R. Kaiser: Gaschromatographie in der Gasphase, Band I-IV, B. I. *Hochschultaschenbücher*, Bibliogr. Inst. Mannheim (1974).

[GC-3]   *Buchreihe Praktische Instrumentelle Analytik, Gaschromatographie mit Kapillar-Trennsäulen, 9 Bände, teilweise erschienen bzw. in Vorbereitung, Labor Praxis*, Vogel Verlag, Würzburg.

[GC-4]   E. Leibnitz und G. Struppe: Handbuch der Gaschromatographie, 3. Auflage, Akademische Verlagsgesellschaft Geest und Portig K. G., Leibzig (1984).

[GC-5]   G. Schwedt: Chromatographische Trennmethoden, 3. verbesserte und erweiterte Auflage, Thieme Verlag Stuttgart (1993).

[GC-6]   Gefährliche Arbeitsstoffe – GA 13,
Empfohlene Analysenverfahren für Arbeitsplatzmessungen (Dokumentation) *Schriftenreihe der Bundesanstalt für Arbeitsschutz,,* Dortmund (Bezugsquelle siehe 4.13.8).

VDI-Richtlinien für Umweltanalytik mit der Gaschromatographie (Beuth-Verlag, Berlin) (Bezugsquelle siehe 4.13.3)

[GC-7]   VDI-Richtlinie 3482 Bl. 1 (2/86),
Messen gasförmiger Immissionen; Mehrkomponentenmessung organischer Verbindungen; Grundlagen der gaschromatographischen Bestimmung.

[GC-8]   VDI-Richtlinie 3482 BL. 2 (2/79),
Messen gasförmiger Immissionen; Gaschromatographische Bestimmung von aliphatischen Kohlenwasserstoffen – Momentprobenahme.

[GC-9]   VDI-Richtlinie 3482 Bl. 3 (2/79),
Messen gasförmiger Immissionen; Gaschromatographische Bestimmung von aromatischen Kohlenwasserstoffen – Momentprobenahme.

[GC-10]   VDI-Richtlinie 3482 Bl. 4 (11/84),
Messen gasförmiger Immissionen; Gaschromatographische Bestimmung organischer Verbindungen mit Kapillarsäulen; Probenahme durch Anreicherung an Aktivkohle; Desorption mit Lösemittel.

[GC-11]   VDI-Richtlinie 3482 Bl. 5 (11/84),
Messen gasförmiger Immissionen; Gaschromatographische Bestimmung von aromatischen Kohlenwasserstoffen; Probenahme durch Anreicherung an Aktivkohle; Desorption mit Lösemittel.

[GC-12] VDI-Richtlinie 3482 Bl. 6 (7/88),

Messen gasförmiger Immissionen; Gaschromatographische Bestimmung organischer Verbindungen – Probenahme durch Anreicherung; Thermische Desorption.

[GC-13] VDI-Richtlinie 3490 Bl. 16E (1/89),

Messen von Gasen; Prüfgase; Herstellen von Prüfgasen mit Blenden-Mischstrecken.

[GC-14] VDI-Richtlinie 3493 Bl. 1 (11/82),

Messen gasförmiger Emissionen; Messen von Vinylchlorid-Konzentrationen; Gaschromatographisches Verfahren; Probenahme mit Gassammelgefäßen.

[GC-15] VDI-Richtlinie 3494 Bl. 1E (5/88),

Messen gasförmiger Immissionen; Messen von Vinylchlorid-Konzentrationen; Gaschromatographische Bestimmung; Manuelle und automatische Dampfraumanalyse.

[GC-16] VDI-Richtlinie 3494 Bl. 2 (4/86),

Messen gasförmiger Immissionen; Messen von Vinylchlorid-Konzentrationen; Gaschromatographische Bestimmung mit der Trennsäulenschalteinrichtung für Live-Chromatographie.

[GC-17] VDI-Richtlinie 3498 Bl. 1E (1/93),

Messen von Immissionen; Messen von Innenraumluft; Messen von polychlorierten Dibenzo-p-dioxinen und Dibenzofuranen; LIB-Filterverfahren.

[GC-18] VDI-Richtlinie 3499 Bl. 1E (3/90),

Messen von Emissionen; Messen von Reststoffen; Messen von polychlorierten Dibenzodioxinen und -furanen im Rein- und Rohgas von Feuerungsanlagen mit der Verdünnungsmethode; Bestimmung in Filterstaub, Kesselasche und in Schlacken.

[GC-19] VDI-Richtlinie 3863 Bl. 1 (4/87),

Messen gasförmiger Emissionen; Messen von Acrylnitril; Gaschromatographisches Verfahren; Probenahme mit Gassammelgefäßen.

[GC-20] VDI-Richtlinie 3863 Bl. 3E (10/88),

Messen gasförmiger Emissionen; Messen von Acrylnitril; Adsorption an Aktivkohle; Desorption durch Dimethylformamid (DMF).

[GC-21] VDI-Richtlinie 3865 Bl. 1 (10/92),

Messen organischer Bodenverunreinigungen; Messen leichtflüchtiger halogenierter Kohlenwasserstoffe; Meßplanung für Bodenluft-Untersuchungsverfahren.

[GC-22] VDI-Richtlinie 3865 Bl. 5E (7/88),

Messen organischer Bodenverunreinigungen; Messen leichtflüchtiger halogenierter Kohlenwasserstoffe im Boden; Head-space-Analyse von Bodenproben.

[GC-23] VDI-Richtlinie 3872 Bl. 1 (5/89),
         Messen von Emissionen; Messen von polycyclischen aromatischen Kohlen-
         wasserstoffen (PAH); Messen von PAH in Abgasen von Pkw-Otto- und Die-
         selmotoren; Gaschromatographische Bestimmung.

[GC-24] VDI-Richtlinie 3872 Bl. 2E (3.89),
         Messen von Emissionen; Messen von polycyclischen aromatischen Kohlen-
         wasserstoffen (PAH); Messen von PAH in verdünnten Abgasen von Pkw-Otto-
         und Dieselmotoren mit Hilfe der Gaschromatographie; Teilstrommethode.

[GC-25] VDI-Richtlinie 3873 Bl. 1 (11/92),
         Messen von Emissionen; Messen von polycyclischen aromatischen Kohlen-
         wasserstoffen (PAH) an stationären industriellen Anlagen; Verdünnungsme-
         thode (RWTÜV-Verfahren); Gaschromatographische Bestimmung.

[GC-26] VDI-Richtlinie 3875 Bl. 1E (8/91),
         Messen von Immissionen; Messen von Innenraumluftverunreinigungen;
         Messen von polycyclischen aromatischen Kohlenwasserstoffen (PAH); Gas-
         chromatographische Analyse.

[GC-27] VDI-Richtlinie 3953 Bl. 1E (4/91),
         Messen gasförmiger Emissionen; Messen von 1,3-Butadien; Gaschromato-
         graphisches Verfahren; Probenahme durch Adsorption an Aktivkohle;
         Dampfraumanalyse.

[GC-28] VDI-Richtlinie 4300 Bl. 1E (6/92),
         Messen von Innenraumluftverunreinigungen; Allgemeine Aspekte der Meß-
         strategie.

[GC-29] B. Kolb, P. Pospisil: Die Analytik flüchtiger Schadstoffe in der Luft durch
         Adsorption an Aktivkohle und anschließender gaschromatographischer
         Dampfraum-Analyse nach Desorption mit Benzylalkohol
         Teil 2: Ein Beispiel für die Arbeitsweise zur quantitativen Analyse, *Ange-
         wandte Chromatographie*, (Perkin-Elmer) **33** (1978).

[GC-30] M. Tschickardt: Routineeinsatz des Thermodesorbers ATD-50 in der Gefah-
         renstoffanalytik *Angewandte Chromatographie*, (Perkin-Elmer) **48**, (1989).

[GC-31] M. Tschickardt und R. Petersen: Bestimmung organischer Luftschadstoffe in
         Aveolarluft, *Angewandte Chromatographie*, (Perkin-Elmer) **51** (1990).

[GC-32] Thermal desorption applications notes, Nr. 1-39, (Perkin-Elmer).

[GC-33] DIN 38407, Teil 2, Gaschromatographische Bestimmung von schwerflüch-
         tigen halogenorganischen Verbindungen, Ausgabe Februar 1993.

[GC-34] DIN 38407, Teil 4, Bestimmung von leichtflüchtigen Halogenkohlenwasser-
         stoffen (LHKW), Ausgabe März 1988.

[GC-35] DIN 38407, Teil 5, Bestimmung von leichtflüchtigen Halogenkohlenwasser-
         stoffen LHKW durch gaschromatographische Dampfraumanalyse, Ausgabe
         November 1991.

[GC-36] DIN 38407, Teil 9,
Bestimmung von Benzol und einigen Derivaten mittels Gaschromatographie, Ausgabe Mai 1991.

[GC-37] DIN 38413, Teil 2,
Bestimmung von Vinylchlorid (Chlorethen) mittels gaschromatographischer Dampfraumanalyse, Ausgabe Mai 1988.

[GC-38] Bestimmung von Nitrilotriessigsäure mittels Gaschromatographie, Vorschlag für ein Deutsches Einheitsverfahren zur Wasser-, Abwasser- und Schlammuntersuchung *DEV* – 14. Lieferung 1985 (Bezugsquelle siehe 4.13).

[GC-39] DIN 38407, Teil 6 (Entwurf),
Bestimmung ausgewählter organischer Stickstoff- und Phosphorverbindungen mittels Gaschromatographie nach Anreicherung durch Fest-Flüssig-Extraktion, Entwurf-Ausgabe Dezember 1990.

[GC-40] DIN 38407, Teil 14 (Entwurf),
Bestimmung von Phenoxyalkancarbonsäuren mittels Gaschromatographie und massenspektrometrischer Detektion nach Fest-Flüssig-Extraktion und Derivatisierung,
Entwurf-Ausgabe Dezember 1990.

[GC-41] DIN 38407, Teil 10 (Entwurf),
Bestimmung ausgewählter einwertiger Phenole nach Anreicherung durch Extraktion mittels Gaschromatographie,
Entwurf-Ausgabe Dezember 1990.

[GC-42] DIN 38407, Teil 15 (Entwurf),
Bestimmung ausgewählter einwertiger Phenole nach Derivatisierung und Gaschromatographie,
Entwurf-Ausgabe Dezember 1991.

[GC-43] DIN 51527, Teil 1,
Bestimmung polychlorierter Biphenyle (PCB), Flüssigchromatographische Vortrennung und Bestimmung 6 ausgewählter PCB mittels eines Gaschromatographen mit Elektronen-Einfang-Detektor (ECD),
Ausgabe Mai 1987.

[GC-44] H. Hein: Bestimmung von polychlorierten Biphenylen (PCB) in Mineralölerzeugnissen *Angewandte Chromatographie*, (Perkin-Elmer) **46** (1986).

[GC-45] Bestimmung von PCB, Dioxinen und Furanen in Klärschlamm nach der Klärschlamm-Verordnung (siehe Umweltgesetzgebung 4.8) Anhang I der Klärschlamm-Verordnung
1.3.3.1. Bestimmung der polycyclischen Biphenyle
1.3.3.2. Bestimmung der polychlorierten Dibenzodioxine und polychlorierten Dibenzofurane.

[GC-46] J. Brodesser und H. F. Schöler: Die Analyse von polychlorierten Biphenylen in Wasser im ng/l-Bereich, *Vom Wasser*, **72** (1989) 145-150.

[GC-47]   C. Schlett und B. Pfeifer: Bestimmung substituierter Phenole unterhalb des Geruchsschwellenwertes, *Vom Wasser* **79** (1992) 65-74.

[GC-48]   Analysenverfahren für die Untersuchung im Zusammenhang mit der Abfallentsorgung und mit Altlasten, Ministerialblatt für das Land Nordrhein-Westfalen Nr. 26, 41. Jahrgang, 3. Mai 1988, 445-460.

[GC-49]   A. Preuß und R. Attig: Einfache Bestimmung leichtflüchtiger halogenierter oder aromatischer Kohlenwasserstoffe in Boden- und Schlammproben durch Dampfraum-Gaschromatographie, *Fresenius. Z. Anal. Chem.* **325** (1986) 531-533.

[GC-50]   U. Hagendorf, R. Leschber, M. Nerger und W. Rotard: Bestimmung leichtflüchtiger chlorierter Kohlenwasserstoffe in Bodenproben, *Fresenius. Z. Anal. Chem.* **326** (1987) 33-39.

[GC-51]   S. Waliszewski und M. Rzepczynski: Bestimmung von Rückständen von Organochlorinsecticiden im Boden, *Fresenius. Z. Anal. Chem.* **301** (1980) 32.

[GC-52]   R. Götz: Bestimmung von herbiziden Phenoxyalkancarbonsäuren, ihren Salzen und Estern in Bodenproben, *Fresenius. Z. Anal. Chem.* **314** (1983) 131-132.

[GC-53]   H. Weil und K. Haberer: Multimethod for pesticides in soil at trace level, *Fresenius. J. Anal. Chem.* **339** (1991) 405-408.

[GC-54]   A. M. Balinova and I. Balinov: Determination of herbicide residues in soil in the presence of persistent organo-chlorine insecticides, *Fresenius. J. Anal. Chem.* **339** (1991) 409-412.

[GC-55]   H. Hein: Spektrometrische und chromatographische Methoden in der Umweltanalytik, Sonderpublikation der Zeitschrift *„UMWELTMAGAZIN"*, Vogel Verlag, Würzburg (1991).

[GC-56]   K. Levsen, P. Mußmann, E. Berger-Preiß, A. Preiß, D. Volmer and G. Wünsch: Analysis of Nitroaromatics and Nitramines in Ammunition Waste Water and in Aqueous Samples from Former Ammunition Plants and Other Military Sites, *Acta hydrochim, hydrobiol.* **21** (1993) 3, 153-166.

9.2.2   Hochleistungs-Flüssigkeits-Chromatographie (HPLC)

9.2.2.1   Grundlagen der Hochleistungs-Flüssigkeits-Chromatographie

Die Hochleistungs-Flüssigkeits-Chromatographie (engl. High Performance Liquid Chromatography, Abkürzung HPLC) wird in der Umweltanalytik bevorzugt eingesetzt, wenn

– schwer verdampfbare
– thermisch labile oder
– ionogene Substanzen nachzuweisen sind.

Für den Trennprozeß in der HPLC stehen mehrere Trennmechanismen zur Verfügung, wie aus der folgenden Zusammenstellung in Tabelle HPLC-1 zu entnehmen ist [HPLC-4]:

Tabelle HPLC-1. Trennprozesse in der HPLC.

Art der Chromatographie	Träger bzw. stationäre Phase	Fließmittel bzw. mobile Phase
Adsorbtions-Chromatographie	Adsorbenzien wie Kieselgel, Aluminiumoxid, Dextranal	Organische Lösemittelgemische
Adsorbtions-Chromatographie (Normalphasen + Reversed Phase Chromatographie)	Silanisiertes Kieselgel (Reversed Phase Material)	Lösemittelgemische aus organischen Lösemitteln und Wasser bzw. Puffer
Verteilungs-Chromatographie	Träger (hydrophil bzw. lipophil) flüssige stationäre Phase	organische Lösemittelgemische
Ionenaustausch-Chromatographie	Ionenaustauscher (kationisch oder anionisch)	Pufferlösung
Affinitäts-Chromatographie	Affinitätsträger mit spezifischen Liganden	Pufferlösung
Ausschluß-Chromatographie	poröse Teilchen mit einer bestimmten Porenweite	Lösemittelgemische aus org. Lösemitteln und Wasser

Das Trennsystem (Phasensystem) in der HPLC besteht aus einer mobilen und einer stationären Phase, die miteinander im Gleichgewicht stehen.

Nach erfolgter Dosierung werden die gelösten Komponenten von der mobilen Phase durch die Trennsäule transportiert, wobei Probenmoleküle und Eluent mit der stationären Phase in Wechselwirkung treten.

Die zeitliche Auftrennung in die einzelnen Substanzen der Probe geschieht hierbei aufgrund dieser Wechselwirkungen, die entsprechend den physikalischen und chemischen Eigenschaften unterschiedlich stark sind.

Bedingt durch die Art der Wechselwirkungen, die die Probenmoleküle mit der stationären Phase eingehen können, unterscheidet man in der HPLC folgende Varianten:

Adsorptions-Chromatographie

Die Verzögerung der Probensubstanzen (Trenneffekt) kommt in der Adsorptions-Chromatographie dadurch zustande, daß die Probenmoleküle an der stationären Phase adsorbiert werden. Grundsätzlich kann man zwischen zwei unterschiedlichen Typen von Phasensystemen unterscheiden:

– dem Normalphasensystem (dem eigentlichen Adsorptionssystem) und
– dem Umkehrphasensystem (bei dem der Retentionsmechanismus eher auf Verteilungseffekten beruht).

Hierbei hat sich für das Umkehrphasensystem der Begriff **Reversed-Phase-Chromatographie** (RPC) im deutschen Sprachraum etabliert.

Die Reversed Phase Chromatographie wird im folgenden unter dem Begriff Adsorptionschromatographie subsumiert, auch wenn es sich bei dem Mechanismus nicht um eine Adsorbtion im engeren Sinne handelt.

Der RPC ist in der Umweltanalytik eine besondere Bedeutung beizumessen, da auf ihr viele wichtige Bestimmungsverfahren basieren.

Als stationäre Phasen werden in der Regel poröse Kieselgele eingesetzt, an deren Oberfläche Alkylgruppen mit unterschiedlicher Kettenlänge ($C_2 - C_{18}$) gebunden sind.

Die mobile Phase kann ein
– Wasser/Methanol-
– Wasser/Acetonitril-
– Wasser/Dioxan-System oder
– eine Pufferlösung sein.

Eine besondere Variante der RPC ist die Ionenpaar-Chromatographie, die für die Trennung ionischer Substanzen eingesetzt wird.

Um die k'-Werte für die zu trennenden Substanzen zu erhöhen, muß der mobilen Phase ein organisches Salz oder ein Ionenpaarreagenz zugefügt werden.

Verteilungs-Chromatographie

In der Flüssig-Flüssig-Verteilungs-Chromatographie ist die stationäre Phase eine Flüssigkeit, die als dünner Film auf einem porösen Träger aufgezogen ist. Die flüssige stationäre und flüssige mobile Phase dürfen nicht vollständig miteinander mischbar sein. Um das In-Lösung-Gehen der stationären Phase zu verhindern, wird die mobile Phase mit der stationären Phase gesättigt.

Die unterschiedliche Verzögerung der Probe und damit auch die Trennung kommt durch die verschiedenen Verteilungskoeffizienten der Probesubstanzen zustande. Diese entsprechen angenähert dem Verhältnis der Löslichkeit der Substanz in den beiden Phasen. Lösen sich die Proben gut in der stationären Phase, tritt eine starke Verzögerung auf. Ist dagegen die Löslichkeit gut in der mobilen Phase, werden die Komponenten nur schwach an der stationären Phase zurückgehalten. Aufgrund der Temperaturabhängigkeit des Verteilungskoeffizienten muß man unbedingt temperaturkonstant arbeiten, um reproduzierbare Ergebnisse zu erhalten.

Ionenaustausch-Chromatographie

In der Ionenaustausch-Chromatographie werden geladene Substanzen getrennt. Die Verzögerung der ionisch vorliegenden Proben kommt durch elektrostatische Wechselwirkungen mit der stationären Phase zustande. Sollen kationische (anionische) Substanzen getrennt werden, benötigt man Kationen-(Anionen-)austauscher.

Generell kann der Ionenaustauschprozeß durch folgende Beziehungen vereinfacht dargestellt werden:

Kationenaustausch

$$-SO_3^- \ Na^+ + X^+ \gtrless -SO_3^- \ X^+ + Na^+$$

Anionenaustausch

$$-NR_3^+Cl^- + Y^- \gtrless -NR_3^+Y^- + Cl^-$$

Die Ionenaustausch-Chromatographie hat einen hohen Stellenwert in der Umweltanalytik für die Bestimmung von Anionen und Kationen in wäßrigen Proben.

Ausschluß-Chromatographie

Der Trennmechanismus bei der Ausschluß-Chromatographie ist ein rein physikalischer und beruht auf einer Klassifizierung nach Molekülgröße. Chemische Wechselwirkungen sollen dabei nicht wirksam werden.

Die stationäre Phase wird von Glaskugeln, desaktiviertem Kieselgel oder organischen Gelen gebildet, deren Poren und Kanäle etwa die Größe der Probenmoleküle haben.

Die injizierte Probe wird nach dem Einspritzen ohne Retention durch die Trennsäule gespült. Kleine Moleküle gelangen dabei in kleine Poren und verweilen somit länger in der stationären Phase als große, welche ausgeschlossen und somit schnell nur durch die großen Zwischenräume gespült werden, wie aus Abbildung HPLC-1 zu erkennen ist.

Daraus ergibt sich: Je größer das Molekulargewicht einer Probenkomponente, umso kürzer die Retentionszeit.

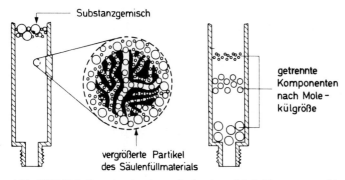

Abb. HPLC-1. Trennmechanismus in der Ausschluß-Chromatographie

Affinitäts-Chromatographie

Die Affinitäts-Chromatographie stellt eine Variante der Adsorptions-Chromatographie dar und wird hauptsächlich zur Isolation, Reinigung, Anreicherung und Analyse von biologisch aktiven Substanzen herangezogen. Das Phasensystem besteht aus einer maßgeschneiderten chemisch modifizierten stationären Phase und einer wäßrigen mobilen Phase.

Um die nach der HPLC-Trennung eluierten Probenkomponenten nachweisen zu können, wird ein Detektionssystem benötigt, wie aus der Abbildung HPLC-2 im folgenden Abschnitt 9.2.2.2, Analysentechnik zu ersehen ist.

Der Detektor „erkennt" bei entsprechender Empfindlichkeit für die eluierten Substanzen optische (spektroskopische), elektrische (Leitfähigkeit) oder chemische Eigenschaften von Substanzen und wandelt sie in ein elektrisches Signal um. Als Maß für die Empfindlichkeit eines Detektors wird meistens die minimale noch detektierbare Menge einer typischen Substanz herangezogen.

In der HPLC können folgende Detektoren zum Einsatz gelangen:
— UV/VIS-Detektoren (UV/VIS)
  * mit fester Wellenlänge, z. B. 254 nm
  * mit variabler Wellenlänge
  * Diodenarraysysteme
— Fluoreszenz-Detektor (FL)
— Brechungsindex-Detektor (RI)
— Leitfähigkeits-Detektor
— Elektrochemischer Detektor (EC)
— Polarimetrischer Detektor
— Radioaktivitäts-Detektor
— Massenspektrometrischer Detektor

In der folgenden Tabelle HPLC-2 sind für einige Detektoren Eigenschaften und Kennzahlen aufgeführt [HPLC-4].

Tabelle HPLC-2. Eigenschaften und Kennzahlen von Detektoren

Typ	Stabilität	Empfindlichkeit	Linearität	Selektivität	Gradienten-tauglichkeit
RI	mäßig	100 ng	5×10^3	gering	nein
UV/VIS	gut	10 ng	5×10^3	gut	ja
UV (fest)	sehr gut	1 ng	2×10^4	gering	ja
FL	sehr gut	10 pg	1×10^4	sehr gut	ja
EC	mäßig	100 pg	5×10^3	gut	nein

Für die HPLC gibt es eine Reihe empfehlenswerter Bücher, die ein intensives Studium dieser Analysentechnik erlauben [HPLC-1], [HPLC-2], [HPLC-3], [HPLC-4], [HPLC-5].

9.2.2.2   Analysentechnik

Ein HPLC-Meßplatz besteht im wesentlichen aus den folgenden sechs Komponenten, wie aus Abbildung HPLC-2 zu erkennen ist.
– Eluentenreservoir mit Entgasungseinrichtung
– Hochdruckpumpe bzw. eine Hochdruckpumpenkombination zur Eluentenförderung
– Probenaufgabesystem
– Trennsäule, die eventuell mit einer Vorsäule kombiniert ist
– ggf. kühl- und heizbarer Säulenthermostat
– unterschiedliche, an der Aufgabenstellung orientierte Detektoren
– Auswertungs- und Datenspeichereinheit.

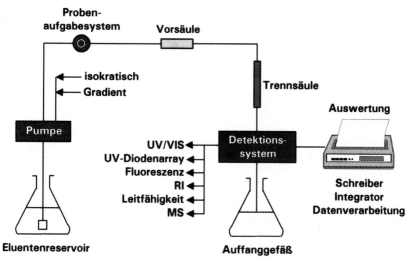

Abb. HPLC-2. Schematische Darstellung eines HPLC-Systems für die Umweltanalytik

Mit der HPLC können nur gelöste Komponenten erfaßt werden. Die für die Analytik erforderlichen Lösungen, Eluate usw. lassen sich nach verschiedenen Anreicherungs- und Abtrenntechniken gewinnen, die im Abschnitt 8.3 aufgeführt sind.

Wichtig für den chromatographischen Trennprozeß ist außer der Trenncharakteristik der eingesetzten HPLC-Säule die Zusammensetzung der flüssigen mobilen Phase.

Während bei einem Trennvorgang unter isokratischen Bedingungen die Zusammensetzung der mobilen Phase immer konstant bleibt, verändert sich bei der Gradientenelution die Zusammensetzung in Abhängigkeit von der gewählten Analysenzeit.

In den meisten Fällen ist aufgrund der großen Polaritätsunterschiede der zu trennenden Komponenten in einer umweltrelevanten Probe eine Gradientenelution unumgänglich.

Für viele HPLC-Verfahren im Bereich der Umweltanalytik kommen als Trennsysteme RP-18-Materialien mit unterschiedlichen selektiven Eigenschaften zum Einsatz.

Daneben gewinnen Trennsäulen für die Ionenchromatographie zunehmend an Bedeutung.

Eine breite Palette von unterschiedlichen Detektionssystemen (siehe 9.2.2.1 Grundlagen der HPLC) erlaubt eine empfindliche und teilweise auch sehr selektive Detektion der aufgetrennten Substanzen.

In Zukunft wird die Kopplung der HPLC mit einem Massenspektrometer als Detektoreinheit an Bedeutung gewinnen, da mit ihm eine hohe Nachweisempfindlichkeit und eine sichere Identifizierung (höchste Selektivität) gewährleistet ist.

Abbildung HPLC-3 zeigt eine HPLC-Massenspektrometrie-Kombination, die standardmäßig mit den folgenden zwei Interface-Systemen ausgestattet ist:
- Heated Nebulizer und
- Ionspray [TM]

Abb. HPLC-3. HPLC-Massenspektrometrie-Kopplung Sciex API I (Perkin-Elmer)

Das „Heated Nebulizer"-Interface ermöglicht eine splitlose LC-Kopplung mit Flußraten von bis zu 1,5 mL/min. Dabei stören weder Eluenten, die zu 100 % H_2O oder Puffer enthalten, noch Gradientenelutionen den Betrieb der Ionenquelle. Die Optimierung dieses Interfaces ist sehr einfach, weil nur die Temperatur für die Lösung zu berücksichtigen ist und alle anderen Parameter abgestimmt und optimiert werden. Labile Substanzen im LC-Eluenten werden hierbei durch Zerstäubung in die Dampfphase überführt, wie aus Abbildung HPLC-4 hervorgeht.

Eine Corona-Entladung in der API-Quelle konvertiert die Neutralteilchen in pseudomolekulare Ionenspezies, die anschließend fokussiert werden und durch eine sehr enge Öffnung ins Hochvakuum des Massenanalysators eintreten.

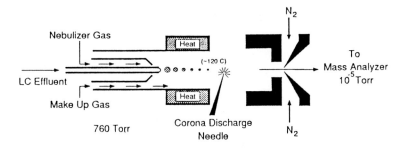

Abb. HPLC-4. Aufbau der Interface Einheit (Heated Nebulizer) zwischen HPLC-System und Massenspektrometer

Gegenüber dem Thermospray-Verfahren bietet die „Heated-Nebulizer"-Technik eine wesentlich höhere Empfindlichkeit, eine einfache Systemoptimierung sowie die Möglichkeit zur Messung von thermisch labilen Komponenten.

Das Perkin-Elmer Sciex „Ionspray[TM]"-Verfahren, bekannt als besonders weiche Ionisationstechnik, verwendet den Ionenverdampfungsprozeß, um die Ionen bei Raumtemperatur in die Dampfphase zu überführen. Es kombiniert das Elektrospray-Prinzip mit dem Prinzip der pneumatischen Zerstäubung, um geladene Tröpfchen zu erzeugen. Die geladenen Tröpfchen driften dann in Richtung Analysatoreintrittsöffnung, während dessen sie verdampfen und kontinuierlich kleiner werden. Die Ladung der Tröpfchen bewirkt, daß Ionen an die Tröpfchenoberfläche treten. Aufgrund der Coulombschen Abstoßungskräfte werden die Ionen spontan in die Dampfphase überführt (daher auch die Bezeichnung „Ionenverdampfung").

Auf diese Weise werden extrem labile Komponenten, die als Ionen oder geladene Addukte in Lösungen enthalten sind, spontan bei Umgebungstemperatur in die Dampfphase gebracht. In fokussiertem Zustand erreichen sie das Vakuum des MS-Analysators durch die Eintrittsöffnung.

Die Detektion von z. B. thermisch labilen zucker- oder schwefelhaltigen Metaboliten wie auch von mehrfach geladenen organischen Ionen (einschließlich intakter Peptide) ist routinemäßig im Femtomol bis Picomol-Bereich gewährleistet. Es sind relativ hohe Flußraten möglich, vergleichbar mit denen, die mit 1,1-mm-LC-Säulen und herkömmlichen LC-Pumpsystemen erreicht werden.

Gradienten oder Puffer haben keinen Einfluß auf die Arbeitsweise des „IonSpray[TM]"-Verfahrens. Die „IonSpray-Technik" ermöglicht erstmalig auch die standardmäßige Kopplung mit der Kapillarzonen-Elektrophorese (CZE), der Superkritischen Flüssigkeits-Chromatographie (SFC) und der Ionenchromatographie.

Wie stark die Anwendungspalette auf Substanzen mit hoher Polarität und Molekulargewichten bis zu 10^5 Dalton erweitert wird, soll die Abbildung HPLC-5 veranschaulichen.

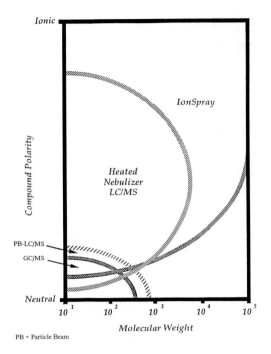

Abb. HPLC-5. Einsatzbereiche von Chromatographie-Verfahren in Abhängigkeit von Polarität und Molekulargewicht der zu bestimmenden Substanzen

In einer umfangreichen Publikation hat Schröder die Bedeutung der HPLC/MS als Analysenmethode in der Wasser- und Abwasseranalytik dargestellt [HPLC-21].

Die von ihm vorgestellten Untersuchungen von Wässern und Abwässern auf polare, nichtflüchtige, thermolabile organische Inhaltsstoffe mit Hilfe eines Flüssigkeitschromatographen, der über Thermospray mit einem Tandemmassenspektrometer gekoppelt ist (HPLC/MS/MS), stellen eine schnelle, aber dennoch spezifische Analysenmethode für bisher nicht oder nur nach vorhergehender Derivatisierung abtrenn- und identifizierbare Wasserinhaltsstoffe dar.

Eine weitere Publikation von Schröder beschreibt die Analytik fluorhaltiger Tenside mit der HPLC/MS [HPLC-22].

9.2.2.3 Einsatzbereiche in der Umweltanalytik

In gasförmigen, flüssigen und festen Umweltproben lassen sich mit der HPLC, im Gegensatz zur GC, thermisch labile Verbindungen (ohne Derivatisierung), schwer verdampfbare Komponenten und ionogene Substanzen bestimmen.

Voraussetzung hierfür ist jedoch, daß die nachzuweisenden Stoffe in gelöster Form vorliegen und mit der erforderlichen Empfindlichkeit zu detektieren sind.

Wie bei der GC spielt die Probenvorbereitung eine ganz wesentliche Rolle (siehe Abschnitt 8.3).

Bevorzugte Stoffklassen für die HPLC-Bestimmung umweltrelevanter Proben sind z. B.
- aromatische Kohlenwasserstoffe
- polycyklische aromatische Kohlenwasserstoffe
- Phenole (ohne und nach Derivatisierung)
- Pflanzenbehandlungs- und Schädlingsbekämpfungsmittel (PBSM)
- Amine
- organische Säuren
- Aldehyde (z. B. Formaldehyd)
- Anionen
- Kationen usw.

Normen, Richtlinien, internationale Verfahren, Literatur usw.

Verschiedene DIN-Verfahren und VDI-Richtlinien beschreiben die Analytik von umweltrelevanten organischen und anorganischen Stoffen mit der HPLC.

Daneben können für viele Stoffklassen EPA-Vorschriften für entsprechende Untersuchungen eingesetzt werden (Bezugsquelle siehe 4.13.9).

In Zukunft werden sicher im verstärkten Umfange HPLC-Verfahren für Substanzen zum Einsatz kommen, die mit der GC nicht oder erst nach zeitaufwendigen Derivatisierungen bestimmbar sind.

Zahlreiche Hinweise über aktuelle umweltrelevante HPLC-Literatur ist in der Literaturdokumentation „Spektrometrische und chromatographische Methoden in der Umweltanalytik" zu finden [1-1].

Eine praxisorientierte Zusammenstellung wichtiger Analysenmethoden aus Standardwerken (wie z. B. DIN, VDI usw.) und aktueller Literatur ist in der folgenden Tabelle HPLC-3 zu finden.

Tabelle HPLC-3. Analysenverfahren in Form von Normen, Richtlinien usw.

Parameter	Gasförmige Proben				Unbelastetes Wasser Trink-, Brauch-, Mineral-, Bade-, See-, Flußwasser, usw.	Belastetes Wasser Abwasser, Sickerwasser, Eluate, usw.	Feststoffe Klärschlamm, Boden, Sedimente, Abfall, usw.
	Abluft	Raumluft	Bodenluft	Stäube (usw.)			
Polyzyklische aromatische Kohlenwasserstoffe	[HPLC11]	[HPLC6]			[HPLC16] [HPLC17] ISO 7981 - 1	[HPLC28] ISO 7981 - 1	[HPLC27] [HPLC28]
Phenole		[HPLC6]					
Nitrophenole		[HPLC6]					
Aliphatische Aminoverbindungen	[HPLC15]	[HPLC6]					
Aromatische Aminoverbindungen		[HPLC6]					
Organische Säuren		[HPLC6]					
Tenside						[HPLC22]	
Pflanzenbehandlungs- und Schädlingsbe- kämpfungsmittel		[HPLC6]			[HPLC18] [HPLC19] [HPLC20]		[HPLC29] [HPLC30] [HPLC31] [HPLC32] [HPLC33] [HPLC34]

Tabelle HPLC-3 (Fortsetzung).

| Parameter | Gasförmige Proben | | | | Unbelastetes Wasser Trink-, Brauch-, Mineral-, Bade-, See-, Flußwasser, usw. | Belastetes Wasser Abwasser, Sickerwasser, Eluate, usw. | Feststoffe Klärschlamm, Boden, Sedimente, Abfall, usw. |
	Abluft	Raumluft	Bodenluft	Stäube (usw.)			
Hochmolekulare organische Wasserinhaltsstoffe							
Aldehyde	[HPLC7] [HPLC8] [HPLC 9] [HPLC10]	[HPLC 6] [HPLC 7] [HPLC8] [HPLC9] [HPLC10]					
Isocyanate		[HPLC6]					
Metallorganische Verbindungen	[HPLC6]						
Anionen	[HPLC12] [HPLC13] [HPLC14]				[HPLC5] [HPLC23] [HPLC26] ISO 10304-1	[HPLC 5] [HPLC24] [HPLC25]	[HPLC5]
Kationen					[HPLC5]	[HPLC5]	[HPLC5]

9.2.2.4   Analytik gasförmiger Proben

Die Probenahme ist für die Untersuchung gasförmiger Proben mit der HPLC von besonderer Bedeutung.

In der Schrift „Empfohlene Analysenverfahren für Arbeitsplatzmessungen" [HPLC-6] finden sich Hinweise für die Probennahme, das Bestimmungsverfahren, den Bestimmungsbereich sowie über die MAK-und TRK-Werte.

Die Analytik von 13 polycyklischen Kohlenwasserstoffen (PAK) in der Luft ist ausführlich in einem ISO-Vorentwurf beschrieben [HPLC-11].

Primäre und sekundäre aliphatische Amine lassen sich mit der HPLC nach der VDI-Richtlinie 2467, Bl.2 analytisch erfassen [HPLC-15].

Wegen seiner hautreizenden und kanzerogenen Eigenschaften ist die Bestimmung von Formaldehyd in Luftproben von besonderer Bedeutung. Der niedrige MAK-Wert des Formaldehydes von 0,6 mg/m^3 zeigt außerdem, daß empfindliche und selektive Analysenverfahren erforderlich sind. Die Analytik mit Hilfe der HPLC ist in verschiedenen Publikationen ausführlich aufgezeigt [HPLC-7], [HPLC-8], [HPLC-9], [HPLC-10].

Die Messung partikelgebundener Anionen in der Außenluft (Analyse von Chlorid, Nitrat und Sulfat) ist mit der Ionenchromatographie nach den VDI-Richtlinien 3497, Bl.3 und 3497, Bl.4 möglich [HPLC-12], [HPLC-13].

Mit der VDI-Richtlinie 3870, Bl.13 liegt ein Bestimmungsverfahren für Chlorid, Nitrat und Sulfat in Regenwasser vor [HPLC-14].

9.2.2.5   Analytik flüssiger Proben

Die Bestimmung der polycyklischen aromatischen Kohlenwasserstoffe (PAK), die Untersuchungen auf Pflanzenbehandlungs- und Schädlingsbekämpfungsmittel, sowie der Nachweis wichtiger Anionen stellen zur Zeit die wichtigsten HPLC-Verfahren für flüssige Proben dar.

So müssen nach der Trinkwasser-Verordnung vom 5. Dezember 1990 (siehe 4. Umweltgesetzgebung, Abschnitt 4.1) stellvertretend für mehrere hundert PAK, Wasserproben auf die sechs Verbindungen
– Fluoranthen
– Benzo[b]fluoranthen
– Benzo[k]fluoranthen
– Benzo[a]pyren
– Benzo[ghi]perylen und
– Indeno[1,2,3-cd]pyren
untersucht werden, wobei der Grenzwert in der Summe bei 0,0002 mg/L liegt.

Seit der 24. Lieferung 1991 zu den Deutschen Einheitsverfahren zur Wasser-, Abwasser- und Schlammuntersuchung liegt ein Vorschlag zur Bestimmung von sechs polycyklischen aromatischen Kohlenwasserstoffen (PAK) in Trink- und Mineralwasser mittels Hochleistungs-Flüssigkeits-Chromatographie vor [HPLC-16].

Zunächst werden die PAKs mit Cyclohexan aus der Wasserprobe extrahiert; der Extrakt wird durch einen Stickstoffstrom bis zur Trockne eingeengt, der Rückstand in Methanol oder Acetonitril aufgenommen und direkt analysiert. Bei stärker belasteten Probenextrakten kann der Cyclohexanextrakt an Kieselgel vorgereinigt werden. Die PAKs werden durch HPLC an geeigneten stationären Phasen (z. B. C18-Material) unter isokratischen Bedingungen aufgetrennt und fluorimetrisch bei konstanter Anregungs- und Emissionswellenlänge detektiert.

Aus der Abbildung HPLC-6 ist die isokratische Trennung der sechs polycyklischen Aromaten zu ersehen.

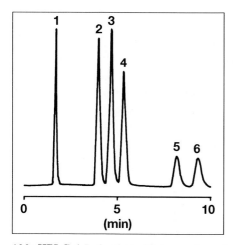

Abb. HPLC-6. Isokratische Trennung der sechs polycyclischen aromatischen Kohlenwasserstoffe
Fluoreszenzdetektion: Anregung 365 nm, Emission 470 nm
Peakidentifizierung: 1 = Fluoranthen 2 = Benzo[b]fluoranthen 3 = Benzo[k]fluoranthen
4 = Benzo[a]pyren 5 = Benzo[ghi]perylen 6 = Indeno[1,2,3-cd]pyren.
Säule: HS-5 HC-ODS (PAK-Spezialsäule), 125 x 4,6 mm Eluent: Acetonitril/Wasser (85:15) Flußrate:
1,8 mL/min Säulentemperatur: 21 °C.

Für die Bestimmung von 12 PAKs in Trink- und Grundwasser, sowie in Oberflächenwasser und Abwasser (mit Einschränkungen) gibt es einen DIN-Vorschlag auf der Basis einer HPLC-Trennung mit Gradientenelution und Fluoreszenzdetektion (Internes Papier des Arbeitskreises DIN NAW I,4-UA5).

Gremm und Frimmel haben in einer systematischen Untersuchung den Nachweis von PAKs im Wasser mit HPLC beschrieben [HPLC-17]. Am Beispiel der 16 EPA-PAKs wird die Bedeutung der UV-Diodenarray- und Fluoreszenzdetektion dargestellt.

Im DIN-Entwurf 38407, Teil 12 vom Dezember 1990 ist die Bestimmung von 17 ausgewählten Pflanzenbehandlungsmitteln nach Fest-Flüssig-Extraktion und Hochleistungs-Flüssigkeits-Chromatographie (HPLC) mit UV-Detektion beschrieben [HPLC-18], [HPLC-20].

Die Pflanzenbehandlungsmittel müssen zunächst mittels Festphasen-Extraktion (siehe Abschnitt 8.3.5) um den Faktor 1000 aus der Wasserprobe angereichert werden.

Abbildung HPLC-7 zeigt ein Chromatogramm von 20 PBSM einschließlich der 17 PBSM nach DIN 38407, Teil 12, das durch eine optimierte Gradienten-Trennung erhalten wurde.

Bei der Untersuchung von realen Trinkwasserproben erhält man oft ein komponentenreiches Chromatogramm, wie es in Abbildung HPLC-8 dargestellt ist. Wird anstelle eines einfachen UV-Detektors ein UV-Diodenarray-Detektor eingesetzt, so kann man während des Trennvorganges von den detektierten Substanzen die UV-Spektren erhalten. Durch Vergleichen abgespeicherter UV-Spektren von Referenzsubstanzen mit erhaltenen Peaks gleicher Retentionszeit läßt sich schnell und sicher überprüfen, ob es sich auch um die angezeigte Substanz handelt [HPLC-35].

So wurde im Chromatogramm der Abbildung HPLC-8 das Bromacil (Peak Nr. 5) mit einem Gehalt von 0,22 µg/L angezeigt, was einer Grenzwert-Überschreitung entsprechen würde. Der Spektrenvergleich in Abbildung HPLC-9 zeigt aber recht deutlich, daß es sich nicht um Bromacil handeln kann.

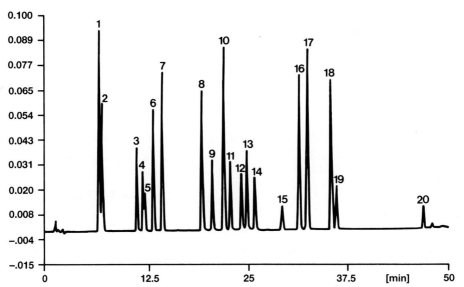

Abb. HPLC-7. HPLC-Tennung von 20 Pflanzenbehandlungsmitteln durch eine Gradientenelution
1 = Chloridazon 2 = Desethylatrazin 3 = Metoxuron 4 = Hexazinon 5 = Bromacil 6 = Simazin
7 = Cyanazin 8 = Methabenzthiazuron 9 = Chlortoluron 10 = Atrazin 11 = Monolinuron 12 = Diuron
13 = Isoproturon 14 = Metobromuron 15 = Metazachlor 16 = Sebutylazin 17 = Propazin
18 = Terbutylazin 19 = Linuron 20 = Metolachlor

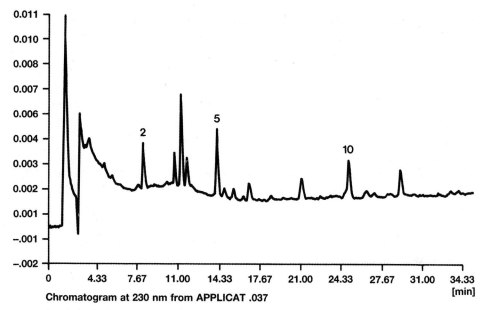

Chromatogram at 230 nm from APPLICAT .037

Abb. HPLC-8. Bestimmung von PBSM in einer Trinkwasserprobe
 2 = 0.026 µg/L Desethylatrazin
 5 = 0.22 µg/L Bromacil?
10 = 0.028 µg/L Atrazin

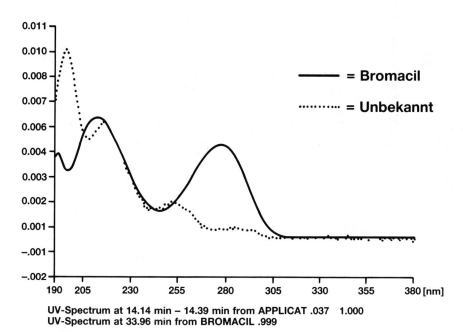

UV-Spectrum at 14.14 min – 14.39 min from APPLICAT .037 1.000
UV-Spectrum at 33.96 min from BROMACIL .999

Abb. HPLC-9. UV-Spektrenvergleich von Bromacil

Die Bestimmung stickstoffhaltiger Pflanzenbehandlungsmittel in Trink-, Grund- und Oberflächenwasser zeigen Reupert und Plöger in einer praxisorientierten Publikation auf [HPLC-19].

Die Ionen-Chromatographie (IC) hat in den letzten Jahren sehr stark an Bedeutung in der Umweltanalytik gewonnen. Eine umfangreiche Zusammenstellung über die Anwendungsgebiete der IC in der Umweltanalytik findet sich in dem Buch „Ionenchromatographie" von Weis [HPLC-5]. Besonders die Anionenbestimmung in Wasser und Abwasser ist mit dieser Methode elegant, sicher und schnell durchzuführen. Seit Februar 1988 gibt es die DIN 38405, Teil 19 für die Bestimmung der Anionen Fluorid, Chlorid, Nitrit, o-Phosphat, Bromid, Nitrat und Sulfat in wenig belasteten Wässern mit Hilfe der Ionenchromatographie [HPLC-23].

Bei diesem Verfahren werden als stationäre Phase (Trennsäule) in der Regel ein Anionenaustauscher niedriger Kapazität oder an Kieselgel chemisch gebundene unpolare Phasen, wie z. B. RP-18-Materialien, verwendet. Vielschichtig und auf die gewünschte Trennung abgestimmt sind die Varianten der mobilen Phase. In der Regel werden wäßrige Lösungen von mehrbasigen organischen Säuren, Phthalaten oder Aminen verwendet. Der eingestellte pH-Wert dieser Lösung hat entscheidenen Einfluß auf die Trennung. Für die Detektion werden Leitfähigkeits- oder UV-Detektoren verwendet. Die UV-Detektion erfolgt z. B. durch direkte Messung der Absorption der Anionen. Im UV-Bereich transparente Anionen werden durch Messung der Abnahme, der von einem UV-absorbierenden Eluenten hervorgerufene Grundabsorption (indirekte Messung), detektiert. Bei Einsatz der indirekten UV-Detektion ist die Messwellenlänge abhängig von der Eluentenzusammensetzung.

In Abbildung HPLC-10 ist die Anionenbestimmung am Beispiel einer Trinkwasserprobe dargestellt.

Mit der DIN 38405, Teil 20 gibt es seit September 1991 auch für die Anionenbestimmung in Abwasser ein entsprechendes Analysenverfahren [HPLC-24]. Da viele unterschiedliche Begleitstoffe des Abwassers die Untersuchung stören können, beschreibt diese DIN recht ausführlich die Probenvorbehandlung. Sehr oft muß bei Abwasserproben eine geeignete Vorsäule eingesetzt werden, um vor allem störende organische Komponenten zu entfernen.

Nach der allgemeinen Rahmen-Verwaltungsvorschrift über Mindestanforderungen an das Einleiten von Abwasser in Gewässer (siehe 4. Umweltgesetzgebung, Abschnitt 4.4) ist als Analysenverfahren für den Nachweis der Anionen Chlorid, Nitrat, Sulfat und Sulfit die Ionenchromatographie vorgeschrieben.

Über Erfahrungen mit der ionenchromatographischen Sulfit-Bestimmung haben Schmitz und Kaiser publiziert [HPLC-25].

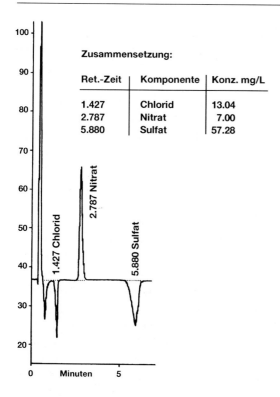

Abb. HPLC-10. Anionenbestimmung an einer Trinkwasserprobe

9.2.2.6 Analytik fester Proben

Die PAK-Bestimmung in festen Umweltproben wie Abfällen, kontaminierten Böden, Altlasten, sowie in Feststoffeluaten läßt sich mit der HPLC nach einer Vorschrift des Landesamtes für Wasser und Abfall, Düsseldorf, durchführen [HPLC-28] (Bezugsquelle siehe 4.13.12).

Der Nachweis von Pflanzenbehandlungs- und Schädlingsbekämpfungsmitteln (PBSM) in Böden stellt ein weiteres Einsatzgebiet der HPLC dar.

Die Analytik von PBSM wird in [HPLC-29], [HPLC-30], [HPLC-31], [HPLC-32], [HPLC-33] und [HPLC-34] ausführlich beschrieben.

Für die Bestimmung von Anionen in Feststoffeluaten läßt sich die Ionenchromatographie einsetzen, wie dies Weiß an einigen Anwendungsbeispielen zeigen konnte [HPLC-5].

Literatur

[HPLC-1]   H. Engelhardt: Practice of High Performance Liquid Chromatography, Springer Verlag, Heidelberg (1986).

[HPLC-2]   V. Meyer: Praxis der Hochleistungs-Flüssigkeits-Chromatographie, Verlag Diesterweg Salle, Verlag Sauerländer, Frankfurt/M (1986).

[HPLC-3]   G. Schwedt: Chromatographische Trennmethoden, 3. Auflage, Thieme-Verlag, Stuttgart (1993).

[HPLC-4]   K. K. Unger: Handbuch der HPLC, Teil 1 – Leitfaden für Anfänger und Praktiker, GIT-Verlag GmbH., Darmstadt (1989).

[HPLC-5]   J. Weiß: Ionenchromatographie, 2. erweiterte Auflage VCH Verlagsgesellschaft mbH., Weinheim (1991).

[HPLC-6]   Gefährliche Arbeitsstoffe – GA 13
            Empfohlene Analysenverfahren für Arbeitsplatzmessungen (Dokumentation), Schriftenreihe der Bundesanstalt für Arbeitsschutz, Dortmund (Bezugsquelle siehe 4.13.8).

[HPLC-7]   W. Schmied, M. Przewasnik and K. Bächmann: Determination of traces of aldehydes and ketones in the troposphere via solid phase derivatisation with DNSH. *Fresenius. Z. Anal. Chem.* **335** (1989) 464-468.

[HPLC-8]   P. Kirschmer: Aldehydmessungen in der Außenluft *Staub- und Reinhalt. Luft* **49** (1989) 263-266.

[HPLC-9]   A. Grömping and K. Cammann: Some new aspects of a HPLC-method for the determination of traces of formaldehyde in air, *Fresenius. Z. Anal. Chem.* **335** (1989) 796-801.

[HPLC-10]   R. Weber: Analyse von Aldehyden in der Luft durch HPLC mit Vorsäulen-Derivatisierung, *GIT – Fachzeitung Labor* **12/91** 1326.

[HPLC-11]   ISO-Entwurf
            „Air Quality – Enviromental Air – Determinaton of Polynuclear Aromatic Hydrocarbons by High Performance Liquid Chromatography/Fluometric Method"
            (Bezugsquelle siehe 4.13.5)

[HPLC-12]   VDI-Richtlinie 3497, Bl. 3 (7/88)
            Messen partikelgebundener Anionen in der Außenluft; Analyse von Chlorid, Nitrat und Sulfat mittels Ionenchromatographie mit Suppressortechnik nach Aerosolabscheidung auf PTFE-Filtern

[HPLC-13]   VDI-Richtlinie 3497, Bl. 4 (9/91)
            Messen partikelgebundener Anionen in der Außenluft; Analyse von Chlorid, Nitrat und Sulfat mittels Ionenchromatographie (IC) mit der Einsäulentechnik nach Aerosolabscheidung auf PTFE-Filtern

[HPLC-14]   VDI-Richtlinie 3870, Bl. 23 (1/90)
            Messen von Regeninhaltsstoffen; Bestimmung von Chlorid, Nitrat und Sulfat in Regenwasser mittels Ionenchromatographie mit Suppressortechnik

[HPLC15]   VDI-Richtlinie 2467 Bl. 2 (8/91)
           Messen gasförmiger Immissionen; Messen der Konzentration primärer
           und sekundärer aliphatischer Amine mit der Hochleistungs-Flüssigkeits-
           Chromatographie (HPLC)

[HPLC-16] Blaudruck DIN 38407, F8
           Bestimmung von 6 polycyclischen aromatischen Kohlenwasserstoffen
           (PAK) in Trink- und Mineralwasser mit Hochleistungs-Flüssigkeits-
           Chromatographie
           DEV – 24. Lieferung (1991).

[HPLC-17] T. Gremm und F. H. Frimmel: Systematische Untersuchung der PAK-Be-
           stimmung mittels HPLC, *Vom Wasser* **75** (1990) 171-182.

[HPLC-18] DIN 38407, Teil 12,
           Bestimmung ausgewählter Pflanzenbehandlungsmittel nach Fest-Flüssig-
           Extraktion und Hochleistungs-Flüssigkeits-Chromatographie (HPLC) mit
           UV-Detektion, Entwurf Dezember 1990.

[HPLC-19] R. Reupert und E. Plöger: Bestimmung stickstoffhaltiger Pflanzenbe-
           handlungsmittel in Trink-, Grund- und Oberflächenwasser: Analytik und
           Ergebnisse, *Vom Wasser* **72** (1989) 211-233.

[HPLC-20] H. Hein, B. Hensel, E. M. Keil und W. Gebhardt: Bestimmung von
           Pflanzenbehandlungs- und Schädlingsbekämpfungsmitteln in Roh-und
           Trinkwasser mit HPLC, Perkin-Elmer Publikation 1991.

[HPLC-21] H. F. Schröder: Hochdruck-Flüssigkeits-Chromatographie gekoppelt mit
           Tandenmassenspektrometrie – eine schnelle und zukunftsweisende Ana-
           lysenmethode in der Wasser- und Abwasseranalytik, *Vom Wasser* **73**
           (1989) 111-136.

[HPLC-22] H. F. Schröder: Fluorhaltige Tenside – Eine weitere Herausforderung an
           die Umwelt? Teil 1: Anionische und kationische Tenside, *Vom Wasser* **77**
           (1991) 277-290.

[HPLC-23] DIN 38405, Teil 19
           Bestimmung der Anionen Fluorid, Chlorid, Nitrit, Phosphat (ortho), Bro-
           mid, Nitrat und Sulfat in wenig belasteten Wässern mit der Ionenchro-
           matographie, Februar 1988.

[HPLC-24] DIN 38405, Teil 20
           Bestimmung der gelösten Anionen Bromid, Chlorid, Nitrat, Nitrit,
           Phosphat (ortho) und Sulfat in Abwasser mit der Ionenchromatographie,
           September 1991.

[HPLC-25] F. Schmitz und M. Kaiser:
           Erfahrungen mit der ionenchromatographischen Sulfit-Bestimmung *GIT
           – Fachzeitschrift Labor* 1/93, S. 13-17

[HPLC-26]   G. Schwedt und D. Yan:
            Bestimmung der Anionen Phosphat, Chlorid, Nitrit, Bromid, Nitrat und
            Sulfat in Trink- und anderen wenig belasteten Wässern, *Angewandte
            Chromatographie* (Perkin-Elmer) Heft Nr. 52 (1992)

[HPLC-27]   DIN-Entwurf 83414, Teil 21,
            Bestimmung von polycyclischen aromatischen Kohlenwasserstoffen
            (PAK) in Schlämmen und Sedimenten.

[HPLC-28]   Schriftenreihe Abfallwirtschaft Nordrhein-Westfahlen Nr. 13 (Dezember
            1987) „Analytik ausgewählter organischer Parameter bei der Abfallun-
            tersuchung – Bestimmung von polycyclischen aromatischen Kohlenwas-
            serstoffen in Wasser und Feststoffen (PAK)" Landesamt für Wasser und
            Abfall NRW, Postfach 103442, 40025 Düsseldorf, (Bezugsquelle siehe
            4.13.12).

[HPLC-29]   H. Steinwandter: „Contributions to residue analysis in soils", I. Com-
            ments an pesticide extraction, *Fresenius. Z. Anal. Chem.* **327** (1987) 309-
            311.
            II. Miniaturization of the on-line extraction method for the determination
            of some triazine compounds by RP- HPLC, *Fresenius J Anal Chem,* **339**
            (1991) 30-33.

[HPLC-30]   M. Zanco, G. Pfister and A. Kettrup: A new HPLC method for the simul-
            taneous determination of fluozifop-butyl and fluozifop in soil samples,
            Fresenius J Anal Chem, **344** (1992) 39-41.

[HPLC-31]   H. Klöppel, J. Haider, C. Hoffmann and B. Lüttecke: Simultaneous de-
            termination of the herbicides isoproturon, dichlorprop-p, and bifenex in
            soils using RP-HPLC, *Fresenius. J. Anal. Chem.* **344** (1992) 42-46.

[HPLC-32]   M. Meier, R. Hamann and A. Kettrup: Determination of phenoxy acid
            herbicides by high-performance liquid chromatography and on-line en-
            richment.
            II Determination of phenoxy acid herbicides in soil samples, *Fresenius
            Z. Anal. Chem.* **334** (1989) 235-237.

[HPLC-33]   B. Berger, R. Heitefuss: Bestimmung des Herbizids Isoproturon und sei-
            ner möglichen Abbauprodukte im Boden durch Hochdruck-Flüssigkeits-
            Chromatographie, *Fresenius Z. Anal. Chem.* **334** (1989) 360-362.

[HPLC-34]   K. Michels: Herbizid – Rückstände in Böden, *GIT Fachzeitschrift Labor*
            1/93, 28-93.

[HPLC-35]   E. M. Keil, G. Kurz und M. Steinwand: Herbizid-Bestimmung in Trink-
            wasser *Labor Praxis*, Vogel Verlag, Würzburg März 1991.

9.2.3   Dünnschicht-Chromatographie (DC)

Neben der Gaschromatographie (GC) und der Hochleistungs-Flüssigkeits-Chromatographie (HPLC) stellt die Dünnschicht-Chromatographie (DC) ein weiteres Trenn- und Detektionsverfahren zur Analytik organischer Substanzen in Umweltproben dar.

Durch die rasante Weiterentwicklung der HPLC in den letzten Jahren wird die DC in der Umweltanalytik jedoch nur für wenige Untersuchungen eingesetzt. Auf eine detaillierte Behandlung wird deshalb hier verzichtet. Eine ausführliche Beschreibung der DC ist erst vor kurzem erschienen [DC-1].

Im Gegensatz zur Säulenchromatographie (GC und HPLC) erfolgt in der DC der chromatographische Trennvorgang mittels eines Fließ- oder Laufmittels (mobile Phase) auf einer dünnen Trennschicht (~0,25 – 0,5 mm) eines Adsorbens. Diese Trennschicht ist auf einer Glas-, Aluminium- oder Kunststoffplatte aufgebracht.

Durch die Auswahl verschiedener mobiler Phasen bzw. Adsorbenzien für die Dünnschicht lassen sich verteilungs-, ionenaustausch- und gelpermeations-chromatographische Prinzipien zur Trennung einsetzen.

Die aufgetrennten Substanzflecken können durch ihre Eigenfarbe, UV-Absorption und Fluoreszenz sichtbar gemacht und über ihre R_f-Werte identifiziert werden.

Außer der ein- und zweidimensionalen DC sind Mehrfach- und Stufenentwicklungen, sowie verschiedene Kopplungstechniken mit der GC und der HPLC im Einsatz [DC-1], [DC-2], [DC-3].

Für die Bestimmung von polycyclischen aromatischen Kohlenwasserstoffen (PAK) in Wasserproben werden in DIN 38409, Teil 13, ein- und zweidimensionale DC-Verfahren beschrieben [DC-4].

Wie Abb. DC-1 zeigt, wird bei der eindimensionalen DC das PAK-Substanzgemisch mittels einer µL-Spritze auf die DC-Platte aufgetragen (Start) und durch das Laufmittel in die entsprechenden Einzel-PAK aufgetrennt (Halbquantitatives Verfahren).

Aus der Abb. DC-1 geht hervor, daß die im UV-Licht (λ = 366 nm) fluoreszierenden Substanzen Benzo(b)fluoranthen und Benzo(k)fluoranthen nicht aufgetrennt sind. Deshalb werden zwei Trennvorgänge mit unterschiedlich polaren Lösungsmitteln in zwei Trennkammern nacheinander durchgeführt. Zwischen den beiden Trennvorgängen ist noch ein Trockenschritt erforderlich.

Abbildung DC-2 zeigt das zweidimensionale DC-Chromatogramm für die sechs PAK. Durch direkte Fluoreszensintensitätssmessung der einzelnen Flecken lassen sich quantitative PAK-Bestimmungen in Wasserproben durchführen.

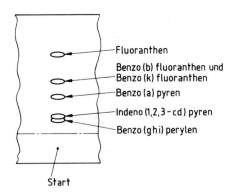

Abb. DC-1. Lage der einzelnen polyclischen aromatischen Kohlenwasserstoffe auf der DC-Platte nach der Entwicklung (aus DIN 38409, Teil 13, Abdruck mit freundlicher Genehmigung des DIN Deutsches Institut für Normung e.V.)

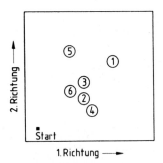

Abb. DC-2. Zweidimensionales Chromatogramm der 6 polycyclischen Aromaten (Fluoreszensfarben in Klammer)

In der Abb. DC-2 bedeuten:

1 = Fluoranthen (hellblau)	
2 = Benzo(b)fluoranthen (blau)	bzw. 3,4-Benzfluoranthen
3 = Benzo(k)fluoranthen (dunkelblau)	bzw. 11,12-Benzfluoranthen
4 = Benzo(a)pyren (violett)	bzw. 3,4-Benzpyren
5 = Benzo(ghi)perylen (violett)	bzw. 1,12-Benzperylen
6 = Indenol(1,2,3-cd)pyren (hellgelb)	bzw. 2,3-o-Phenylenpyren

(aus DIN 38409, Teil 13, Abdruck mit freundlicher Genehmigung des DIN Deutsches Institut für Normung e.V.)

Die Anwendung der Gradientenentwicklung wird bei der Automated-Multiple-Developement(AMD)-Technik mit großem Erfolg zur Trennung komplexer Substanzgemische ausgenutzt [DC-5].

Nach diesen Verfahren arbeitet auch der DIN-Entwurf 38407, Teil 11, für Bestimmung von Pflanzenbehandlungsmitteln in Trinkwasserproben.

Die Detektion und quantitative Bestimmung wird durch in-situ-Remissionsmessung bei unterschiedlichen Wellenlängen durchgeführt [DC-6].

Vorteile, Nachteile und Einsatzbereiche der beiden Flüssigkeits-chromatographischen Trennmethoden DC und HPLC wurden von Jork in einer Publikation gegenüber gestellt [DC-7].

Literatur

[DC-1]   H. P. Frey und K. Zieloff: Qualitative und quantitative Dünnschicht-Chromatographie, VCH Verlagsgesellschaft, Weinheim (1992).

[DC-2]   H. Jork, W. Funk, W. Fischer und H. Wimmer: Dünnschicht-Chromatographie : Reagenzien und Nachweisverfahren, Band 1a (1989), 1b (1993), VCH Verlagsgesellschaft, Weinheim.

[DC-3]   A. Junker-Buchheit und H. Jork: Kopplungsverfahren in der Dünnschicht-Chromatographie, Teil 1: Chromalographische Verfahren, CLB Chemie füe Labor und Biotechnik, 44. Jahrgang, Heft 6, (1993).

[DC-4]   DIN 38409, Teil 13, Ausgabe Juni 1981, Bestimmung von polycyclischen aromatischen Kohlenwasserstoffen (PAK) in Trinkwasser, (Bezugsquelle siehe 4.1.3).

[DC-5]   K. Burger: Multimethode zur Ultraspurenbestimmung: Pflanzenschutzmittelwirkstoffe in Grund- und Trinkwasser, analysiert durch DC/AMD (Automated Multiple-Development), *Pflanzenschutzmittel-Nachrichten Bayer,* AG41 (1988) 173-224.

[DC-6]   DIN 38407, Teil 11, Entwurf Dezember 1990, Bestimmung ausgewählter organischer Pflanzenbehandlungsmittel mittels Automated-Multiple-Development (AMD)-Technik.

[DC-7]   H. Jork: Dünnschicht-Chromatographie / Säulenflüssigkeits-Chromatographie: Partner oder Konkurrenten?
Fresenius Z. Anal. Chem., **318** (1984) 179-180.

10 Datenverarbeitung und Speicherung

Ohne eine leistungsfähige Datenverarbeitung ist heute ein Umweltlabor nicht mehr konkurrenzfähig. Während das eine oder andere analytische Verfahren noch ohne die Hilfe eines Computers betrieben werden kann, ist die Datenverarbeitung bei der Erstellung von Analysenberichten, zur Speicherung der Probenahmeparameter und nicht zuletzt auch zur Abrechnung der analytischen Leistungen unbedingt erforderlich.

Ein modernes Umweltlabor muß auch nach wirtschaftlichen Gesichtspunkten geführt werden. Ein Labor-Informations- und Management-System (LIMS) kann sehr zur Optimierung der einzelnen Arbeitsschritte eines Labors beitragen und so die Zeit und damit auch die Kosten pro Analyse senken.

In ein solches System werden alle Probenparameter von der Probenahme über die Probevorbereitung bis hin zu den eigentlichen Analysenergebnissen eingegeben und definiert für jede Probe gespeichert. Aus diesen Daten wird entsprechend den Vorgaben des Auftraggebers ein Analysenprotokoll mit der Interpretation der Analysenergebnisse erstellt. Eine Datenbank, bezogen auf Auftraggeber, Probenahmestellen und Analysenanforderungen hilft durch die Erstellung eines Arbeitsplanes den Probedurchlauf durch die einzelnen Stationen des Labors zu optimieren.

In einer Arbeit über die Wirtschaftlichkeit von Labor-Informationssystemen hat D. Epple [10-1] über die Zeitersparnis pro Analyse wie aus Abbildung 10-1 ersichtlich, berichtet.

An einem Beispiel aus der Chromatographie sind die Zeiteinsparungsschritte aus der Tabelle 10-1 zu entnehmen.

Tabelle 10-1. Bestimmung der Gesamtanalysendauer (in min).

	A	B	C
Probenvorbereitung	15.0	15.0	15.0
Proberegistrierung und Erstellung der Arbeitspläne	5.0	5.0	1.0
Instrumentenzeit	10.0	10.0	9.5
Auswertezeit	10.0	4.0	0.5
Erstellung des Analysenberichtes	10.0	10.0	1.0
Zeitaufwand in Minuten	50.0	44.0	27.0

A: Auswertung erfolgte manuell
B: Einsatz von Integratoren
C: Einsatz eines LIMS/CLAS System

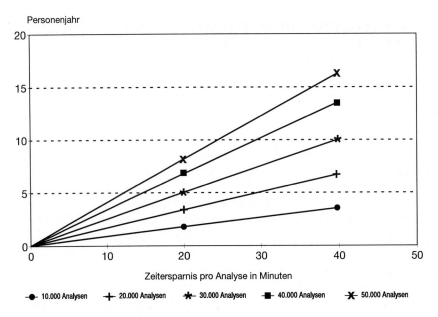

Abb. 10-1. Zeitersparnis in Jahren

10.1 Absicherung der Analysenergebnisse

Um die Sicherheit der analytischen Ergebnisse zu gewährleisten sind **theoretische Kenntnisse, praktisches Arbeiten, Erfahrung, Kalibrierung der Meßgeräte und der Analysenverfahren sowie eine Fehlerabschätzung** notwendig.

Ohne umfassende **theoretische Kenntnisse** und entsprechende Weiterbildung geht der Überblick über die Vielzahl der umweltanalytischen Techniken und der entsprechenden Einsatzmöglichkeiten verloren.

Sauberes praktisches Arbeiten ist die Grundlage, um die unterschiedlichen Analysenverfahren richtig und genau durchzuführen.

Langjährige **Erfahrung** ist die Vorraussetzung zur Beurteilung von analytischen Problemen und zur Bewertung und Interpretation von Analysenergebnissen.

Die Kalibrierung der Meßgeräte sollte nach den Vorgaben der Hersteller durchgeführt werden.

Die **Kalibrierung von Analysenverfahren** und die Auswertung von Analysenergebnissen müssen nach einheitlichen Grundsätzen erfolgen, um Analysenergebnisse sowie verschiedene Analysenverfahren untereinander vergleichen zu können und um eine laborinterne Qualitätssicherung zu ermöglichen (DIN 38402 T51) [10-2].

Zur Sicherheit des analytischen Ergebnisses ist es notwendig, zur **Fehlerabschätzung** Methoden der mathematischen Statistik und der Fehlerrechnung mit einzubeziehen. Die aufgeführte Literatur gibt Auskuft über die Vorgehensweise und über die mathematischen Ansätze [10-3], [10-4].

Literatur

[10-1] E. Epple, Wirtschaftlichkeit von Labor-Informationssystemen – Return on Investment, *LaborPraxis Special* (1989).

[10-2] DIN 38402, Teil 51, Allgemeine Angaben (Gruppe A) Kalibrierung von Analysenverfahren, Auswertung von Analysenergebnissen und lineare Kalibrierfunktionen für die Bestimmung von Verfahrenskenngrößen (A51), *DEV – 16*. Lieferung (1986).

[10-3] K. Doerfel, Statistik in der analytischen Chemie, Verlag Chemie, Weinheim, 4. Auflage, (1987).

[10-4] W. Funk, V. Dammann, C. Vonderheid und G. Oehlmann, Statistische Methoden in der Wasseranalytik, Verlag Chemie, Weinheim (1985).

11 Interpretation und Dokumentation von Analysendaten

In einen Labor für Umweltanalytik werden Analysenproben nach folgenden Vorgaben untersucht:

1. Überprüfung gesetzlich vorgegebener Richt-, Schwellen- und Grenzwerte in einer definierten Matrix

Beispiel: Analyse eines Trinkwassers nach Anlage 2 a + b (Grenzwerte für chemische Stoffe) der Trinkwasser-Verordnung vom Dezember 1990.

2. Qualitätssicherung

Beispiel: Überwachung der Zusammensetzung eines Mischwassers für Trinkwasser bzw. wöchentliche Kontrolle eines Mineralwassers auf seine wichtigsten Anionen und Kationen.

3. Untersuchung von umweltrelevanten Proben auf ihr Gefahrstoffpotential

Beispiel: Untersuchung einer Altlast oder Altablagerung nach den Vorgaben der „Holländischen Liste" (siehe 4. Umweltgesetzgebung, Abschnitt 4.7).

4. Überwachung von Umweltproben nach speziellen Kriterien (Vereinbarung zwischen Labor und Auftraggeber).

Beispiel: Der AOX-Wert eines Klärschlammes liegt über dem Grenzwert der Klärschlamm-Verordnung von 500 mg/kg. Durch gezielte Untersuchung der wichtigsten Abwassereinleiter soll festgestellt werden, wer den erhöhten AOX-Wert verursacht.

Bei allen vier aufgeführten Varianten fallen Analysendaten an, die zu interpretieren bzw. zu begutachten sind:

Für den Analysenbericht ist nach der Beschreibung der Probenherkunft und der Probenahmeparameter eine Auflistung aller gewonnenen Analysendaten vorzusehen. Empfehlenswert ist auch eine kurze, zusammenfassende Bewertung der Ergebnisse in allgemein verständliche Formulierungen, da sehr oft auch Nichtfachleute ein solches Gutachten lesen müssen.

Als Kriterien für eine Analysendateninterpretation eignen sich am besten vorgegebene
— Richt-
— Schwellen- und
— Grenzwerte
aus den nationalen Umweltgesetzen und den EG-Richtlinien.

Daneben können für die Bewertung noch folgende Grundlagen herangezogen werden:
— Empfehlungen des Bundesgesundheitsamtes,
— Empfehlungen des Bundesumweltamtes,
— Leitlinien der World Health Organization (WHO),
— Technische Regeln des Deutschen Vereins von Gas- und Wasserfachmännern e.V. (DVGW-Arbeitsblätter),
— Vorgaben der EPA (Enviromental Protection Agency),
— Verschiedene internationale und nationale Listen z. B.
   * „Holländische Liste" (Boden- und Grundwasser),
   * Kloke-Liste (Richtwerte für Böden),
   * Berliner Liste (Richtwerte für Boden- und Grundwasser).

Analysendaten und die zugehörige Bewertung werden entsprechend dokumentiert und dem Auftraggeber übergeben.

Oft ist es erforderlich, einen Durchschlag an die zuständigen Behörden, wie z. B. Gesundheitsamt, Stadtverwaltung oder Landratsamt usw. weiterzureichen.

Ein Umweltlabor ist gut beraten alle Gutachten usw. in einem sicheren Raum nach festgelegtem Ordnungsprinzip abzulegen. In verschiedenen Umweltgesetzen existiert die Vorgabe, daß alle Analysendaten über einen definierten Zeitraum aufzubewahren sind (z. B. 10 Jahre). Nach Grundsätzen der Guten Laborpraxis (GLP, Anhang 1 zum Chemikaliengesetz) ist in Zukunft eine Aufbewahrungszeit von 30 Jahren erforderlich.

Ideal ist die Speicherung von Analysendaten auf Datenträgern wie Disketten, Bändern, Compactdisks und Festplatten unter Beachtung einer entsprechenden Datensicherung. Die gespeicherten Informationen sind jederzeit mit der gewünschten Formatgestaltung abrufbereit und lassen sich auf Wunsch ausdrucken.

Parameterregister

Zu den hier angegebenen Parametern (Stoffe und Kenngrößen wie z. B. Färbung) finden Sie auf den jeweiligen Seiten Hinweise zu geeigneten Analysenverfahren.

Absorption im Bereich der UV-Strahlung 117
Aldehyde   123, 235
Aluminium   118, 136, 139, 164, 180, 191
Aminoverbindungen   208
Aminoverbindungen, aliphatische   234
Aminoverbindungen, aromatische   234
Ammonium   118, 126
Anionen   120, 235
Anorganische Gase   209
Antimon   164, 180, 191
Arsen   118, 164, 180, 191
Asbest   149

Barium   164, 180, 191
Benzin   149
Benzo[a]pyren   236, 246
Benzo[b]fluoranthen   236, 246
Benzo[ghi]perylen   236, 246
Benzo[k]fluoranthen   236, 246
Benzol   212, 215
Beryllium   136, 139, 164, 180, 191
Blei   118, 162, 164, 180, 191
Bor   180, 191
Borat   120
BTXE   215

Cadmium   162, 164, 180, 191
Cäsium   195
Calcium   165, 181, 192
Chlor   120
Chlordioxid   122
Chlorid   195, 240
Chlorit   122
Chlorophyll   122, 129, 138, 141

Chlorphenole   214
Chrom   165, 181, 192
Chromat   120
Cyanid   120

Dimethylformamid   149
Dioxine   207, 217

Eisen   118, 165, 181, 192

Färbung   117
Fluoranthen   236, 246
Fluorid   120, 240
Formaldehyd   123, 236
Furane   207, 217

gelöstes Sulfid   121

Haloforme   212
Halogenierte Kohlenwasserstoffe   137, 200, 207, 211
Harnsäure   123, 126
Harnstoff-Herbizide   152, 238
Herbizide   214, 238
Huminstoffe   149, 152
Humin- und Ligninsulfonsäuren   123, 126
Hydrazin   122

Indeno[1,2,3-cd]pyren   236, 246
Isocyanate   235

Jodid   120

Kalium   165, 181, 192
Kationen   235
Kieselsäure   122
Kobalt   165, 181, 192
Kohlenwasserstoffe   149, 150
Kohlenwasserstoffe, aliphatische   207
Kohlenwasserstoffe, aromatische   137, 207
Kohlenwasserstoffe, leichtflüchtige
    halogenierte   200, 207, 210, 215
Kohlenwasserstoffe, polyzyklische
    aromatische   207, 234
Kohlenwasserstoffe, schwerflüchtige
    halogenierte   207
Kresole   149
Kupfer   162, 166, 181, 192

Lithium   166, 181, 192
Luftstaub   124, 150, 169, 185, 196

Magnesium   166, 181, 192
Mangan   119, 166, 182, 193
Metallorganische Verbindungen   209, 235
Mineralöl   149, 151
Molybdän   166, 182, 193

Natrium   166, 182, 193
Nickel   162, 166, 182, 193
Nitrat   120, 236, 240
Nitrile   208
Nitrilotriessigsäure   215
Nitrit   120, 240
Nitrophenole   208
Nitrosamine   208
nitrose Gase   150

Öl   140
Organische Gase   209
Organische Lösungsmittel   149
Organische Säuren   208, 234
Ozon   122

Pestizide   214, 215
Pflanzenbehandlungs- und Schädlings-
    bekämpfungsmittel (PBSM)   123, 137,
    149, 208, 213 ff., 234, 238

Phenole   208, 214, 234
Phenol-Index   123, 127
Phosphor   182, 193
Phosphorverbindungen   121, 136, 139, 240
Polychlorierte Biphenyle (PCB)   207, 214,
    216, 217, 218
Polyzyklische aromatische Kohlenwasserstoffe
    (PAK)   137, 139, 143, 207, 234, 236
Pyridin   123, 127

Quarzstaub   149
Quecksilber   166, 184, 193

Rhodanid   121
Rubidium   195

Schwefel   182, 193
Schwefeldioxid   121, 150
Selen   136, 139, 167, 182, 193
Silber   167, 182, 194
Silizium   183
Strontium   167, 183, 194
Sulfat   121
Sulfidschwefel   121
Sulfit   240

Tellur   167
Tenside   123, 127, 137, 149, 152, 234
Thallium   167, 185, 194
Thorium   195
Titan   183, 194

Uran   136, 139, 183, 195

Vanadium   168, 183, 194

Wasserstoffperoxid   122
Wismut   168, 183, 194
Wolfram   183, 194

Zink   168, 183, 195
Zinn   184, 195
Zirkonium   184

Sachregister

AAS s. Atomabsorptions-Spektrometrie
Abfall, gesetzliche Vorgaben 34
–, Mitteilungen der Länder-
arbeitsgemeinschaft 46
–, Parameter und Analysenverfahren 47
–, Probenahme 69
Abfallgesetz (AbfG) 31, 33, 34
Ableitungsspektrometrie 127
Abtrennung von störenden Begleitsubstanzen 89
Abwasser, EG-Richtlinie 30
–, gesetzliche Vorgaben 29
Abwasserabgabengesetz (AbwAG) 29
Aerosole, Probenahme 61
Akkreditierung 21 f., 49
Akkreditierungssystem nach DIN 22
Altlasten, behördliche Richtlinien 32
–, Parameter und Analysenverfahren 47
–, Probenahme 69
Altölverordnung (AltölV) 35
American Society for Testing and Materials
(ASTM), Bezugsquellen von nationalen
und internationalen Analysenverfahren 45
Amtsblatt der Europäischen Gemeinschaften 26
Analysendaten, Dokumentation 253
–, Gute Laborpraxis 254
–, Interpretation 253
–, Speicherung 254
Analysenergebnisse, Absicherung 56, 250
Analysenfehler, Probenahme 59
Analysengeräte, Auswahlkriterien 20, 55
Analysenstrategie 50 ff.
Analysenverfahren 35
–, Auswahlkriterien 53

–, Gesetzgebung 54
–, Instrumentelle 107 ff.
–, Spektrometrische 111
–, Wirtschaftlichkeit 56
analytische Sicherheit 55
Anreicherung der zu bestimmenden
Komponente 89
Arbeitsplatzmessungen, Empfohlene
Analysenverfahren 46
ASTM, Bezugsquellen von nationalen und
internationalen Analysenverfahren 45
Atomabsorptions-Spektrometrie,
Analysentechnik 157
–, Analysenverfahren 164
–, Atomisierungseinrichtung 157
–, Einsatzbereiche in der Umweltanalytik 162
–, feste Proben 170
–, flüssige Proben 169
–, gasförmige Proben 169
–, Grundlagen 155
–, Strahlungsquelle 157
Atomemissions-Spektrometrie, Analysen-
technik 173
–, Analysenverfahren 180
–, Aufbau des Spektrometers 173
–, Einsatzbereiche in der Umweltanalytik 179
–, feste Proben 185
–, flüssige Proben 185
–, gasförmige Proben 185
–, Grundlagen 173
Atomisierungseinrichtung, Flamme 158
–, Graphitrohrofen 159
–, Hydrid-Kaltdampf-Technik 160

ATV-Richtlinien
   Regelwerk Abwasser/Abfall   44
Aufbau eines Umweltlabors   5
Aufschlüsse   82 ff.
–, Druckaufschlußsysteme   86
–, Naßaufschlußsysteme   83
–, Trockene Aufschlußsysteme   88
Auswahlkriterien für Analysengeräte   20
Automated-Multiple-
   Developement(AMD)-Technik   246

Bandenspektrum   112
Benzinbleigesetz (BzBlG)   39
Besondere Schutzmaßnahmen in
   Laboratorien   7
Biologische Arbeitsstofftoleranzwerte
   (BAT-Werte)   44
Boden, gesetzliche Vorgaben   31
–, Kloke-Liste   31
–, Probenahme   67
–, Richtwerte für Dioxine und Furane   32
Bodenschutzgesetz (BodSchG)   32
Bundesanzeiger   40
Bundesgesetzblatt (BGBl.)   26, 40
Bundes-Immissionsschutzgesetz,
   Verwaltungsvorschriften   39
Bundes-Immissionsschutzgesetz
   (BImSchG)   36
Bundes-Immissionsschutzverordnungen
   (BImSchV)   36

Chemikalien, gesetzliche Vorgaben   35
Chemikaliengesetz-ChemG   35
1. Chloraliphatenverordnung –
   1. aCKW-V   36
Chromatographie   198 ff.
–, Dünnschicht-Chromatographie (DC)   245
–, Gaschromatographie (GC)   199 ff.
–, Hochleistungs-Flüssigkeits-
   Chromatographie (HPLC)   224 ff.
Clean-up-Verfahren   104

Dampfraumanalyse   95
Datenverarbeitung, im Umweltlabor   249

Derivativspektrometrie   127
Deutsche Einheitsverfahren zur Wasser-,
   Abwasser- und Schlammuntersuchung,
   Bezugsquellen von nationalen und
   internationalen Analysenverfahren   45
Deutsche Industrie Normen (DIN),
   Bezugsquellen von nationalen und
   internationalen Analysenverfahren   45
DIN EN 45001   22
DIN EN 45002   22
Dioden-Array-Detektor   128
Dioxinverordnung   36
Dünnschicht-Chromatographie,
   eindimensionale   245
–, zweidimensionale   245
DVGW   28
DVGW-Regelwerk Wasser   44

Elektroneneinfang-Detektor   203
Eluate, Probenvorbereitung   81
Emissionsspektrum   173
Environmental Protection Agency (EPA)   46
EPA   46
Europäische Normen (EN), Bezugsquellen von
   nationalen und internationalen Analysen-
   verfahren   45
Extinktionskoeffizient   113, 156
Extraktion, Festphasen   100
–, Flüssig-Flüssig   97
–, mit überkritischen Gasen   104
–, Soxhletextraktion   102

Fehlerabschätzung   251
Festphasenextraktion   100
Flammenionisations-Detektor   203
Fließinjektionsanalyse (FIA), Ammonium-
   bestimmung   126
–, Aufbau eines FIA-Systems   115
–, in der AAS   160 ff.
–, UV/VIS-Analysenverfahren   115
Flüssig-Flüssig-Extraktion   97
Flüssigkeiten, Probenahme   64
Fluoreszenz   131
Fluoreszenz-Spektralphotometer, Aufbau   133

Fluoreszenz-Spektrometrie, Analysentechnik 133
–, Analysenverfahren 136
–, Einsatzbereiche in der Umweltanalytik 135
–, feste Proben 143
–, flüssige Proben 139
–, gasförmige Proben 139
–, geohydrologische Markierungstechnik 143
–, Grundlagen 131
Fourier-Transform-(FTIR)-Spektrometer, Kombination mit GC 203
Fourier-Transform-IR-(FTIR)- Spektrometer 146
Fourier-Transform-IR-FTIR- Spektrometer, Aufbau 148

Gaschromatographie, Analysentechnik 200
–, Analysenverfahren 207
–, Aufbau 200 ff.
–, Detektoren 203
–, Einsatzbereiche in der Umweltanalytik 204
–, feste Proben 217
–, flüssige Proben 210
–, gasförmige Proben 206
–, Grundlagen 199
–, Probenvorbereitung 205
–, Trennsäulen 202
Gasdiffusion 126
Gasentladungslampe 157
Gasmaus 61
Gefährlichkeitsmerkmalverordnung 35
Gefahrstoffverordnung (GefStoffV) 35
Gefriertrocknung 76
Gemeinsames Ministerialblatt (GMBL.) 26, 40
Giftigkeit von toxischen Substanzen 1
Giftinformationsverordnung (ChemGiftInfoV) 36
Gradientenelution 237
Graphitrohrofen-AAS, Funktionsschema 159
–, Interferenzen 159
Grundwasser, Richtwerte 30
Gute Laborpraxis (GLP) 20, 49
–, Analysendaten 254

Hochleistungs-Flüssigkeits-Chromatographie s. HPLC
Hohlkathodenlampe 157
Holländische Liste 30, 32
HPLC, Adsorptions-Chromatographie 225
–, Affinitäts-Chromatographie 228
–, Analysentechnik 229
–, Analysenverfahren 234
–, Ausschluß-Chromatographie 227
–, Detektoren 228
–, Einsatzbereiche in der Umweltanalytik 232
–, feste Proben 241
–, flüssige Proben 236
–, gasförmige Proben 236
–, Grundlagen 224
–, Ionenaustausch-Chromatographie 226
–, Isokratische Trennung 237
–, MS-Kopplung 230 ff.
–, Trennsystem 225
–, Trennung von Pflanzenbehandlungs- mitteln 238
–, Verteilungs-Chromatographie 226
HPLC-Massenspektrometrie-Kopplung 230 ff.
–, Interface Einheit 231
HPLC-System, Aufbau 229

ICP-AES s. Atomemissions-Spektrometrie
ICP-Atomemissions-Spektrometer, Aufbau 174
ICP-Brenner 174
ICP-Massenspektrometrie, Analysentechnik 189
–, Analysenverfahren 191
–, Einsatzbereiche in der Umweltanalytik 190
–, feste Proben 196
–, flüssige Proben 196
–, gasförmige Proben 196
–, Grundlagen 187
ICP-MS 187
ICP-MS-System 189
Immissionsschutz, gesetzliche Vorgaben 36

Impinger-Gasflaschen   62
Indirekteinleiter-Verordnungen   30
induktiv gekoppeltes Plasma, Atomemissions-
   Spektrometrie   173
–, Massenspektrometrie   187
Informationsfilterung   13
Informationslawine   12
in-situ-Remissionsmessung   247
International Organization for Standardization
   (ISO, Bezugsquellen von nationalen und
   internationalen Analysenverfahren   45
Ionen-Chromatographie (IC)   230, 240
Ionenpaar-Chromatographie   226
„Ionspray"-Verfahren   231
IR-Spektrometer, Analysentechnik   146
–, Aufbau   146
–, Fourier-Transform-IR-(FTIR)-
   Spektrometer   147
IR-Spektrometrie, Analysenverfahren   149
–, Einsatzbereiche in der Umweltanalytik   148
–, feste Proben   152
–, flüssige Proben   150
–, gasförmige Proben   150
–, Grundlagen   145
ISO, Bezugsquellen von nationalen und inter-
   nationalen Analysenverfahren   45
Isokratische Trennung   237
Isotopenverhältnis   189

Kalibrierung   250
Klärschlamm, gesetzliche Vorgaben   33
Klärschlammverordnung (AbfKlärV)   31, 33
Kloke-Liste   31
Königswasseraufschluß   185
Konservierung, Ammonium in Gewässer-
   proben   71
–, biochemische   73
–, chemische   73
–, physikalische   73
–, Umweltproben   71 ff.
Kopplungstechniken, GC/MS   204
–, HPLC/MS   230
–, mit DC   245
–, Absicherung von Analysenergebnissen   56
Kryofokussierung   211

Laborgestaltung   5 ff.
Labor-Informations-Management-System
   (LIMS)   8, 249
–, Wirtschaftlichkeit   249
–, Zeiteinsparung   249
Laborleiter, Aufgabenbereiche   9
Labormanagement   9 ff., 17 ff.
–, Information   19
–, Investition   19
–, Regelkreis   18
–, Untersuchungsstrategie   18
Labororganisation   9 ff.
Lagerung, Umweltproben   71 ff.
Lambert-Beersches Gesetz   112, 132
Leidraad bodemsanering   30, 32
Linienspektrum   112
Lösungen, Probenvorbereitung   80
Lumineszenz   131

Massen-Spektrometer, Kombination mit GC
   204
Massenspektrometrie, Kopplung mit HPLC
   230 ff.
–, s. ICP-Massenspektrometrie
Maximale Arbeitsplatzkonzentrationen
   (MAK-Werte)   44
Michelson-Interferometer   147
Mineral- und Tafelwasser,
   EG-Richtlinie   28
Mineral- und Tafelwasserverordnung   28
Monochromator   177
Multielementbestimmung   189, 196

Naßaufschlußsysteme   83
National Institute for Occupational Safety and
   Health (NIOSH)   46
Nernstsches Verteilungsgesetz   97
NIOSH   46
Normalphasensystem   225

Occupational Safety and Health
   (OSHA)   46
Ölverschmutzung   140
OSHA   46

Pareto-Prinzip 14
PCB-, PCT-, VC-Verbotsverordnung 35
Pentachlorphenolverordnung (PCP-V) 35
Personal, Qualifikation 15
–, Weiterbildung 16
Phosphoreszenz 132
Phosphor-Stickstoff-Detektor 203
Photoionisations-Detektor 203
Photolumineszenz 131
Photometrische Kalibrierfunktion 113
Photomultiplier 178
Phytoplankton 129
Plancksche Gleichung 109, 155
Polychromator 176
Probenahme 59 ff.
–, Abwasser 65
–, Adsorptionsmaterialien 63
–, Aerosole 61
–, aktive 90
–, aus Grundwasser 65
–, Badewasser 65
–, belastetes Wasser 65
–, Boden 67
–, Feststoffe 66
–, Flüssigkeiten 64
–, Gase 60
–, Gewässer 65
–, in Flüssigkeiten 62
–, Meer 65
–, Mineralwasser 65
–, Niederschläge 65
–, passive 90
–, Schlamm 68
–, Sedimente 68
–, Trink- und Brauchwasser 65
–, unbelastetes Wasser 65
Probenahme aus gasförmigen Matrizes 61
Probenvorbereitung 75 ff., 97
–, Abtrennungs- und Anreicherungs-
    verfahren 89 ff.
–, Aufschlüsse 82 ff.
–, Clean-up-Verfahren 104
–, Dampfraumanalyse 95
–, Eluate 81
–, Extraktion mit überkritischen Gasen 104
–, Festphasenextraktion 100

–, Gaschromatographie 205
–, gasförmige Proben 89 ff.
–, Lösungen 80
–, Physikalische Techniken 75
–, Purge- und Trapverfahren 94
–, Soxhletextraktion 102
Purge- und Trapverfahren 94

Quadrupol-Massenspektrometer 188
Qualifiktion des Personals 15
Qualitätssicherung 22
–, laborinterne 251
Qualitätssicherungshandbuch 22

Rahmen-Abwasser-Verwaltungsvorschriften
    30
Reversed-Phase-Chromatographie (RPC) 225
R_f-Werte 245
Richtlinien für Laboratorien, Nr. 12 7
Rotationsperforator nach Ludwig 99
Rotationsschwingungsspektren 146

Scenedemus-Chlorophyll-Fluoreszenztest 142
Schlamm, Probenahme 68
Sedimente, Probenahme 68
Selbstmanagement 11 ff.
–, Regelkreis 11
sequentielle Multielement-Spektrometer 173
Soxhletextraktion 102
Spektrometrie, Atomabsorptions-
    Spektrometrie 155
–, Atomemissions-Spektrometrie 173
–, Fluoreszenz 131
–, Grundlagen 109
–, ICP-Massenspektrometrie 187
–, Infrarot-Spektrometrie 145
–, UV/VIS 111
Staubpartikel, Probenahme 61

TA-Abfall 34
TA-Luft 39
TA-Siedlungsabfall 34
Teamgeist 17
Teammanagement 15 ff.

Technische Richtkonzentrationen
(TRK-Werte)   40
Thermospray-Verfahren   231
Trink- und Brauchwasser, EG-Richtlinien   26
–, gesetzliche Vorgaben   26
Trinkwasserverordnung (TrinkwV)   27
Trockenrückstand, Bestimmung nach
DIN 38414, Teil 2   76

Umkehrphasensystem   225
Umweltanalytik, Arbeitsaufwand   2
–, Aufgabenstellung   51
–, Untersuchungsmethoden   107
Umweltgesetzgebung   25 ff.
–, Abfall   34
–, Abwasser   29
–, Altlasten   32
–, Badewasser   29
–, Bundesländer   41
–, Chemikalien   35
–, Grundwasser   30
–, Immissionsschutz   36
–, Klärschlamm   33
–, Mineral- und Tafelwasser   28
–, Nutz- und Kulturböden   31
–, Sickerwasser   30
–, Trink- und Brauchwasser   26
–, Vorgaben für Analysenverfahren   54
Umweltkompartimente   25 ff.
Umweltlabor, Aufbau   5
–, Datenverarbeitung   249

–, Tätigkeits- und Raumvernetzung   6
Umweltproben, Probenkonservierung   71 ff.
–, Probenlagerung   71 ff.
Untersuchungsstrategie   49 ff.
UV-Aufschluß   85
UV/VIS-Spektralphotometer, Aufbau   114
UV/VIS-Spektrometrie, Analysentechnik   113
–, Analysenverfahren   147
–, Detektor in der HPLC   128
–, Einsatzbereiche in der Umweltanalytik
116 ff.
–, feste Proben   130
–, flüssige Proben   124
–, gasförmige Proben   124
–, Grundlagen   111

Verband Deutscher Ingenieure (VDI),
Bezugsquellen von nationalen und
internationalen Analysenverfahren   45
Verordnung über die Entsorgung gebrauchter
halogenierter Lösemittel (HKWAbfV)   35

Wärmeleitfähigkeits-Detektor   203
Wasserhaushaltsgesetz (WHG)   29
Weiterbildungsmöglichkeiten   16
WHO-Leitwerte, für Trinkwasserqualität   27

Zeitplanbuch   14
Zerstäuber, ICP-AES   175

Quellennachweis für Abbildungen

Abb. 3-1 (S. 9):
G. Grell: Der Laborleiter als Manager – vom Spezialisten zum Allrounder?, *Labor 2000* (1984), Vogel Verlag, Würzburg

Abb. 3-4 (S. 12), 3-5 (S. 13), 3-6 (S. 14) und 3-7 (S.15):
H. Hein: Management-Strategien im Bereich der Umweltanalytik, *Labor 2000* (1991), Vogel Verlag, Würzburg

Abb. 6-4 (S. 63):
G. Schwedt, *Taschenatlas der Analytik*, Georg Thieme Verlag, Stuttgart 1992

Abb. 7-1 (S. 71):
Dr. C. Schöneborn, Hildesheim

Abb. 8-1 (S. 77):
Fa. Martin Christ Gefriertrocknungsanlagen GmbH, Osterode am Harz

Abb. 8-2 (S. 78):
J. Bortlisz, L. Velten: Herstellung und Bestimmung der Trockenmasse von Klärschlämmen, Sedimenten und Böden mit Hilfe der Gefriertrocknung, *Abwassertechnik* 4 (1991), Bauverlag, Walluf

Abb. 8-5 (S. 85), 8-6 (S. 86):
Fa. Hans Kürner Analysentechnik, Rosenheim

Abb. 8-12 (S. 95), 8-13 (S. 95), 8-17 (S. 99), 8-18 (S. 100), 8-23 (S. 103), HPLC-4 (S. 231), HPLC-5 (S. 232), HPLC-6 (S. 237):

H. Hein: Aktuelle chromatographische Umweltanalytik, *CLB Chemie in Labor und Biotechnik* 43 (1992), Umschau Zeitschriftenverlag, Frankfurt/M.

Abb. 9-3 (S. 110):
H. J. Hoffmann: Spektrometrische Verfahren im Rahmen der rechtlichen Wasseranalytik, *LaborPraxis* (August 1992), Vogel Verlag Würzburg

Die Praxis der instrumentellen Analytik

Herausgegeben von
U. Gruber und W. Klein

Wolfgang Gottwald

RP-HPLC
für Anwender

1993. Ca. 240 Seiten mit ca. 60 Abbildungen. Broschur. DM 58.00.
ISBN 3-527-28518-0 VCH Weinheim.

Dieser Band der Reihe 'Praxis der instrumentellen Analytik' ist ausgesprochen anwendungsbezogen und behandelt die in modernen Laboratorien am häufigsten eingesetzte Analysemethode, die Hochleistungs Flüssigkeitschromatographie. Neben Grundlagen werden auch Tests, die notwendige Statistik und die Methodik der Fehlersuche genau beschrieben.

Nach der Lektüre des Buches und der Durchführung der beschriebenen praktischen Versuche ist der Anwender in der Lage, die Hintergründe dieser Methode zu verstehen und sie sicher anzuwenden.

Qualifiziertes Laborpersonal in Analytik-Laboratorien, Schüler von Fachhochschulen, Studenten der ersten Semester und Auszubildende in der Chemie können sich anhand dieses Lehr- und Übungsbuches einen hervorragenden Überblick über diese Analysemethode verschaffen.

Stand der Daten: November 1993

Ihre Bestellung richten Sie bitte an Ihre Buchhandlung oder an:

VCH,   Postfach 10 11 61, D-69451 Weinheim, Telefax 0 62 01 - 60 61 84
VCH,   Hardstrasse 10, Postfach, CH-4020 Basel

Pfleger, K. / Maurer, H. H. / Weber, A.

Mass Spectral and GC Data

of Drugs, Poisons, Pesticides, Pollutants and Their Metabolites

Parts 1, 2, 3

Second, revised and enlarged edition

1992. XXX, 3378 pages. Hardcover.
DM 1290.00.
ISBN 3-527-26989-4

The new edition of this famous collection:

- triples the number of spectra (4370 entries)
- now includes pesticides and pollutants
- also allows identification of doping agents
- offers nearly complete coverage of centrally
  active drugs, designer drugs, registerd
  pesticides, pollutants, organic solvents

Unmatched in scope, quality and reliability, this
collection is the result of a unique effort. It is
indispensable for laboratories in this field all over
the world.

Date of Information: November, 1993

VCH, P. O. Box 10 11 61, D-69451 Weinheim,
Telefax (0) 6201 - 60 61 84
VCH, Hardstrasse 10, P. O. Box, CH-4020 Basel
VCH, 8 Wellington Court, Cambridge CB1 1HZ, UK
VCH, 220 East 23rd Street, New York, NY 10010-4606,
USA (toll free: 1-800-367-8249)
VCH, Eikow Building, 10-9 Hongo 1-chome,
Bunkyo-ku,Tokyo 113

VCH

Anwendungsbeispiele die funktionieren!

Die Kapillargaschromatographie ist eine der wichtigsten analytischen Methoden. Mit ihr können z. B. Dioxine in Gemüseproben oder die Bestrahlung von Lebensmitteln nachgewiesen werden.

Anorganische Spurenbestandteile, wie etwa Schwermetalle, gehören in der Lebensmittel- und Umweltanalytik zu den am häufigsten zu bestimmenden Komponenten.

In zwei Bänden geben Experten anhand aktueller, geprüfter Beispiele ihre Erfahrungen auf dem Gebiet der Lebensmittel- und Umweltanalytik wieder. Sie verraten Tips und Tricks und geben dem Leser wertvolle Anregungen zur Lösung der eigenen analytischen Fragestellungen.

Der Herausgeber leitet seit mehreren Jahren mit großem Erfolg GDCh-Fortbildungsseminare zur anorganischen Spurenanalytik in Lebensmitteln und Umweltmatrices sowie zur Kapillar-GC. Die Auswahl der Themen und ihre Darstellung fußt auf diesen langjährigen Erfahrungen.

Lebensmittel- und Umweltanalytik mit der Kapillar-GC

Tips, Tricks und Beispiele für die Praxis

1994. Ca. 200 Seiten mit ca. 110 Abbildungen. Broschur. DM 98.00. ISBN 3-527-28595-4

Lebensmittel- und Umweltanalytik anorganischer Spurenbestandteile

Tips, Tricks und Beispiele für die Praxis

1994. Ca. 220 Seiten mit ca. 52 Abbildungen. Broschur. DM 98.00. ISBN 3-527-28594-6

Herausgegeben von Lothar Matter

Stand der Daten: November 1993

Ihre Bestellung richten Sie bitte an Ihre Buchhandlung oder an:

VCH, Postfach 10 11 61, D-69451 Weinheim,
   Telefax 0 62 01 - 60 61 84
VCH, Hardstrasse 10, Postfach, CH-4020 Basel

VCH